原书第5版

工程思维

[美] 马克 N. 霍伦斯坦（Mark N. Horenstein）著
宫晓利 张金 赵子平 译

Design Concepts for Engineers
Fifth Edition

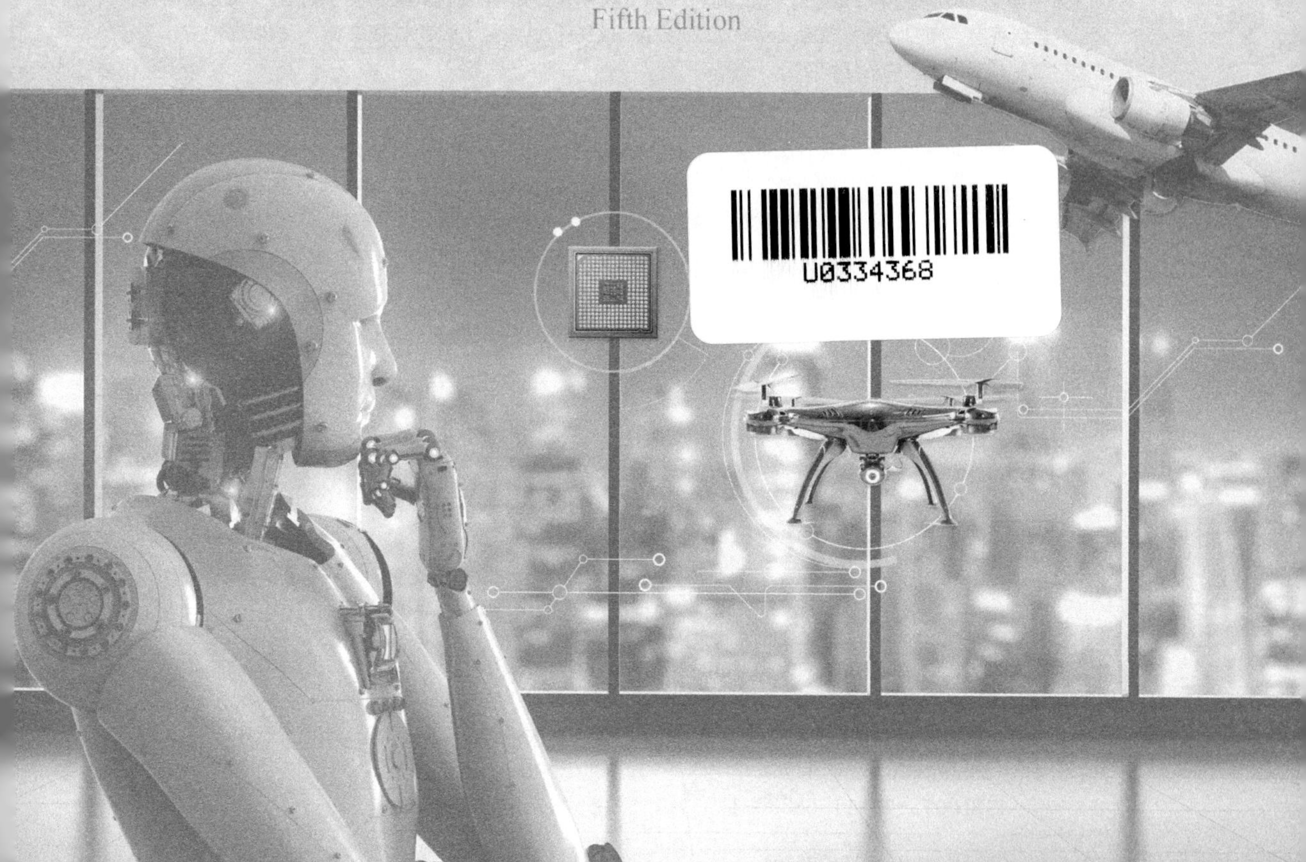

机械工业出版社
CHINA MACHINE PRESS

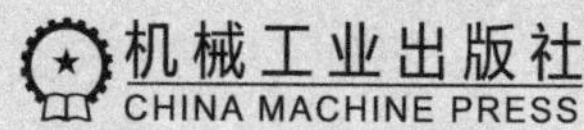

图书在版编目（CIP）数据

工程思维（原书第 5 版）/（美）马克 N. 霍伦斯坦（Mark N. Horenstein）著；宫晓利，张金，赵子平译．—北京：机械工业出版社，2017.10（2025.1 重印）

书名原文：Design Concepts for Engineers，Fifth Edition

ISBN 978-7-111-58330-1

I. 工… II. ①马… ②宫… ③张… ④赵… III. 产品设计 IV. TB472

中国版本图书馆 CIP 数据核字（2017）第 260695 号

北京市版权局著作权合同登记 图字：01-2017-0501 号。

本书面向所有工程专业背景的读者，以工程思维培养为核心，介绍了产品与项目设计的基本概念与原则及其在工程中的应用，解释产品和项目设计的过程而不是技术细节。主要内容包括工程和设计的概念，项目管理和团队合作技能，工程工具，人机界面，工程师与现实世界，学会表达、写作及演讲。这些能力对工程师的实际工作非常有帮助。本书适合作为高校工程类入门课程的教材，也适合工程师作为提升个人能力的参考读物。

出版发行：机械工业出版社（北京市西城区百万庄大街 22 号 邮政编码：100037）

责任编辑：朱 劼　　责任校对：殷 虹

印　刷：北京建宏印刷有限公司　　版　次：2025 年 1 月第 1 版第 6 次印刷

开　本：185mm×260mm 1/16　　印　张：15

书　号：ISBN 978-7-111-58330-1　　定　价：69.00 元

客服电话：（010）88361066 68326294

科学就是寻找那些已经存在但还没有被我们发现的客观规律，而艺术却是在创造前所未有的形式和内容。本书的主题——工程则是科学与艺术结合的典范，即利用已知规律创造出全新的装置或者系统去解决实际生活中遇到的各种问题。

纵观我们的人生历程，其实就是一个不断发现问题并不断解决问题的过程。工作也好，生活也罢，不外如此。这可能就是我们需要去学习工程思想的一个重要理由。

工程是简单的，我们经常用小而美的方式去解决看起来纷繁复杂的问题，例如，两根木条组成的筷子解决了各种形状的食材撷取问题。工程也是复杂的，例如，举世闻名的都江堰耗时8年，消耗人力物力无数，但修建后使成都平原成为水旱从人、沃野千里的天府之国，至今灌区面积近千万亩。由此可见，当我们具备了工程素养之后，身边的各种问题大都可以迎刃而解。换言之，工程思维的培养是个人能力培养中最为重要的因素之一。

当前，“新工科”已经成为高等教育领域关注的热点。“新工科”的目标之一是提高人才培养的质量，使工程人才更具创新能力。从这个角度上说，工程思维的培养是达成这一目标的有效途径之一。工程思维的核心是了解、设计和测试形成的高效迭代思考闭环，中间又要佐以实证、遴选等方法。本书的作者 Horenstein 博士作为前全美静电协会主席有着极其扎实的工程项目基础，整个工程思维的脉络在他笔下剖析得细致入微，从工程的概念、工程设计、项目管理、工程工具到工程师应具备的能力，本书均有精心讲解，而各种翔实的实例佐证又使得本书内容丰富饱满，令人大开眼界。每章最后的思考题更是妙趣横生，颇有几分指点江山的感觉。因此，我们协同机械工业出版社选择了本书进行翻译，希望能为国内“新工科”人才培养提供一部上佳的参考教材。与此同时，本书作为一本工程师的参考读物也是不可多得的上上之选。

在本书付梓之际，要衷心感谢南开大学计算机学院的各位老师在本书翻译过程中提供的指导和支持，还要感谢天津师范大学的刘如月和刘楚琦两位同学对本书文字的整理及内容的认真审读。此外，感谢南开大学嵌入式系统与信息安全实验室的全体同学在全书的翻译过程中提供的支持与帮助。

限于译者的水平和经验，译文中难免存在不当之处，恳请读者提出宝贵意见。

译者

2017 年 5 月于马蹄湖畔

本书是一本介绍工程的入门教材，但也可用于高级课程，例如高级工程设计实训等。虽然在本书的编写中注重工程设计的连续性，但每章都是作为独立模块来编写的。没有一个章节依赖或需要阅读任何其他章节。相反，如果教师愿意的话，本书也易于整体使用。

本书从基础层面讲授工程设计原理并讨论设计工具，同时借鉴了许多工程学科的实例。本书中的内容并不能完全代表所有学科，但是讨论的内容和例子是完全通用的，任何工程学科的学生都会发现本书具有启发性和实用性。某些主题中提供了与特定工程技术有关的技术细节，以帮助学生掌握示例和案例研究中的关键问题。尽管在几个地方使用了数学运算，但是学习本书只要求学生具备基本的代数知识。关于文档的重要性和计算机的使用也是本书频繁讨论的主题。读者不需要具备任何一种编程语言的知识。在示例中，没有特定使用某一种编程语言的特殊之处，也不强调对某种编程语言的使用。书中首先使用流程图方法来解释编程逻辑，接着给出 Matlab、C 或 C++ 中的示例代码。

本书附带了“教师资源手册”，指导教师布置各种章节末尾的练习。设计是一个开放式过程，一个问题可以有多种解决方案。因此，为一本设计类的教材编写参考答案是一个难题。对于分析或封闭式的问题，手册中提供了具体的答案和详细的解决方案。对于没有“正确”答案的开放式设计问题，手册中为教师提供指导原则，而不是具体答案。这些准则用于帮助教师引导学生完成某个问题的设计过程中的各个阶段工作。[⊖]

本版本的新增内容：

- 更新了正文、示例、练习和问题中的技术，以反映现代设计实践。
- 整合新出现的创新性事物，如智能手机、社交媒体、因特网搜索和无线设备。
- 更多地强调了可再生能源、环境问题、伦理和社会影响。
- 讨论了市场全球化对工程设计的影响。
- 新的设计案例研究。
- 增加了一些影响重大的失败的工程示例。
- 增加了人机界面的案例研究。

以下是本书中每章内容的简要总结。

第 1 章简要介绍了工程各学科以及该学科的主要专业领域。学科清单是全面的，但不是详尽的。关于工程师在公司中作用的讨论侧重于工程师对项目管理的中心性，以及工程师可以轻易地与来自不同专业背景的人沟通。在本章结尾，解释了工程师的三个最重要的技能：知识、经验和直觉。

第 2 章从“设计”一词的多个定义开始，介绍了一种设计周期版本，同时强调其他版本可能适用于不同的设计任务或不同的专业设置。本章讨论了分析、设计与复制之间的差异，比较了优秀的设计与糟糕的设计。使用头脑风暴的例子说明了产生创造性想法的技巧。本章总结了

⊖ 关于教辅资源，仅提供给采用本书作为教材的教师用作课堂教学、布置作业、发布考试等。如有需要的教师，请直接联系 Pearson 北京办公室查询并填表申请。联系邮箱：Copub. Hed@ pearson. com。——编辑注

一些具体的设计实例，说明了形成产品可采取的多种方法。本章使用的“产品”一词是指设计过程的目标，而不一定是用来销售的实物。

第 3 章重点介绍项目管理。本章的中心主题包括团队合作、组织、时间管理以及文档撰写等所有重要任务。本章结尾是与知识产权有关的法律问题的简要讨论。

第 4 章介绍了许多工程工具。虽然有些工具对于个别学生来说可能比其他工具更重要，但这些部分的通用性足以使本章对大多数专业都有用。单位的概念、尺寸、公差、图形、原型、逆向工程、故障排除和计算机分析以及电子表格和实体建模都是本章涵盖的主题。

第 5 章介绍人机界面。本章讨论了人与机器的相互作用，涉及人体工程学以及认知的概念。本章的后半部分是关于人机界面利弊的案例研究。

第 6 章概述了经典工程灾难以及广受关注的工程事故。本章重点介绍工程师如何从错误中学习，而不是简单地记录工程事故。

第 7 章介绍了人际交往的主题。本章详细讨论了演讲、写作和口头表达的技巧，并在每个类别中提供了几个很好的例子。

我喜欢为工程师编写最新的设计原则，希望你和你的学生也喜欢这本书。

致谢

本书的许多插图都是由阿比盖尔·艾达·埃克斯(Abigail Ida Erkes)制作的。她还做了大量的研究，找到并记录了许多用作插图的照片。非常感谢她在书稿的准备阶段所做出的努力。我还要感谢许多学生启发了本书中的设计实例和讨论。

MNH

Boston，MA

目 录

Design Concepts for Engineers, Fifth Edition

工程是什么

目标

在这一章中，你将要掌握以下内容：

- 工程的多个领域。
- 工程是一种职业。
- 工程师和其他专业人员的关系。
- 工程专业组织。
- 工程设计的基础——知识、经验和直觉。

当你阅读本书时，你可能选修了一门**工程**入门类的课程。选择工程类的课程，也许是因为你在科学和数学方面拥有强大的**技能**，或者你喜欢拆解东西，又或者只是因为你在社交媒体和因特网上受到了吸引。你对工程产生了浓厚的兴趣，可能因为它是帮助人类和社会的一种渠道，也可能只是听从了你的高中指导老师的意见。无论你学习工程的原因是什么，你正在进入一个充满发现、创造力和刺激的**职业**。想象几年后，你已经大学毕业，作为一名工程师，你的生活将变成什么样子？你的大学课程和工作职业有着怎样的联系？本书将带你一起展望未来工作中遇到的各种工程问题，同时教你一些重要的工程技能。

作为一名有抱负的工程师，你有很多需要学习的东西。你必须掌握工程的基础知识：数学、物理、化学和生物。你必须学习所选学科的专业课程，例如电路、力学、结构、材料和计算。同时，你必须学习如何通过终身学习来保持技术进步。终身学习对于工程师而言是至关重要的，因为世界上每天都在出现新的技术，而明智的工程师总是能够及时掌握发展的动向。在大学课堂上，你可以学到在工程领域中所需要的知识和数学技能，但是你也必须学习**设计**的重要实践。制造出真正有效的产品的能力是工程师的标志。设计技能是工程师区别于其他基础科学专业人士的能力。物理学家、化学家和生物学家往往通过观察具体现象得出一般性的结论，而工程师恰恰相反，工程师的工作方式通常是由*通用规律到特殊问题*。工程师运用自然规律，并利用它们来制造产品、设备、系统或结构件，用以执行特定任务，满足人类需要，解决特定问题。设计过程是工程**专业**的本质，因此你必须要熟练掌握它，才能够顺利走向成功。本书将介绍设计的基本规则，并帮助你把它们应用到课堂作业、设计项目以及未来的工作中。

1

1.1 工程有许多领域

工程的**领域**是多样的。如果仔细研究世界各地的工程院校的网站，就会发现几乎无穷无尽的工程知识学习方案。表1-1列出了多个传统工程学科的名称，可能这些名称会因学校而异。大部分工程师都是出自这些学科的培养(这些学科排名不分先后)。

表1-1 一些传统的工程学科

航空工程	计算机工程	机械工程	生物医学工程	食品工程	海洋工程
农业工程	电气工程	造船工程	化学工程	工业工程	石油工程
建筑工程	环境工程	核工程	土木工程	材料工程	系统工程

为了庆祝工程师在20世纪取得的成就，美国国家工程学院(NAE)在21世纪初发布了以下声明：

> 工程师对社会的影响是巨大的。在100年前，生活是与疾病、污染、砍伐森林、恶劣生存条件等困难不断的斗争，是与落后通信技术产生的巨大文化鸿沟的抗争。直到人类走到了20世纪，世界开始变成一片健康、安全、高产的乐土，而这一切主要归功于我们取得的众多工程成果[㊀]。

例如，NAE的报告中指出，许多国家的人类平均寿命从1900年的45岁增长到2010年的75岁，与医学科学方面的成就相比，更多的归因于工程方面的成就。

作为工程师认可的一部分，NAE列出了近百年来工程师取得的20项最伟大的成就，如表1-2所示。在括号中标出了这些成就所对应的主要学科。

表1-2 20世纪前20名工程成就名单
(2000年美国国家工程院发布)

1. 电气(电气)	11. 公路(土木)
2. 汽车(机械)	12. 航天器(航空航天)
3. 飞机(航空航天)	13. 因特网(计算机)
4. 用水供配系统(土木)	14. 成像(电气)
5. 电子(电气)	15. 家用电器(电气和机械)
6. 广播和电视(电气)	16. 健康技术(生物医学)
7. 农业机械化(机械)	17. 石化技术(石油)
8. 计算机(计算机)	18. 激光与光纤(电气)
9. 电话(系统)	19. 核技术(核)
10. 制冷(机械)	20. 高性能材料(材料)

值得关注的是，这个表中包含了大量的工程学科。同样值得一提的是，在表中提到的各项成果几乎都带有交叉学科性质。为了取得这些里程碑式的成就，需要来自多个领域的工程师的共同努力。事实上，这个表中的每一个工程领域都在世界科技进步中发挥了重要的作用。大学的任务一直都是培养今天的学生成为明天的工程师。

根据表1-1和表1-2，有些人可能认为工程师是高度专业化的人士，与其他领域几乎没有互动。事实恰好相反。一个好的工程师通常非常熟悉其他学科和专业。工程师成功的关键就在于接受广泛的多学科的教育。工程师沉迷在自己的领域中坐井观天的时代已经一去不复返了。在过去的一个世纪中，许多伟大的工程成就是通过工程师与其他众多学科团队合作实现的。尽管工程本质上是多学科的，但大部分工程师还是需要完成某一个专业领域的学位课程教育，并且大部分时间只是运用他们学到的专业知识。因此，我们将通过回顾一些比较流行的工程分支的特征来开始关于工程设计的研究。下面将逐个分析这些领域。

1.1.1 航空工程

航空工程(或航空航天工程)领域的专业知识包括航空动力学、流体力学、结构、控制系统、热传递和液压等。航空工程师利用这些知识来设计火箭、飞机和太空飞行器、高铁、高效

㊀ 美国国家工程院2000年2月22日新闻稿。

节能汽车和飞艇等。自从莱特兄弟发明了飞机，航空工程师开始与其他领域的科学家和工程师
合作，使制作人类飞行器和探索太空成为了可能。在许多领域都可以看到航空工程师的身影，
但是他们更多的时间通常主要从事于大型公司的大规模项目。航空航天工业的一些万众瞩目的
成就包括阿波罗登月计划(20 世纪 60 年代)、美国宇航局的航天飞行任务、深空探测、国际空 2~3
间站、大型喷气式客机、新一代燃料飞机等。商业化的太空旅行方案已经走向成熟。图 1-1 中
展示了私人航天和空间探索公司 SpaceX 建立的 Dragon 太空舱。2010 年 12 月，SpaceX 公司成
为了历史上第一个从低地球轨道发射和回收航天器的民营公司。2012 年 5 月，SpaceX 公司试
验了使用 Dragon 太空舱向国际空间站运送货物。

图 1-1　国际空间站外建立的机械臂 Canadarm2 正在操作 SpaceX 公司的 Dragon 太空舱(图片由美国宇航局提供)

1.1.2　农业工程

农业工程师将天文学、力学、流体力学、热传递、燃烧学、优化理论、统计学、气候学、化学和生物学等专业知识应用到大规模食物生产中。这个学科在以农业为主的大学是很受欢迎的。21 世纪的最大挑战之一就是让全世界的人们能够吃饱。地球上可耕地的数量是一定的，但随着人口的增加，食物需求量也在增加。在如何提高农作物产量，如何增加粮食产量，如何提高土地利用率，如何建立高效环保的病虫害防治和耕作方法等问题上，农业工程师发挥着重要的作用。同时，农业工程师还与生态学家、生物学家、化学家以及自然科学家一起探讨人类农业活动对生态系统的影响。

1.1.3　生物医学工程

生物医学工程师(或生物工程师)与医生和生物学家有着密切的联系，他们通过将现代工程方法应用到医学和人类健康的研究中，加深了对人体的了解。工程技能与生物学、生理学和化学知识相结合，促进了医疗器械、假肢、辅助器具、移植体的发展以及神经肌肉诊断技术的进步。在过去的半个世纪中，生物医学工程师参与设计了许多有助于改善医疗护理条件的设备。许多生物医学工程师在毕业后又进入医学院学习，还有些人去了医学院的研究生院，或者寻求与医学或健康相关行业的工作。近年来生物技术的迅速发展架起了工程与遗传学之间的桥梁，这个领域同样需要生物医学工程师。这门学科是从工程的角度来探讨细胞和生物体的基本功能。未来的医学研究将主要面向基因层面，生物医学工程师将引导产生新的医学发现。因为

细胞是以纳米级存在的，所以纳米技术也起了至关重要的作用。例如，“人类基因组计划”在很大程度上依赖于生物学家、化学家和其他方面的专家之间的密切合作，并且创造了一个新兴的学科领域——生物信息学。这是生物工程与计算机科学的交叉学科。生物医学工程师也涉及微流体(microfluidics)和纳米材料(nanomaterial)等新兴领域。在微流体研究中，试图在硅或其他材料制成的小芯片上建立微小的生物处理系统。这项技术是微纳米机电系统(MEMS 和 NEMS)领域的一部分，它有时也称为“芯片上的实验室”。纳米材料的研究成果提供了人工合成材料与人体组织的结合方式，这种技术广泛应用在骨骼移植、皮肤移植、体内供给药物系统(in vivo drug delivery system)等多种医疗手段中。生物医学工程还包括仿生学领域——一种试图将生物有机体与人造组件整合为一体的技术。

1.1.4 化学工程

化学工程师将化学原理应用于制造和生产系统的设计中。化学工程师的任务是把一个化学反应从实验室状态扩展到能够进行大规模生产的状态。为了实现这一目标，化学工程师需要设计反应容器、输送机构、混合室和测量装置，并且还要确保这个过程是一个可以进行大规模操作的且能够取得效益的工程。化学工程师受聘于许多行业，包括建筑、微电子、生物技术、食
4~5 品加工、环境分析，同时也经常参与到石油产品、石油化工、塑料、化妆品和药品等行业的工作。这些材料广泛应用于各行各业，因此全球经济都依赖于化学工程师的工作。在生产过程中，无论一个化学反应过程是有机的还是无机的，只要需要生产量级的反应控制，都需要他们的工作。化学工程师必须充分利用他们所掌握的数学知识和科学知识，尤其是化学知识，针对这些技术问题给出安全而又经济的解决方案。化学工程师经常受雇于国际化大公司，这些公司的产品常常能够覆盖全球市场。

1.1.5 土木工程

土木工程师主要研究世界基础设施的设计与建造。土木工程师设计运输系统、道路、桥梁、建筑、机场，以及其他如水处理厂、蓄水层和废物管理设施等。图 1-2 展示了一个大规模土木工程的经典例子，这是布莱克峡谷的科罗拉多河上的胡佛大坝，它坐落于内华达州，位于拉斯维加斯东南部约 30 英里[⊖]处。设计这种大型结构需要丰富的专业知识，包括土壤力学、水

⊖ 1 英里 =1.609 344 公里。

利学、材料力学、混凝土工程等科学知识和施工实践的知识。土木工程师也会参与设计非常小的建筑，比如房屋、景观和休闲公园等。在未来的几十年中，土木工程师任重而道远，他们将面对全球范围内日渐老化的基础设施，使它们重新焕发生机，同时还要处理水资源、空气质量、全球变暖和垃圾处理等环境问题。与其他工程专业相比，土木工程师需要面对的特殊困难是，他们不得不依赖物理模型、计算、计算机建模和过去的经验来确定设计结构的性能。这是因为大多数土木工程项目都几乎不可能允许工程师去建立一个同等规模的模型来进行实验测试。土木工程师很少通过建立一个简单原型的方式进行全面的测试验证，而是在设计过程中通过不断的建模和模拟以验证最终建造的工程能够满足设计规格。例如，我们不可能刻意去压塌一座桥以验证它的最大承重能力。

图 1-2　布莱克峡谷科罗拉多河的胡佛大坝（图片由美国垦务局提供）

土木工程师与施工人员密切合作，并可能在作业现场花费大量时间来审查施工任务的进展情况。土木工程师通常在国家的公共部门工作，但是也有一部分在或大或小的建筑公司或私人开发公司工作。图 1-3 展示了一个著名的公共部门完成的土木工程工作的例子，这是在马萨诸塞州波士顿城中著名的“大开挖”（Big Dig）工程。这个工程历时 15 年，是美国历史上造价最高、规模最大的交通基础设施项目之一（耗资超过 210 亿美元）。这个项目又称为中央动脉隧道工程。这个项目从结构到理论，产生了许多有趣的工程专业问题。

图 1-3　波士顿的中央动脉/管道工程（“Big Dig”），美国历史上最大的公共工程项目之一（图片由 Highsmith、Carol M 于 1946 年拍摄/国会图书馆提供）

1.1.6 计算机工程

计算机工程包括硬件、软件以及数字通信等很多门类，也包括网络、因特网和云等新兴概念。计算机工程师将工程和计算机科学的基础理论应用于设计计算机网络、数据中心(服务器群)、软件系统、交互系统、嵌入式处理器和微控制器。计算机工程师还设计和建造计算机之间以及计算机与其他组件之间的连接方式，形成分布式计算机、无线和局域网(LAN)网络、因特网服务器和其他设备。例如，面向硬件的计算机工程师将微处理器、闪存、磁盘驱动器、显示设备、LAN 卡和驱动器组合在一起制造出了大容量服务器，而软件工程师的职责则是建立图形用户界面和嵌入式系统等部分。该学科还包括传感器网络、高可靠性的硬件和软件系统、无线接口、操作系统和汇编语言程序设计等领域。传统意义上计算机科学家比计算机工程师更偏重数学，但他们也越来越多地参与到计算机软件、网站用户界面、数据库管理系统和客户端应用程序设计等工作中。与计算机科学家不同，计算机工程师对于现代计算机系统的硬件和软件更加精通和熟练。在计算机系统的发展过程中，软件和硬件有着同样重要的作用，例如网络接口、笔记本电脑、智能手机和平板电脑的设计，以及移动电话网络、全球定位系统、微机或因特网控制设备、自动化制造和医疗仪器等，都是软硬件结合的产物。计算机公司的显著成就包括微处理器的发明(Intel，1982)，第一台台式计算机引发的个人计算机(Personal Computer)大爆发(Apple Ⅰ，1976；Apple Ⅱ，1978；IBM-PC，1984；McIntosh，1984)，以及由美国国防部建立的数据通信网络 Arpanet，进而发展形成了因特网和万维网，从而支持各种社交媒体(如 Facebook 和 Twitter)、商业企业(如 eBay 和亚马逊)以及 Google 这样包罗万象的企业。

(图片由 FotoStocker/Shutterstock 提供)

在 21 世纪，计算机技术发展将跨上一个新的台阶，给计算机工程师带来新的挑战。量子计算、纳米技术、人工智能(例如，思想和情感机器人)、人脑和计算机之间的直接连接等新型技术正在快速发展，虽然还没有实现，但已经不再是不切实际的科幻小说了。

1.1.7 电气工程

电气工程是一个非常广泛的学科，涵盖了电学的所有形式和使用方式。信息和数据中的每一个二进制位可以用电子电路的通与断来表示，因此信息理论科学也可以算作电气工程师的领域。电气工程师负责的领域很广，小到微电子技术，大到电子系统，都可以是电气工程师的技术领域，还包括数据通信、广播、电视、激光、光纤、视频、音频、计算机网络硬件、语言处理、成像系统以及替代能源，例如太阳能、潮汐能、风能等。许多电气工程师也在材料学领域工作，因为电子设备和光电设备的发展需要依赖半导体材料技术的进步。电气工程师也设计了基于电力的交通系统，包括电动汽车、混合动力汽车和大型运输工具。

6~8 典型的电气工程师应该具有物理科学、数学和计算机方面的背景，以及电路和电子学、半导体器件、模拟和数字信号处理、数字系统、电磁学和控制系统的专业知识。电气工程师也应该熟悉计算机工程的很多领域。电气工程师的最新成就包括微电子革命(微处理器和大规模集成电路)、纳米设备、无线通信、蜂窝电话、数据链路、光电子学(光波技术、激光和光纤技术)以及所谓的“芯片上的实验室”。

(图片由 Scorpp/Shutterstock 提供)

1.1.8 环境工程

环境工程师依靠生物和化学原理来解决与环境相关的问题。环境工程是一门新兴的学科，在世界各地的各种团体中有无数个重要的工作，正在等待着熟悉这门学科的人去完成。环境工程的核心课程类似于土木工程。事实上，这两个学科通常都会出现在大学的同一个系中。

环境工程师需要参与水和空气的污染治理、回收、废物处理等工作，还有一些公共卫生问题的研究，例如酸雨、全球变暖、碳排放、野生动物保护和臭氧损耗等。他们设计了城市供水和工业废水处理系统，开展危险废物管理研究，还要协助制定防止环境灾害的相关法规。

(图片由国会图书馆印刷和照片部门提供)

1.1.9 工业工程

工业工程师(有时称为制造工程师)关注产品的整个生命周期，从一开始的生产到最后的处置与原材料的回收。工业工程师的任务是将最新的计算和机械技术进步融入生产和制造过程所使用的工具中。工业工程师与企业环境的方方面面都很有紧密的联系，因为工业工程领域的目标就是最大限度地提高产量并降低对环境的影响。该学科所需要的技能包括产品开发、制造和加工方法、材料性能、优化、排队论、生产技术和工程经济学知识。工业工程师也非常精通计算机辅助设计(CAD)与计算机辅助制造(CAM)。随着全球经济、制造业的一体化，对工业工程的一个重要影响是，产品开发必须要面向全球性的市场。

对于工业工程师来说，一个关键的技能是机器人在制造业中的应用。构建、移动和控制机器人需要了解机械、电气和计算机工程的相关知识。大多数工业工程的教学计划中包含了其他领域的课程。工业工程另一个重要的领域是“绿色制造”，在设计过程中重点考虑产品的生命周期可能对环境产生的影响。

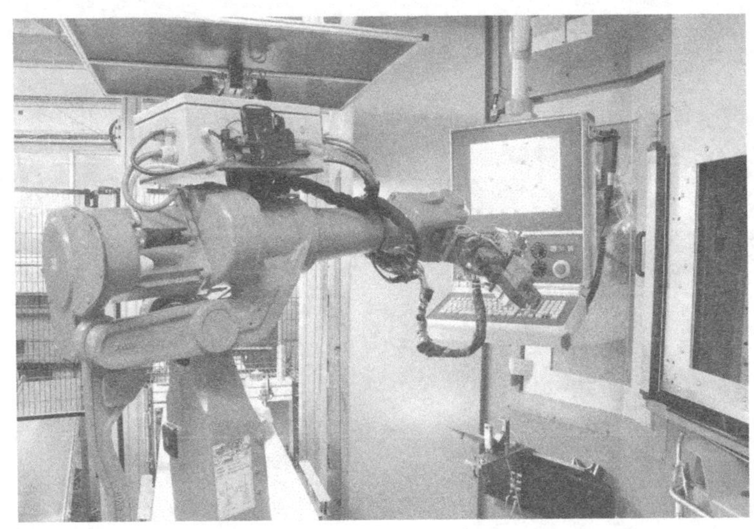

（图片由 Maksim Dubinsky/Shutterstock 提供）

1.1.10 材料工程

材料工程（有时也称为材料科学）是最古老的工程学科之一。它关注于各种形式的物理材质相关技术的发展和应用，以解决宏观或微观尺度上的问题。材料工程师能够将关于材料属性的各种知识应用到工程问题的解决方案中。在当今高科技社会中，对于所有工程活动来说，对材料的理解都至关重要。例如，航天飞船返回舱的热保护层、燃料电池的先进概念、节能车辆使用的轻型复合材料，甚至设计更轻、更节能的手持式电子产品，在这些技术发展的过程中材料工程师都扮演了十分重要的角色。接受过这一学科培训的工程师，能够了解材料属性以及随之而来的性能和耐久性之间的关系，能够在多学科交叉的设计团队中做出与众不同的贡献。

在过去的几十年中，材料工程师几乎专门从事冶金和陶瓷工作。传统的材料工程师关心的是提取矿石，将其转换为可以利用的形式，并了解它们的材质特征。新材料的发展（例如，在
9~10 20 世纪后半期塑料的发展）大大扩大了材料工程师的领域，并创造了新产品甚至新产业。现在，该学科的大学课程包括化学工程、机械工程、土木工程和电气工程。现代材料工程涉及大量材料，包括工程聚合物、高科技陶瓷、复合材料、液体/固体转换、半导体、生物材料和纳米材料。法医学也是这一领域的一个应用之一，主要针对材料失效和犯罪调查进行分析。

1.1.11 机械工程

机械工程师负责设计和建造各种物理结构。涉及机械运动的任何装置，汽车、自行车、发动机、磁盘驱动器、键盘、流体阀或者喷气发动机的涡轮机、风力涡轮机或飞行结构等，都需要机械工程师的专业知识。机械工程师熟悉静力学、动力学、材料学、结构和固体力学、流体力学、热力学、热传递和能量转换。他们将这些科目应用于各种工程问题，包括精密加工、环境工程、声学系统、流体系统、燃烧系统、发电系统、机器人、运输与制造系统等。机械工程师很容易与其他工程师协作，因为他们的教育背景非常宽泛。此外，我们与物理世界最常见的互动方式是直接接触，借助我们的触觉和机械的东西认识世界。机械工程和电气工程能够完美

地互补合作，因为在当今社会中很多机械的东西都是与电力和电子设备相联系的。此外，几乎所有的传感器都是基于电信号工作的。

机械工程的最新研究领域之一就是纳米技术，用于在原子尺度上处理微小的微观颗粒和结构(见图1-4)。纳米技术也与生物技术有密切的关系。微电子机械系统(Micro-electromechanical System，MEMS)与纳米技术的结合将演变为纳米机械系统(Nano-Electro-Mechanical System，NEMS)。MEMS和NEMS技术将为机械工程带来的变革，就像集成电路技术对电子行业的影响一样巨大，工程师有可能将一个大规模的完整系统整合进一个小型的简单材质中。

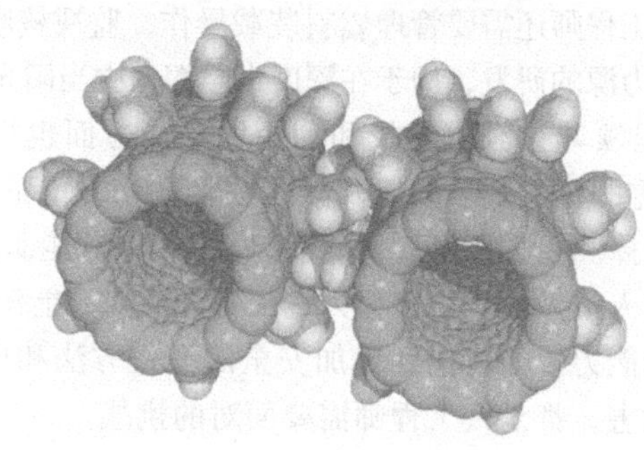

图1-4 利用纳米技术制造的机械结构(规模大小不超过1微米)(图片由美国宇航局提供)

1.1.12 机电工程

混合机电工程师熟悉机械工程、电气工程和机器人等领域的相关知识。顾名思义，机电工程融合了机械工程、电子工程和控制论，用于设计基于机器人的生产与制造系统。这个领域的工程师需要跨学科的培训，最好是主修机械或电气工程专业，然后通过辅修或选修的方法获得其他所需学科的技能。机电工程师负责用创造性的思维设计和开发新型的机械和系统，使之能够自动完成生产任务，降低生产成本，减少设备维护费用，提高制造过程的灵活性和生产性能。典型的机电工程师能够解决那些单纯依靠机械方案或电气解决方案无法解决的设计问题。传感和驱动是机电一体化的重要元素。

1.1.13 造船工程

造船工程师(或海事建筑师)负责设计水平船舶、潜艇、驳船和其他远洋船只，还参与设计石油开采平台、航运码头、港口和沿海通航设施。通常，海事建筑师和工程师具有广泛的知识背景，因为海洋船舶的设计需要许多工程门类的参与。例如，造船工程师需要熟练掌握很多机械工程师研究的知识，包括流体力学、材料学、结构学、静力学、动力学、水下推进和热传递。此外，造船工程师还需要学习船舶设计和航海史课程。许多造船工程师在军队工作，但也有一些人在大型船舶设计建造公司工作。既能够充分学习历史和传统，又能够永远走在技

(图片由美国国防部提供)

术的最前沿，造船工程对于那些对大海感兴趣的人来说，是一份非常有意义的工作。

1.1.14 核工程

核工程师利用原子物理学的知识解决工程问题。他们主要研究舰艇和发电厂中使用的核反应堆的设计和操作方式。单从自然资源的角度来看，原子能技术是我们面对日益减少的化石燃料的一种有效的替代方案，也能够有效减少碳排放量。核工程师能够理解辐射以及核反应中产生的放射性原子的特性。他们中的大多数人在私人或者政府研发实验室工作。有些人可能在兴建核电厂的建筑工地工作。核工程师还需要管理燃料装载操作，监视核废料存储有关的步骤。核工程师的工作还包括微型核动力源的研发，用于在深度太空探索中当阳光不充足时提供动力。

20世纪下半叶，核工程领域在努力寻找和利用原子能方面也得到了广泛的发展。然而，在21世纪初，随着两次严重的核电站事故以及核废物处置带来的危害日渐得到人们的关注之后，核电就渐渐不再受到追捧。在21世纪，日益增长的人口对能源的需求重新激发了核研究的兴趣。尽管全世界的技术人员做出了很多努力，但是人类对于能源的需求已经大大超过了可再生资源和替代能源的供给能力。如何找到更加安全的操作方法和更加合理的废物处置方案，如何更好地了解核反应的危害，都是核工程师需要面对的挑战。

（图片由美国核管理委员会提供）

1.1.15 石油工程

在美国，目前超过35%的能源需求来自于石油产品。石油工程师的主要挑战来自于如何从地球的自然资源中提取出石油、天然气和其他形式的能源。为了经济、环保、安全地获得这些资源，石油工程师必须具有数学、物理、地质学和化学等学科的知识，以及大多数其他工程学科的知识基础。在石油工程的课程中可以找到机械工程、化学工程、电气工程、土木工程和工业工程的内容。此外，由于计算机广泛应用于地质勘探、石油生产、压裂工艺和钻井作业中，所以计算机工程也在石油工程中占据了重要的位置。事实上，世界上许多的超级计算机都是石油公司所有的。

除了传统的石油和天然气开采外，石油工程师还采用新技术从油页岩、焦油砂、近海石油沉积和天然气燃烧中回收碳氢化合物。他们还采用新技术，用于二次开采传统抽烟方法残留的地面油。例如，使用地下燃烧、蒸汽喷射和化学水处理等技术手段，释放被困在岩石孔隙中的石油（“压裂”）。这些技术将来还可用于其他地质操作，包括铀浸出、地热能源生产和煤的气化等。石油工程师也在其他领域工作，例如污染控制、地下废物处置和水文学的相关领域。在不久的将来，石油工程师可能要参与解决诸如碳排放对全球变暖的影响、碳封存的新技术等问题。因为许多的石油公司是在全球范围内运作，所以石油工程师有很多在国外工作的机会。

1.1.16 系统工程

在计算机行业中，专门处理大规模软件系统的人称为“系统工程师”。然而，传统的系统工程师则是指设计与实现复杂工程系统的人。随着这些实体的复杂性的增加，对系统工程师的要求也在增加。这些专业人员能够理解复杂工程必须采用的设计和管理方法。系统工程师不仅能够完成项目的初始设计，还能够处理后勤、团队协作和项目监督中的各种问题。系统工程师的标志性工作是完成以下系统的设计，如交通基础设施、通信网络、信息系统、大规模系统制造、配电网络和航空电子设备等。其他的重点领域包括自动化、机器人控制、计算生物学、信息科学和供应链管理等。在产品开发周期的早期，系统工程师还需要帮助了解消费者对产品的需求并定义产品功能。因此这个领域的学习课程是多样化的，包括应用数学、计算机模拟、软件、电子、通信和自动控制的课程。由于这些广泛的教育背景，系统工程师能够很容易地与多数其他类型的工程师展开合作。

1.2 一些工程专业组织

工程学中有很多专业协会，将类似背景的成员、培训和专业技能结合在一起。每一个工程领域都有自己的代表性专业协会。很多协会都是全球性组织，并出版了很多关于工程师感兴趣的期刊，由相关领域的工程师撰写文章并投稿发表。每个组织都为成员提供技术和信息服务，以及毕业后的培训、制定行业标准、组织研讨会和会议等。有时候，也提供一些其他的专业服务，包括工作关系网络、广告、电子邮件账户、产品信息、网页寄存，甚至生命和健康保险。通常这些协会还会为学生会员提供折扣，并在学院和大学设置学生分会。表1-3列出了一些主要的专业组织及其网站。 11~14

表1-3 许多工程领域的专业组织

航空工程师	美国航空航天协会(www. aiaa. org)
农业工程师	美国农业与生物工程师协会(www. asabe. org)
生物医学工程师	生物医学工程协会(www. bmes. org)
化学工程	美国化学工程师协会(www. aiche. org)
土木工程师	美国土木工程师协会(www. asce. org)
计算机工程师	美国计算机协会(www. acm. org)
计算机工程师	IEEE 计算机工程协会(www. computer. org)
电气工程师	电气与电子工程师协会(www. ieee. org)
环境工程师	环境工程协会(www. aeesp. org)
工业工程师	国际工业工程师协会(www. iienet. org)
材料工程师	材料研究协会(www. mrs. org)
机械工程师	美国机械工程师协会(www. asme. org)
海洋工程师	美国海洋工程师协会(www. navalengineers. org)
核工程师	美国核协会(www. navalengineers. org)
石油工程师	石油工程师协会(www. spe. org)

职业成功之路

选择一个工程领域

如果你是工程专业的大一或者大二的学生，可能已经决定了自己主修的领域。然而上过几次必修课之后，你可能对自己的选择产生了怀疑。又或许，你已经进入学校但没有确定要从事哪一个工程领域。如果面临着这两种情况，你或许想知道如何选择职业方向。

如果你想了解工程领域不同方向的更多信息，你可以参加由你所在大学的工程系举办的技术讲座和研讨会，还可以参与表1-3中列出的专业协会在你们当地举办的会议。这种讲座和会议主要是针对研究生、教师和有经验的专业人士，那些材料和内容你可能一时无法理解。你只需要简单参与这样的技术会谈，对工程的各个分支有一个感性的认识，这将有助于你找到与你的技能和兴趣最匹配的工程方向。

大多数学校都会举办职业咨询研讨会。一定要参加一个，然后在会上与职业规划和就业方面的专家交谈。许多大学校园里都设有专业组织的学生分会。这些团体经常组织参观工程公司。这样的参观非常有价值，可以借此机会仔细观察这个方向的工程师的工作，将帮助你了解工程师的生活。

职业咨询最宝贵的资源之一就是你自己的老师。与你最喜欢课程的教授或者你的导师交流，从他们的建议中判断哪一个方向是最适合你的。向教授请教科研问题，大多数教授都喜欢谈论他们的工作。邀请一位教授到你们宿舍区与学生讨论如何选择工程职业。让你所在的系举办一个关于职业生涯的晚会，可以邀请教授或校友，他们将回答有关工程和职
15 业选择的问题。学会利用所有可以利用的资源，帮助你在大学选择合适的专业。

1.3 成为一个注册专业工程师

许多学科中都有一个考核系统，用于认证该领域中的工作人员的知识和能力已经达到了要求。对于工程师而言，通过了这样的认证意味着获得了专业工程师(Professional Engineer，PE)的头衔。

在工业革命的开始时期，任何人都可以作为一名工程师，只需简单地宣称自己参与工程业务中即可，不需要教育或能力的证明。劣质或者草率设计所产生的风险是由客户来承担的。如今，为了保护公众健康和安全利益，美国的每一个州都颁布了相应的法案，只有获得正式资格的专业工程师才能够在涉及公共服务的工程文件上签字和盖章，以此来规范工程实践的过程。然而，专业工程师认证早已超过了公共服务项目的范围。专业工程师证书也得到了商业客户的信任，它意味着更高的工作标准和更强的责任感。在一些州，法律要求工程师工作前必须取得专业工程师资格，就像一名顾问或私人医生有专业的执照一样。

为了获得一个专业工程师的证书，工程师必须完成4年的认证学位课程，并且在专业工程师的监督指导下工作4年以上。申请人还必须通过两个强化考试来获得专业工程师证书。为了长期持有这个证书，工程师必须在整个职业生涯中不断学习并时刻关注这个领域的技术进步。

认证的步骤可以总结为以下4步：

1）从一个认可的工程学习计划中学习4年，并获得工程学位。

2）通过工程基础(Fundamentals of Engineering，FE)考试(通常在毕业后)。

3）在专业工程师的指导下逐步完成4年的工程实践。

4）通过工程原理和实践(Principles and Practice of Engineering，PE)考试。

通过第 2 步工程基础考试后，就可以成为“实习工程师”或者“培训工程师”。这可以向你的老板和同事表明，你已经掌握了你所选择领域的基础知识，并且已经完成了专业工程师认证的第一步。有关成为专业工程师的更多详细信息，请访问美国国家专业工程师协会网站（www. nspe. org）。

1.4 工程师：项目管理的核心

“工程师”一词可能会使人联想起一个孤独的人坐在计算机前或在车间里制作一些奇妙的杰出作品。作为一名学生，你或许更愿意去追捧那些走过崎岖道路的天才企业家，能够通过一个人的力量改变技术面貌，想象着自己能够成为下一个比尔·盖茨、伊隆·马斯克、谢尔盖·布林或马克·扎克伯格。你或许会问：“为什么我要上这些不相干的课程？为什么我不能上自己感兴趣的课程？”答案就在于工程学所具有的多学科性质。有时候，一个工程师也许可以单独工作，但是在绝大多数情况下，还是要与拥有其他教育背景的人合作。工程项目通常是复杂的工作，需要许多具有不同技能特长和个性特质的人形成团队。一个学科的工程师必须学会与其他学科工程师沟通的方法，以及物理学家、数学家、化学家、管理人员、技术人员、制造商、律师、营销人员和秘书使用的术语，并与这些人一起配合工作。有人说，好的工程师是把 16
项目联系在一起的黏合剂。因为具有广泛的教育背景，所以工程师能够与所有这些来自不同领域的专家交流，同时广泛的教育背景也使得工程师有足够的知识和能力全程参与项目的设计。

为了说明工程师需要广泛的沟通技巧，假设你在图 1-5 中描述的虚拟公司工作。外围所展示的每一个人拥有不同的专业知识，而你，作为一个设计工程师，位于组织的中心。可能会有其他工程师加入你的中心，如果是这样的话，由于接受过类似的培训，所以你们之间会很容易沟通。但是你们每个人也需要与外围的每一位专家沟通。作为工程师，你已经学过的这些外围学科的课程或许已经涉及这些学科的工作。所受教育的独特性使你能够与这个职业圈中的任何一个人接触，因此你最有可能成为团队的中央协调员。

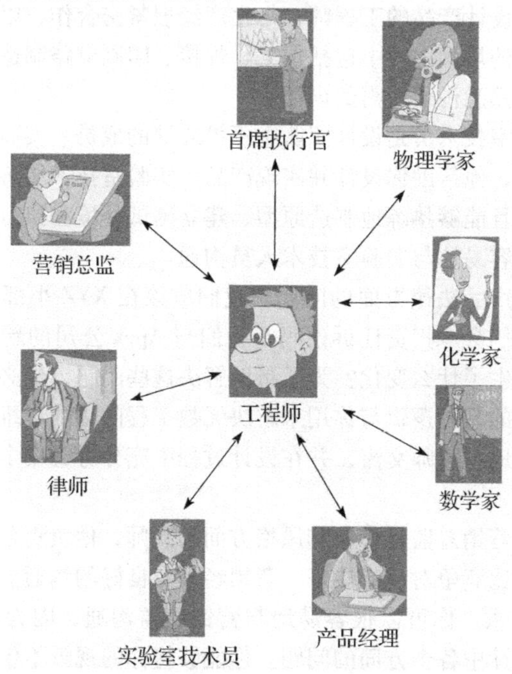

图 1-5 设计工程师处在职业圈的中心

物理学家 公司中的物理学家负责了解公司产品线的基本原理。这些人的主要时间和精力用于在实验室中探索新资源或者分析它们与热、光、压力或电磁辐射间的相互作用。物理学家可能会发现一种以前未知的量子间的相互作用，并基于此设计一种新的半导体器件，或者可能发明一种新的合成材料，或者探索在新产品中使用超导体的可能性。或者，物理学家简单地对一个新的微加速度计进行分析。由于你已经上了两个学期或者更长时间的基础物理课程，你已经学会了一些力学、热力学和电磁学的知识，所以你能够很容易地与物理学家交谈。通过讨
17 论，你能够找到这些基础发现与公司实际利益之间的关系。

化学家 化学家分析公司生产产品所使用的材料和物质。化学家需要确保用于制造的原料符合纯度规格说明，从而能够控制产品质量。在实验室中，化学家带领一组实验师，试图通过实验发现更坚固和更耐用的新型材料。化学家的研究内容是复杂的有机化合物或者基于分子的纳米技术。作为一名工程师，因为你已经或多或少地上过了化学课，了解了他们的语言，所以你会很容易与化学家交谈。你理解反应速率、化学平衡、摩尔浓度、氧化还原反应、酸和碱以及电化学反应等概念。也许你是一个写代码的软件工程师，正在编写一个控制化学分析仪器的程序。也许你是一个负责将化学反应转化为制造工程的化学工程师。无论你的角色是什么，你将非常适合把化学家的成果转化到工程设计中。

数学家 公司的数学家(也可能是计算机科学家)主要研究模型、统计、数据库和预测等问题。他们可能提出一个有趣的新型数据库算法，用于对工程系统进行建模，或者使用数学来分析公司的生产线并预测营销趋势。作为工程课程的一部分，你已经学了大量的数学课程，因此你可以很容易地与数学家交谈。虽然重点是应用，而不是纯粹的数学，但你熟悉基本代数、微积分、微分方程、矩阵、统计、概率、向量和复杂变量等知识，你可以轻松地将数学概念用于解决工程设计中的问题。

生产经理 就像军队的指挥官一样，生产经理(Production Manager，PM)负责组织材料、物资和人员来制造公司的产品。生产经理可能担心作业调度、质量控制、材料分配、质量保证测试和产量等问题。作为设计产品的工程师，与生产经理紧密合作，以确保设计方法与公司的制造能力相适应。工程师的培训内容中包括加工、焊接、印刷电路制造和自动化知识，使你能够了解生产经理的工作并熟悉沟通所需的词汇。

实验室技术员 实验室技术员是设计团队中不可或缺的成员。实验室技术人员就是一个经验丰富的多面手和实验者，他帮助你设计并实现产品。实验室技术员善于使用工具，有丰富的工程实践方面的知识，并且能够熟练地制造原型、建立测试环境和执行测试。在设计工程中的每一个阶段，你都可以很容易地与实验室技术人员沟通。

律师 律师负责公司产品法律方面的问题。我们应该在XYZ小部件上申请专利吗？如果我们销售特定的产品，我们会承担责任诉讼吗？我们与Apex公司的新合同从法律角度对两家
18 公司公平吗？人力资源发生了什么变化？为了帮助解决这些问题，你必须能够与律师交流并且分享你的工程知识。法律的基础逻辑与你用来解决无数工程问题的思维方法是相似的。作为一名工程师，你可以很容易地与律师交流，并在设计过程中充分考虑安全性、道德和责任等法律相关问题。

市场营销总监 市场营销总监是形象和风格方面的大师，他负责公司的产品销售，用各种手段让公众相信你的产品比竞争对手的更好。营销经理有良好的沟通能力和经济学知识，而且能够理解人们想要购买什么。你可以很容易地与营销总监沟通，因为作为工程师培训的一部分，你已经参与了产品设计中各个方面的问题。你能够将你的视野不仅局限于技术问题，而且还能够关心产品的外观、耐用性、安全性和易用性等方面的问题。在设计产品时，你已经考虑

了人机界面和产品周期。你已经对这些重要问题了然于胸，因此可以随时准备着帮助市场营销总监了解你的产品以及它是如何工作的。你也能够清楚地讲出为什么公众需要你设计的产品。

总裁/首席执行官 公司的首席执行官(CEO)一般有工商管理学硕士(MBA)或者更高的学历，或者在企业财务部工作了很长时间。首席执行官关心经济和下一步公司应该追逐的目标市场，或者是否需要开拓国外市场。首席执行官将决定你目前项目的资金投入，并需要了解项目的最新进展。首席执行官还可能要求你评估一个新技术或产品概念的可行性。作为工程师，你与首席执行官交流并不存在困难。盈利和损失、成本衍生物、统计和预测等经济学基本原则与你在微积分、统计学和经济学中学到的概念密切相关。在一个或者多个工程学课程中你已经学会了使用电子表格，这样你就可以用 CEO 更加容易接受的方式提供信息并加以解释。同样，你所接受的工程师培训也能够帮助你与 CEO 沟通你项目对公司的经济的影响。

1.5 工程：一组技能

要成为一个成功的工程师，必须拥有技术、理论和实践能力，还必须善于组织、沟通和写作。工程基础中 3 个最主要的技能包括**知识**、**经验**和**直觉**。这些才能并不是工程师技能的全部，但是对于一名工程师来说，这些是至关重要的。

1.5.1 知识

*知识*描述工程师在形成策略、考虑多种设计方案、分析系统和预测结果的过程中所使用的事实、科学原则和数学工具等形成的集合。工程师所掌握的知识体现在对事物如何工作的深刻理解。自然科学(例如，物理、化学和生物)帮助工程师理解物质世界，而数学提供的通用语言则帮助架起了不同学科之间的桥梁。以这些知识为基础，每一个工程领域在上面构建了自己知识的上层建筑。作为一个受过广泛教育 19
的工程师，你也已经学到了其他领域的很多重要知识。所有工程师共同的知识领域包括机械、电路、材料、仪器仪表和计算机软件等。

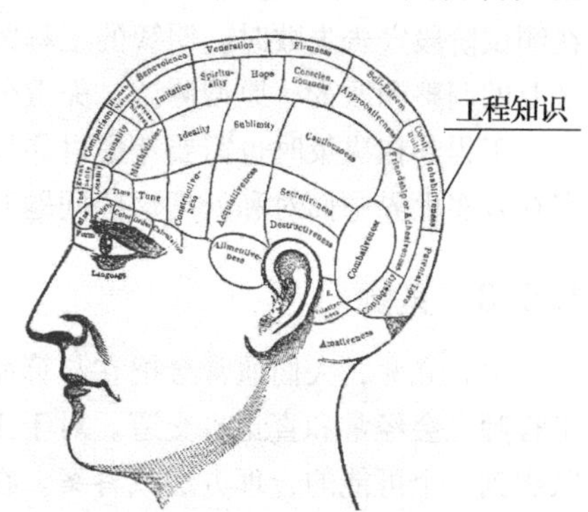

知识是工程的重要部分(L. N. Fowler, New illustrated Self-Instructor in Phrenology and Physiology, New York: Samuel R. Wells, Publisher, 1869.)

作为工程专业的学生，你也许会问为什么要上一些与你的职业生涯没有关系的课程。任何有经验的工程师都会告诉你，工程工作中涉及多个学科，许多领域的基础知识都是非常必要的。例如，机械和计算机工程师会用到电路知识，电气工程师需要建立机械结构或设计生物医学电子，航空工程师的工作中大量使用软件和控制系统并且需要了解材料的特性。软件工程师需要设计土木工程的基础设施系统或机器人接口。鉴于工程的跨学科性质，了解另一个工程师的领域是非常重要的。设计的效率取决于良好的沟通。

尽管正规教育是工程师培训的重要组成部分，但是一个明智的工程师也会通过在职培训、终身学习和探索来获取新的知识。维修、实验，甚至拆解来观察它们是如何工作的，也是工程师重要的知识来源。你也许已经参加过这种非正规教育。在高中(甚至更早)，你是否拆卸过你的小玩意儿、组装模型、编写电脑游戏、创建网页或者玩建筑模型、自己组装小零件(如锤子、钉子、胶枪、画框、收音机、自行车甚至是汽车)？或许你还没有意识到，但你已经开始了获取工程知识的道路。职业工程师也用这些相似的做法充实自己。参与项目设计的各个方面、随时了解最新的技术、参与专业的开发课程、解决现实的问题，这些都是实践工程师提升自己能力的手段。

1.5.2 经验

经验指的是工程师用来解决问题的方法、程序、技术和法则。作为一名工程师，积累经验
20 和获取知识同样重要。作为一名学生，你也有很多机会获得工程经验。因此，共同完成一份大型作业、在实验室助教、项目设计实训课程，暑期实习工作，甚至参与教授的实验室研究，都是你获得工程经验的重要来源。在职培训也是获得宝贵专业经验的一种好方法。许多工程公司认识到了对经验的需求并对初级工程师进行入职工程训练，为他们补充大学中无法学到的工程经验。经验增长的过程中需要“调味料”，一个新手工程师从经验丰富的工程师那里逐渐学会了“交易技巧”。公司关于方法、程序和历史的知识经常是在工程师之间口口相传的，一个新的工程师在与其他工程师一起工作的过程中会学到了这些知识。这些知识中的很重要内容就是公司的禁忌，有哪些事情一直以来都是不可以做的。

培训是获得经验的重要组成部分(图片由美国宇航局提供)

工程师在失败的设计中也能够获得宝贵的经验。当一个项目的第一次尝试在测试阶段宣告失败时，明智的工程师把它视为一种学习的过程，并使用这些失败信息来进行必要的调整和改变。原型测试、失败分析、观察设计决策的结果都是获取经验的重要机会。

工程师在决策时也需要考虑可靠性、成本、可制造性、人体工程学、市场推广的问题。只有在真实世界中面对和处理这些问题时，工程师才能真正地获得经验。

1.5.3 直觉

提到直觉，人们通常会把它与算命师、股票经纪人和棒球运动员关联起来。然而，成功的工程师也会经常和直觉打交道。对于工程师来说，直觉就是一种本能，针对待解决设计问题，联想到一个可能的合理方法或答案。在单纯只关心指标数值的时代，很可能因为某一个特殊的关键指标使我们认为找到了正确的答案(例如，通过计算，设计的杯子的体积是 1.7694m^3)，然而这个结论可能超过了直觉能够接受的合理数值(一个杯子不可能和桌子一样大)。尽管直觉不能代替认真的分析和细致的设计工作，但它也可以帮助工程师当面对许多选择但没有明显的答案时做出选择。依靠直觉对于什么能工作什么不能工作有一个直观的感受，需要丰富的经
21 验和知识。直觉能够帮助工程师选出一条最终通向成功而不失败的道路，并且能够节省选择的时间。当工程师利用直觉工作时，你也许会听到个这样的话：“这看起来是合理的”或者“这个回答可能是对的”。

直觉是设计经验的直接副产品，它需要在一次次的实践中得到。在信息时代，许多工程都集中在计算机上，工程师试图通过仿真和计算机建模来解决问题。虽然计算机已经大大加速了设计周期，并极大地改变了工程实践，但是仅在计算机上进行设计导致工程师很容易忘记产品必须遵循真实的物理世界的特性。建立直觉是工程师在教育过程中的一个重要组成部分。一个

好的工程师和一个顶级的工程师之间的区别在于，顶级的工程师在设计工程的过程中会本能地将自然规律体现出来。过热会危及电路吗？摩擦会消耗发动机多少动力呢？从岩层中我们能提取出多少石油呢？生产这种新的化妆品容量应该多大呢？这艘船会浮动吗？这艘气垫船会飞吗？建立直觉应该是工程教育中的一个重要目标。

回顾你自己的以往经验，看看你是否已经获得了一些直觉。你修改计算机设置看看会发生什么？打开一个汽车的引擎盖看看下面是什么？你调整你的自行车的齿轮了吗？你有没有整合过一个工具包或者从最初的原材料建立一个科学项目？你搭建过鸟笼吗？你组装过电子设备吗？这些任务都有助于你获得直觉。观察其他工程师拆解和展示笔记本电脑的零部件会使你熟悉硬件设计技术。调整自行车齿轮的刹车装置将有助于你了解设计中的折中，如强度、耐久性与轻量化结构之间的矛盾和折中的设计方法。搭建一个鸟笼将帮助你了解很多几何原理的核心内容，而这些内容中有很多结构工程领域的核心知识。使用工具将有助于你了解设计决策对制造的影响。重现、测试、对细节的关注、与有经验的工程师合作，是帮助你在这门学科上建立直觉的关键要素。为了建立设计直觉，最好的办法就是多多“设计”，即通过真正的实践锻炼自己。

我们的直觉是与房子一样大的鸟笼 22

职业成功之路

作为学生怎样增加经验

本章强调了生活经验对于工程师的重要性。或许当你还是一名学生时，你已经开始获得设计的经验。如果你的学校有一个教学合作类项目，能够让你临时成为一名工程师，那么从这个过程中获取经验是非常明智的方式。一个典型的教学合作项目会安排你进入一个工程公司实习 6～12 个月。你将成为一个高级工程师的助手，协助他完成计算机建模、软件开发、产品原型设计、实验室检测、质量评估或其他类型的任务。你将看到该公司怎么样运转，公司也会对你做出评估以决定是否在将来留用你。此外，你还可能从该公司领到工资。

学生也能够通过参加学校实验室的工作来获取有价值的经验。大部分教授很乐意本科生到他们的实验室做研究或者参与项目。大多数学校在各系的网站上列出了教师的研究方向。如果你非常喜欢某位教授讲的课，通过网站了解一下这位教授的研究活动，大胆地询问教授的实验室是否需要帮助。许多教授都能获得来自工业界或政府的资助项目，所以你或许还可以获得一小笔津贴。你可以参与的任务有很多，如制作实验、构建测试装置、布线电路、编写程序、收集数据、准备测试样品或者协助研究生进行工作等。

关键术语

Career(职业)
Design(设计)
Engineering(工程)
23 Experience(经验)
Fields(领域)
Intuition(直觉)
Knowledge(知识)
Management(管理)
Organizations(组织)
Profession(专业)
Project(项目)
Skills(技能)

第2章

Design Concepts for Engineers, Fifth Edition

设计是什么

目标

在这一章中，你将掌握以下内容：

- 工程设计的过程。
- 设计、分析与复制之间的不同。
- 好设计与坏设计之间的不同。
- 设计周期的基本元素。
- 如何通过头脑风暴生成想法。

自从工业时代开始，工程设计的发展使我们的生活质量有了巨大的飞跃。例如，公共卫生、制冷、电气化交通工具、自行车、汽车、飞机、计算机、因特网、卫星、医疗器械、娱乐、科技、全球航运系统、国际运输系统、国家电网基础设施、网络电话、手机、传真机、扫描仪、全球定位系统(Global Positioning System，GPS)等莫不如是。这些改变都有一个共同的开始：**工程设计**。工程设计的一种定义是，运用工程原理和知识去满足一种实际需要的活动。设计的对象可以是实际设备，如机器、电路或者桥梁架构。或者，可能是一些较为抽象的东西，如软件工程、操作系统、网络基础设备、制造过程或者控制算法。在工程专业中，“设计”这个词简单地回答了“工程师是做什么的”这个问题。 24

2.1 “设计”一词的使用

关于“设计”这个词语，在任何一个网站上，可能找到相同的定义：

设计：创建(create)、时尚(fashion)、实施(execute)或者根据计划去构建(construct)。

然而在本书中，将根据工程专业的需要赋予“设计”这个词适当的含义。你可以把它作为一个动词来使用(设计一个可以把披萨切分为5块的小工具)，或者把它作为一个名词来定义和创建工作流程(在工程教育过程中学会设计是非常重要的一部分)。当“设计”这个词用作一个名词时，它描述了一个工程师努力的最终产品(设计是成功的并且满足客户的需求)。这个词也可以用作形容词(这本书将帮助你学会设计的过程)。

形容词：设计的产品

有时，我们需要另一个词来描述一个特定设计过程的最终目标。为此，我们可以使用一般意义上的“产品”这个词，即使设计的目标并不是一个传统意义上用于销售的“产品”。同样，“设备”这个词可以用来描述一个设计工作的结果，即使这个实体不是一个物理装置。因此，产品和设备这两个词不仅代表有形的对象，还代表系统、程序、流程和软件。

2.2 分析、设计和复制之间的不同

工程专业的学生经常混淆分析、设计和**复制**之间的不同。在像化学和物理这样的科学课上，学生通常会被要求收集并评估数据，之后得出结论，这样的过程叫作**分析**。“分析”还适用于任何用来预测或确认实验结果的数学过程。相反，工程专业的学生经常被要求从事设计。设计是一个开放的过程，答案往往不只有一个，并且可行的解决方案有可能存在多个。设计的目的是收敛到最佳可能的解决方案。在这种背景下，“最佳”包括许多的因素，例如成本(cost)、准确性(accuracy)、鲁棒性(robustness)、安全性(safety)和可行性(feasibility)。最佳的情况适合当前问题但未必适合其他问题。工程师要完成的是试图满足一组预先确定的需求，而不是去发现物理现象背后的秘密。分析与设计之间的不同也表现在以下的形式：如果答案是通过类似拼凑碎片组成拼图的方式来获得的，那么这项活动更可能是分析。例如，处理数据并用它来测试一个理论的活动是分析。另一方面，如果有多个解决方案，并且如果决定一个合适的路径需要创造、选择、**测试**、迭代、评估和重新测试，那么该活动就是设计。分析通常会作为设计过程中的一个步骤，但是设计还要包括创造、选择和测试等其他关键因素。

分析与设计之间不同的一个典型例子是天气检测浮标，如图2-1所示。这些远程控制站由美国国家海洋和大气管理局(NOAA)沿着美国的海岸线和水道部署以便采集相关的重要数据。使用浮标传递来的数据来预测天气就是一个典型的分析实例。而如何构建这些浮标以便满足NOAA设计要求则是一个设计实例。

图2-1 构建NOAA天气浮标需要工程设计。解释它们的数据需要分析
(图片由美国国家海洋和大气管理局提供)

说明分析与设计之间不同的另一个例子来自于一个称作“抛绳炮”(Lyle Gun)的设备。图2-2所示的抛绳炮是19世纪后期应美国政府所托由工程师David A. Lyle发明的。图中展示了一个1907年申请的抛绳炮专利(专利号995611)，其中突出描述了该专利的特点。由于当时的船只没有现代导航设备(如GPS或者雷达)，所以各种的粗糙抛绳炮装置拯救了无数在大西洋岩石海岸上受灾搁浅船只上乘客的生命。抛绳炮可以向受损的船只发射一个系栓救生圈，系绳用于栓系船只并连接到陆地进行救援。如图2-3所示，水手在驻退索的帮助下被拉上岸。当然其中最重要的还是确保发射的浮标炮弹能成功到达目标位置。

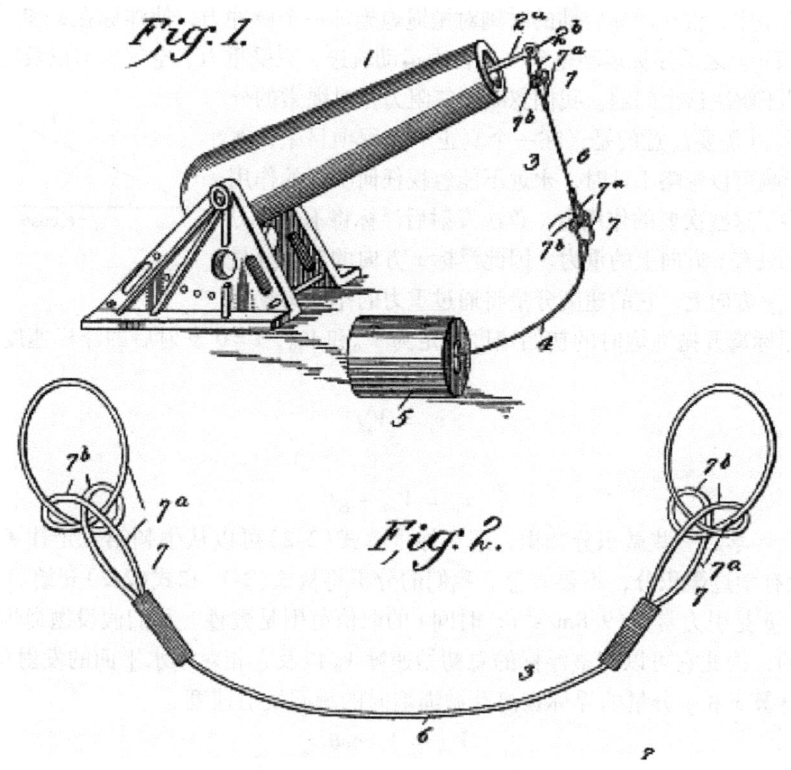

图 2-2　抛绳炮应用于救助搁浅在大西洋海岸的船只（图片来自于救生设备，美国专利 995611；1911 年 6 月 20 日）

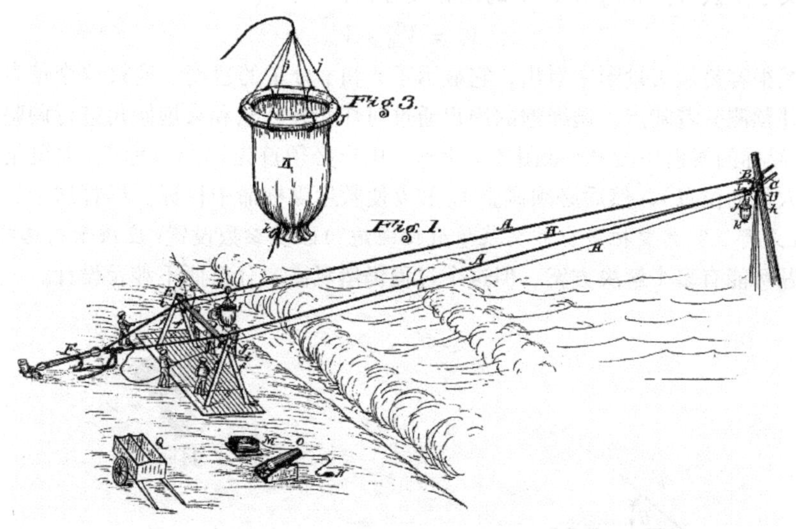

图 2-3　抛绳炮设置一个浮标用于营救受损船只上的救船员（美国专利 375047，1867）

2.2.1　分析

抛绳炮的开发过程毫无疑问更多地体现了工程设计过程，但是确定其中 x-y 轨迹，即用绳子拴住抛射体这个关键部分，则是一个分析问题。

在实际使用中，仅在浮标启动的时刻对抛绳炮施加一个脉冲力，使浮标在 x 和 y 轴的初始速度分量为 v_x 和 v_y。之后浮标运动呈现一个自由运动轨迹，只受重力、空气阻力以及绳索牵引力的影响。为了易于解决这个问题，我们忽略空气阻力，对绳索的分析如右图所示。(需要注意的是，在一个真正的工程项目中，在没有确认其影响可以忽略不计时，永远不能忽视任何次要的作用力。)由于忽略了这些次要的作用力，首次发射后浮标将不受 x 方向的阻力，而只有 y 方向上的重力。因此浮标 x 方向的速度分量保持不变。在 y 方向上，它的速度分量将通过重力的作用来改变。

25~27

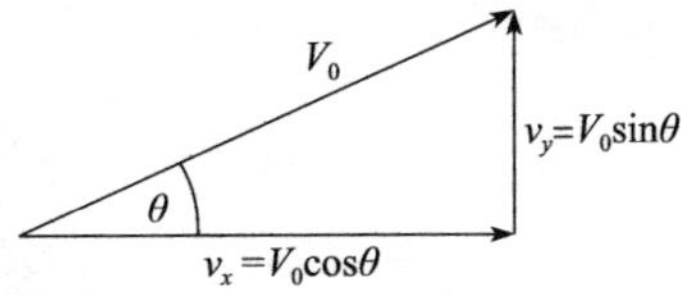

如果将浮标离开抛绳炮时的初始速度指定为 V_{x0} 和 V_{y0}，$t=0$ 发射后的浮标速度可以通过下式描述：

$$v_x = V_{x0} \tag{2-1}$$

和

$$v_y = V_{y0} - gt \tag{2-2}$$

如果你已经学过一些微积分知识，那么你了解式(2-2)可以从牛顿第二定律 $\boldsymbol{F}=m\boldsymbol{a}$ 得出。(如果你还没有学过微积分，不要着急。我们的分析将从式(2-1)和式(2-2)开始。)

上式中，g 是引力常数(9.8m/s²)，时间 t 的取值范围是数秒。我们假设抛绳炮的发射能力是已知可控的，因此它可以调整浮标的总初始速度 V_0 以及它相对于水平面的发射角度 θ。这些值可以用来计算 x 和 y 分量的浮标在离开抛绳炮时的瞬间发射速度。

$$V_{x0} = V_0\cos\theta \tag{2-3}$$

和

$$V_{y0} = V_0\sin\theta, \tag{2-4}$$

以下是关于 V_{x0}、V_{y0} 和 V_0 在 $t=0$ 时的相关方程：

$$V_0^2 = V_{x0}^2 + V_{y0}^2 \tag{2-5}$$

以上关系很容易从矢量图中看出，它显示了 x 和 y 分量的速度。通过这个信息，可以分析浮标的轨迹并预测其着陆点。抛绳炮的用户通过对炸药装药量和火炮倾角进行调整来调整发射速度 V_0 以及浮标的发射角度 θ。如图2-4所示，用户必须首先选择目标点(大概是遇难船上等待接受救援人员的位置)，然后必须调整 V_0 和 θ 使救生浮标命中目标。尽管这个过程包括了决策(目标位置是哪里？需要把多少炸药装填进抛绳炮?)以及参数设置(应该如何选择 V_0 和 θ?)，并且这个问题可能有多个解决方案，但这个过程仍然只需要分析而不涉及设计。

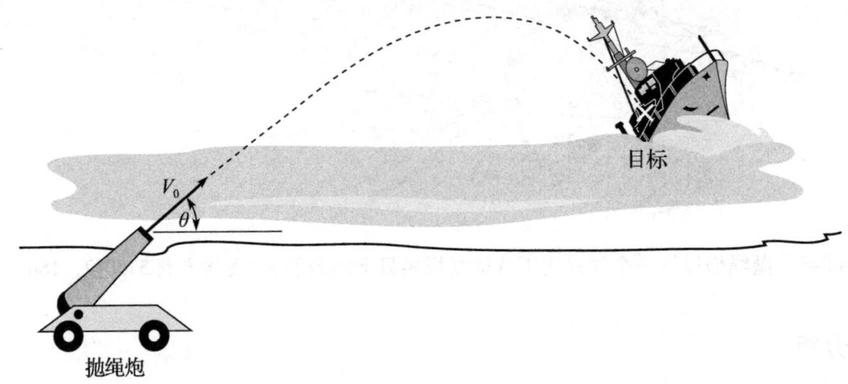

图2-4 抛绳炮朝着一个目标位置沿着一条轨迹发送抛射体。计算命中目标所需的参数是一个典型的分析实例。确定如何构造设备则是一个设计实例

2.2.2 设计

与分析炮弹运动轨迹形成对比，确定如何构建抛绳炮和浮标绳炮弹则是一个设计过程。抛绳炮这样的系统可以用很多种方式来构建，设计师必须决定采用哪种方法才是最佳的。考虑承载炮身的工具应该使用车轮还是滑轨？车身应该使用木质还是金属？使用车轮能够更便捷地将救援队带到岸边，但滑轨更稳定和有力从而更能够保证射击的稳定性。木材固然可能会腐烂，但是钢铁也同样会有生锈的困扰。驻退索应该采用 H 型支撑结构还是 X 型？浮标尺寸应该多大？对于这些问题的解决需要经过实验、分析、测试、**评估**、修改（当然，还有创造的过程）等所有元素的设计过程。

2.2.3 复制

前面的例子阐述了分析和设计之间的不同。具体而言，分析需要数学工具来确定浮标发射后的运行轨迹，然而抛绳炮的设计则是需要满足用户的实际需求。与此相反，复制这个词指的是一个重建已完成设计的过程。复制可能涉及一个确切的复制品，或者它可能涉及些许的轻微修改，但是无论如何最终结果已经定型。例如，我们组装一套买来的鸟舍就是一个复制过程，而不是设计过程。根据现成的组件组装平板电脑，组装的过程（主板、存储器、电池、显示屏幕）可能涉及选择，但是大部分的设计工作已经由其他工程师完成了，所以主要任务还是复制这个工作。复制是工程的重要组成部分，是制造业的核心，但复制的过程并不需要像设计那样的步骤和元素。

例 2.1

使用软件进行轨道分析⊖

式(2-1)和式(2-2)描述了抛绳炮浮标在首次发射后的速度分量。给出了初始速度 V_0 和发射角 θ，这些公式可以根据时间计算浮标的位置坐标 $x(t)$ 和 $y(t)$。这里，分析方案的弹道坐标系计算问题就涉及了微积分的应用，浮标坐标 $x(t)$ 和 $y(t)$ 的计算就涉及了速度的导数问题。

$$v_x(t) = \frac{\mathrm{d}x}{\mathrm{d}t} \tag{2-6}$$

和

$$v_y(t) = \frac{\mathrm{d}y}{\mathrm{d}t} \tag{2-7}$$

28~29

这种类型的方程涵盖了大多数工程专业学生所修的数学课程，但是有些学生在学制的第一年并没有机会学习相关的数学技能。因此，本书这里对 $x(t)$ 和 $y(t)$ 随时间变化的问题进行简单介绍。

$$x(t) = V_{x0}t \tag{2-8}$$

和

$$y(t) = V_{y0}t - \frac{1}{2}gt^2 \tag{2-9}$$

⊖ 如果你还没有学过微积分，可以跳过这个例子也不会损失内容的连续性。

g 是引力常数。

解决浮标的弹道坐标 $x(t)$ 和 $y(t)$ 的另一种方法可以用计算机迭代来代替微积分。我们用下图来说明这种方法。图 2-5 的流程图说明了利用程序实现这个方法的基本思路。值得注意的是，计算机不仅可以通过方程分析来解决简单的问题，也可以解决更复杂的问题，尤其是在有些数学工具无法直接解决问题时。

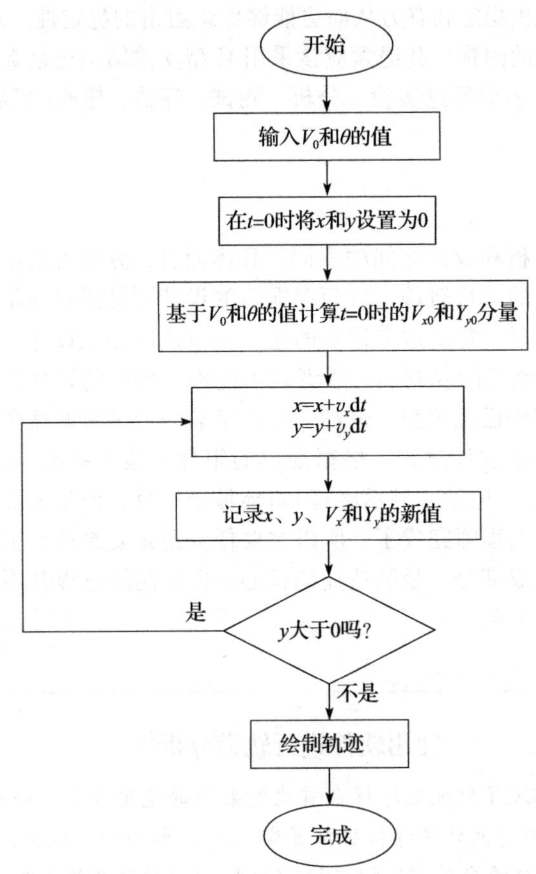

图 2-5　式(2-8)和式(2-9)的迭代解决方案的流程图。该解决方案需要初始速度 V_0 和发射角 θ 作为已知条件

我们可以用 Excel 这样的电子表格来构建图 2-5 的流程执行的代码。当然也可以使用 MATLAB、Mathematica、Python 或 C++ 等编程语言来解决问题。表 2-1 中是计算后的轨迹数值，而图 2-6 是根据数据绘制出的轨迹图。

表 2-1　浮标轨迹计算

各种常数		
V_0	15	发射速度(m/s)
θ	60	发射角度(°)
dt	0.1	选择以 ms 为单位的时间增量
V_{x0}	7.51	m/s
V_{y0}	12.99	m/s
g	-9.8	重力常数(N/m)
π	3.14	

（续）

x和y随时间演变			公式	
时间(ms)	x位置	y位置	$x(t)=V_{x0}t$	$y(t)=V_{y0}t-\frac{1}{2}gt^2$
0.00	0.00	0.00		
0.10	0.75	1.25		
0.20	1.50	2.40		
0.30	2.25	3.45		
0.40	3.00	4.41		
0.50	3.75	5.27		
0.60	4.50	6.03		
0.70	5.25	6.69		
0.80	6.01	7.25		
0.90	6.76	7.72		
1.00	7.51	8.09		
1.10	8.26	8.36		
1.20	9.01	8.53		
1.30	9.76	8.60		
1.40	10.51	8.58		
1.50	11.26	8.45		
1.60	12.01	8.23		
1.70	12.76	7.92		
1.80	13.51	7.50		
1.90	14.26	6.99		
2.00	15.01	6.37		
2.10	15.76	5.66		
2.20	16.52	4.85		
2.30	17.27	3.95		
2.40	18.02	2.94		
2.50	18.77	1.84		
2.60	19.52	0.64		
2.70	20.27	-0.66	←浮标拍击水面(或地面)	

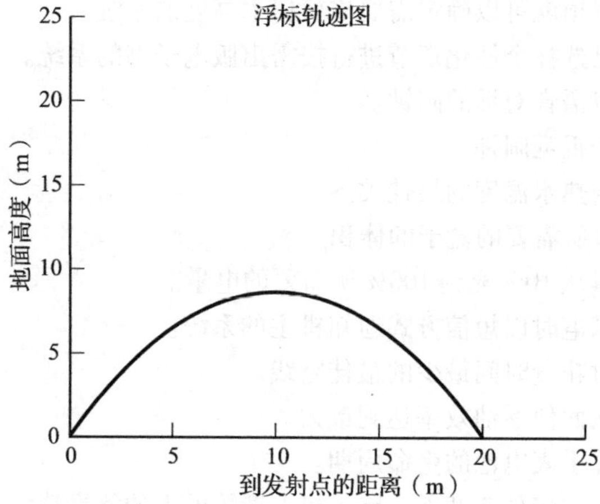

图 2-6　依据图 2-5 中程序流程，计算当 $V_0=15\text{m/s}$，$\theta=60°$时，浮标轨迹的运行结果

练习

请根据练习1~36，确定指定的任务是否包含分析、设计或复制。

1. 找到两个城市之间的最佳旅行路线(可以利用互联网工具，例如，Google Maps或MapQuest)。
2. 找到一个可以承受最高压力的水下氧气瓶形状。
3. 找到一个能够防止切面包时伤到手指的方法。
4. 找到一种容量为16盎司的罐子的最佳尺寸，以便使得一箱24罐的包装盒的体积最小。
5. 找到一种手机在自行车上的安装方法，从而使得免提操作变得更加安全。
6. 找到一个方法来记录携带RF-ID徽章进行公路定时赛跑者的轨迹，以便能根据起始和终止来确定每一个人的比赛用时。
7. 找到一种方法来安排乘客和行李登机，以便最小化登机时间。
8. 找到一种在远途航班上送餐的方法以取代手推小车的送餐方式。
9. 找到一种在国内大选时确保不受黑客攻击的选票清点方法。

30~32 10. 找到一种基于GPS的导航方法，以便使铲雪车可以在街道上自动运行。

11. 找到一种实现汽车自动换机油的方法。
12. 找到一种能够针对识别配带腕带患者的血液样本的自动标记方法。
13. 找到一个通过手机来监控空闲度假屋室温的方法。
14. 开发一个能教会儿童学习计数的玩具。
15. 开发一个可以根据预先获得的尺寸来为客户定制衬衫的系统。
16. 开发一个可以以最快速度运输包裹的物流系统。
17. 找到一个最好的方式来利用机器人真空吸尘器打扫地板。
18. 找到一个能在草坪上均匀播撒草籽的方法。
19. 开发一个通过笔记本电脑对手机中的联系人列表进行下载和更新的系统。
20. 开发一个电话营销系统以便能够自动屏蔽拨出美国谢绝来电计划(National Do Not Call Registry)中的电话(www.donotcall.gov)。
21. 找到一个无须亲自上房顶就能评估斜屋顶上木瓦或瓷砖状况的方法。
22. 开发一个快餐店的订餐系统。
23. 找到一种无须爬上树顶就可以确定需要修剪树木高度的系统。
24. 找到一种让客户自己选择个性化章节进行按需出版电子书的系统。
25. 为盲人设计一个可以语音对话的闹钟。
26. 为失聪的人设计一个视觉闹钟。
27. 找到煮咖啡的时间与热水温度的最佳关系。
28. 计算装下100卷纸巾所需要的盒子的体积。
29. 计算平板电脑的电量从10%充到100%所需要的电量。
30. 开发一个当手机充满电时以短信方式通知机主的系统。
31. 找到清扫城市街道时花费时间最少的最佳路线。
32. 确定最佳行驶速度从而使燃油效率达到最大。
33. 找到一种方法来计算手表电池的生命周期。
34. 找到一种方法，计算在何种速度下，跑步机上锻炼的人的能量消耗最大。
35. 找到一种利用激光的测距方法，以便准确计算高尔夫开球点与球洞之间的距离。
36. 开发一个自动遛狗机器人。

37. 挑战练习：直接根据式(2-8)和式(2-9)画出抛物线轨迹。

38. 挑战练习：在抛绳炮弹道分析中，为什么如果 V_0 是已知的，则浮标质量不会影响抛物线的轨迹？

39. 挑战练习：在抛绳炮弹道分析中，给定初始速度 V_0，寻找产生最远目标距离 x 的发射角 θ。

40. 挑战练习：一个弹射浮标的目标距离是 100m。在图 2-6 中，为了使 5kg 的炮弹命中目标，至少确定 θ 或 V_0 中的一个值。抛绳炮需要提供多少能量？（提示：当浮标离开炮口时，其动能是 $mV_0^2/2$。） 33

2.3 优秀的设计与糟糕的设计

任何一个修过车的人都能了解优秀的机修工与糟糕的机修工之间的区别。一个出色的机修工能够及时诊断问题并进行修理。一个糟糕的机修工未必能找到真正的问题并常常把简单问题复杂化，从而进行那些不必要的检查和修理。工程领域的工程师与机修工有颇多相似之处，世界上充满了优秀的工程师和糟糕的工程师。换言之，一个设计的产生并不意味着它就是一个优秀的设计，而一个产品可以运行也并不意味着它能持续工作。虽然对产品设计的评价标准不能一概而论，但大多数成功的设计具备表 2-2 中所总结的特点。

表 2-2 优秀的设计与糟糕的设计的特点

优秀的设计	糟糕的设计
1. 符合所有技术需求	1. 只符合一部分技术需求
2. 一直工作	2. 起初工作，但一段时间后停止工作
3. 符合成本需求	3. 超过了预计的成本
4. 需要很少或不需要维护	4. 需要频繁维护
5. 安全	5. 对用户造成危害
6. 不存在伦理困境	6. 产生道德问题

在帮助救援搁浅船只的场景下，优秀的设计与糟糕的设计之间的对比是显而易见的。在直升机出现之前，我们使用抛绳炮向受损的船只发射浮标炮弹，从而利用浮标上的绳索将搁浅船只拖到岸边来实现救援。

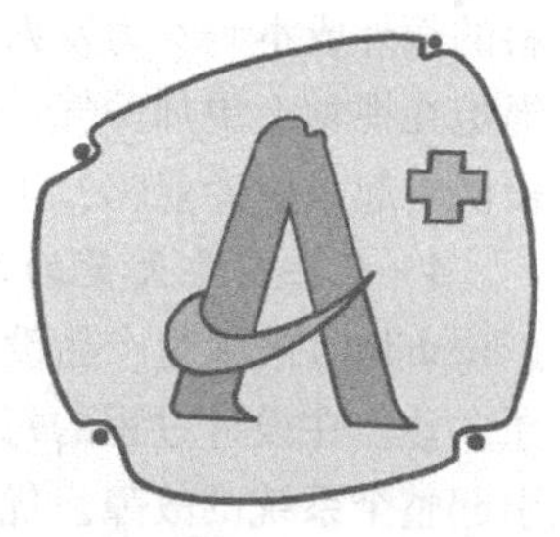

想象你在尖端弹射救援公司(Apex Rescue Catapult Corporation，ARCC)任职，该公司接受海岸救援队委托生产救援设备，买家将根据设备的适用性来评价产品的优劣，我们通过下面的例子来展开讨论。

1）*产品满足技术需求吗？*看起来判断一个浮标发射器是否符合技术需求好像是很简单的。按照浮标是否命中目标来判定。但是实际上需要从很多方面来展开详细的判断。一个优秀的发射器应该能兼容发射重量、大小和形状不同的多种浮标。它应该只需要一两个人就可以操作，且设置完成后能够按照稳定的弹道发射浮标，以便重复多次命中目标而不需要重新调校，而且即使在风暴或大雨中也能稳定工作。而一个设计比较差的发射器或许只能发射一种固定规格的浮标，不能产生稳定的弹道，或者只能在理想天气下工作，遇到风雨天就会完全不能工作。

2）*产品能运行吗？*虽然在开发阶段中，没有产品能在初次测试中就表现得如预期般完美无瑕。然而在它交付给客户时，必须保证可以稳定完美地运行，这种稳定的表现必须是持续性的。对于该准则，浮标发射器仍然是一个最好的例子。即使是一个糟糕的设计师也能够创造出暂时满足需求规格的发射器交付给客户。例如，尖端公司 AC(请注意，不是我们的尖端弹射救援公司 ARCC)用廉价的钢铁来制造炮身，并用木头和钉子去建造一辆简陋的马车来托运抛绳炮。他们这些差劲的设计通过堆砌的方式在一个陈旧系统上修补一下就制造出一个看似满足用户需求的新产品。并且在不去论证和检测新旧机制间的相互影响和作用的情况下，就交付给用户。而这样的发射装置由于满足了相关的表面需求，十分有可能被蒙混过关地介绍给用户。一旦真上了火线去实地救援，炮身炸膛、扳机失灵等诸多问题就会频频出现。经过短暂的使用期后，在糟糕设计框架下制造的产品就会暴露出问题，从而导致实地救援失败，这对于等待救援中的搁浅船只和船员而言，无疑是一场灭顶之灾。

（图片由国家公园管理局提供）

一个优秀的设计师设计的发射机应该可以在极端恶劣的天气里仍旧可保持长时间稳定工作。一个认真负责的工程师应该在决定材料选型和设计方案之前，选择多种炮身材料、载具结构和击发方法进行反复试验和比较。优秀的工程师应当把发射系统作为一个整体去考虑，严谨地论证各个部件之间组合后的相互影响。最终的产品可能会选择比较昂贵但却结实的材料，也可能会用更多的部件通过复杂的方式进行组合，只有这样才能更好保证产品在最严苛的救援环境下仍然稳定地运行。

3）*产品满足成本需求吗？*有些设计问题在无视成本的前提下是不难解决的，但在很多时候，成本却是影响决策的主要原因。大多数情况下，我们都只能在成本与效果之间选择一个折中方案。就像抛绳炮的例子，显然不那么结实的铸铁炮身会比耐用的不锈钢炮身便宜很多。但消费者会愿意为此支付更高的价格吗？使用耐久性更好的钛来制造炮身不但会大大延长抛绳炮的使用寿命，更使得抛绳炮的质量减轻许多，但随之而来是更加昂贵的造价。消费者会接受这种更耐用材料的额外成本吗？为发射器着色虽然不会提升性能，但却能使得抛绳炮在视觉上更加帅气。消费者愿意为这种视觉上的享受买单吗？而一个更帅气的外观能使救援队看起来更专业吗？工程师必须把上面这些问题都作为考量设计的重要因素。

4）*产品需要大量的维护工作吗？*一个经久耐用的产品可以提供很多年的服务。耐久性（durability）被视为产品设计环节中必须考虑的部分，甚至在核算最终产品造价时也必须对其给予关注。在设计过程的每一步，设计师都必须考虑当前为了节省资金而省略的细节未来是否会
34~35 引起整个系统的故障。优秀的设计师总会将潜在的问题消除在萌芽阶段。而一个糟糕的设计师不会考虑这些，他只关心产品是否能通过初步检验测试。如果尖端弹射救援公司（ARCC）希望他们的救援设备能够配得上公司名字中的“尖端”二字，并且产品真能经久耐用，它就必须从一开始就认真对待耐久性这个重要问题。

（图片由 BESTWEB/Shutterstock 提供）

5）*产品安全吗？*安全性相对而言就意味着质量。没有什么产品是绝对无风险的，所谓“安全的”产品就是比“不安全的”产品有更低的概率产生风险。为产品的安全制订一个量化标准是工程设计上最困难的问题之一，因为添加安全性通常就意味着增加成本。同时，意外事故也是总会发生的，而事故发生前又很难预

测事故的发生。即使不安全的产品依旧可能永远不会在一个小范围内发生问题，但是在统计上却更可能在一个大范围内发生问题。炮弹的浮标发射系统中也提供了一个安全与成本之间权衡的例子。例如，当一个浮标发射到受困船只上时，有很小的概率会击中船上的待救援乘客。或许可以设计一种浮标，在飞行过程中分散它的质量从而减少对人体可能产生的伤害，但是这种复杂的浮标炮弹却会增加设计和生产成本。基于类似的考虑，我们也可以增加更多的功能来保护用户。例如，防护装置、护盾和防止意外熄火的互锁装置等，但这些额外的设计都会在增加成本的同时降低产品使用的便捷性。

6）*该产品制造了道德困境吗？*设计一种可以挽救生命的装置看起来是一个毫无疑问的利他目标。但即使是这样的工作也会涉及道德风险。尽管抛绳炮的基本功能是提供帮助，但作为一家企业，ARCC 的最终目的一定是盈利。想象你是这个公司的员工，而你的老板让你向客户隐瞒使用更廉价材料的事实，你会遵守这些指令或者无视老板的要求吗？又或者在抛绳炮产品中，你发现了一个有可能导致伤亡的严重安全漏洞，你会坚持降低产品利润投入巨额资金去修改问题吗？也许你会选择缄口不言默默祈祷问题永远不要浮现出来吗？即使在日常运营中也会涉及社会伦理问题。比如，某些地区可能比其他地区能接受或者不得不接受更高价格的救助系统。那么你会提高价格来集中精力服务这些富裕地区，还是保持每个地区都能担负的低廉价格呢？这些问题并不好回答，但是工程师却要一直面对它们。作为工程师培训的一部分，你必须学会运用自己的道德标准来解决在工作中遇到的问题，设计工作中的这个部分是最难学习的。但如果你想成为一名优秀的工程师，处理这些问题的本领却是你必须要掌握的。 36

职业成功之路

选择一名优秀的工程师作为你的导师

你想成为一名优秀的工程师还是一名糟糕的工程师？你必须学会辨别这两种在我们周围都能见到的工程师。当你从毕业生向专业工程师过渡时，你必然会在职业生涯中的某个时间点渴求一名导师的指点。我们需要寻找的是一名将时刻思考问题原因和寻找解决办法作为职业本能的工程师。而不是那些死死地记住各种方程式并盲目代入的家伙，即以代入公式作为设计方法的“公式推手”，他们几乎不会去了解公式的含义。工程师一定要具备远见和创造力。同样，我们也要回避那些不负责任、忽略安全问题的工程师，以及没有经过测试就盲目确认设计方案的工程师。反之，我们需要的是那些在设计领域中受人尊敬、经验丰富、将设计升华为艺术的工程师。此外，善于讲解和表达也是一个大大的加分项。

2.4 设计周期

设计是一个需要迭代的过程。在设计工程中没有哪件成品不经过多次变更就能面市。工程中测试和修改是非常重要的。有时整个前期的设计都要被放弃，产品必须要彻底重新设计。从拥有想法到制造成品的整个反复过程称为**设计周期**。虽然设计周期的具体步骤与很多因素有关（如产品类型、工程领域等），但正如项目经理或者你的设计课程导师所说的那样，大部分的设计周期都有类似于图 2-7 所示的步骤。在接下来的各节中我们将详细探讨这个循环过程。

2.4.1 定义总体目标

设计团队往往从定义一个总体目标作为新项目启动的第一步。对于急于进入产品设计和测试的同学而言，往往认为这一步是毫无必要的麻烦事，但实际上这是设计过程中最重要的一步。只有从宏观的角度理解需求，工程师才能确定和了解与设计工作相关的所有因素。优秀的设计不仅仅是技术路线和实现方法的选择。考虑一下，例如，造船工程师获得了一个建造舰船的需求。除了技术限制外，成功的设计师必须考虑美观、安全和成本问题。你必须确认以下几个问题：这艘舰船的使用者是经验丰富的老水手，还是新登船的新手？用户最终对于舒适性和性能的要求是什么？例如，它将用来商业输送还是观光游览？船主准备用它来参加比赛还是随意游玩？它的造价因素会涉及什么？哪些功能是必须实现的，而哪些功能又是可有可无的？例如，船应该配备卷扬机、GPS 导航和立体音响系统吗？或者这些昂贵的设备都是无足轻重的吗？船体材料的约束要求是什么？用户能接受我们使用玻璃纤维或其他材料来造船吗？安全因素应该考虑什么？可以接受多高的风险？只有在开始时考虑了这些问题的答案，才能帮助我们完成后续各个阶段的设计。

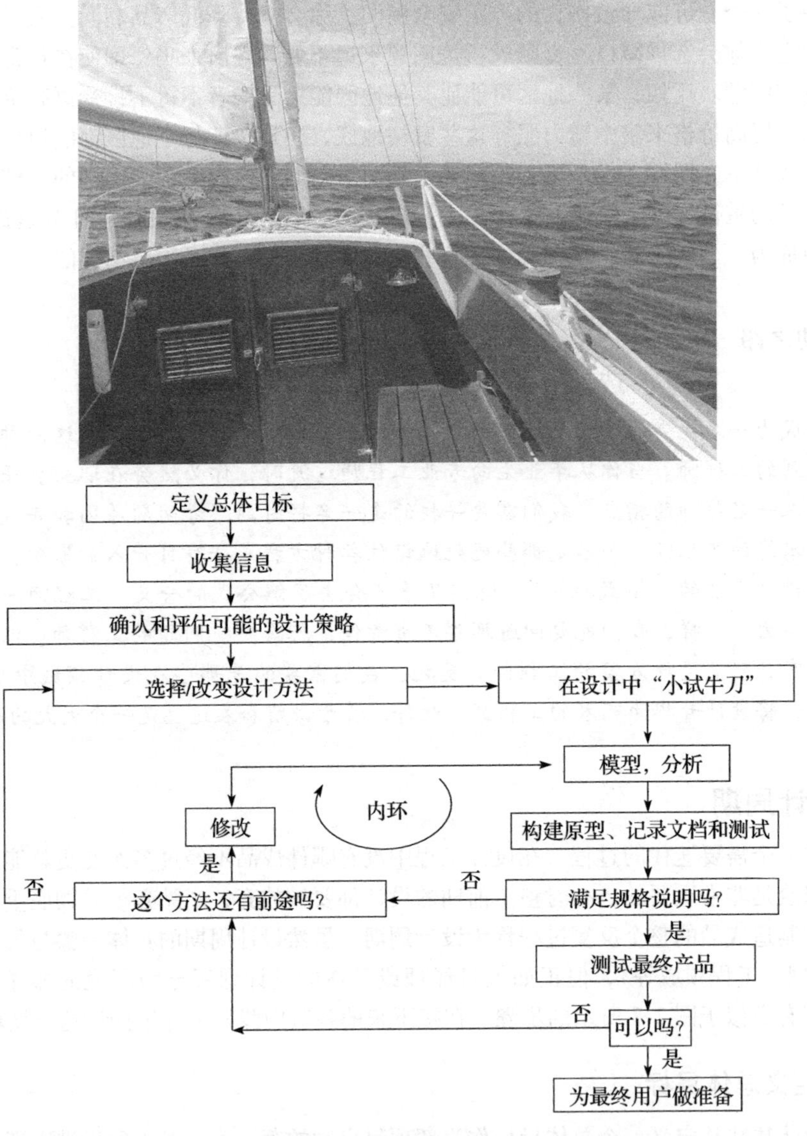

图 2-7 设计周期的一个版本。成功的设计通常需要在某个小范围内进行多次的循环迭代。有时，当最终成品不能满足设计时，整个周期都将重新进行

2.4.2 收集信息

在新项目启动的初期阶段，我们应该安排大量的时间收集信息，尽可能多了解相关的技术信息。你能从现有的类似解决方案中学习到什么？你可以直接在你的设计中采购现有的模块或组件而不用在这些重复性的劳动上投入时间吗？我们可以在网络上收集各种产品描述、数据清单和应用说明。将这些信息保存在一个文件夹中(可以是手抄便签、计算机文件或者“云”中)，你会发现可以在这里方便地找到它们。在收集同领域中类似产品报告、项目描述的过程中，你会发现几乎所有组件和设备的详细规格说明都能在网络上找到。电子数据库已经基本取代了过去的纸质手册，成为设计工程师的主要信息来源。

2.4.3 确认和评估可能的设计策略

当信息收集完成且目标明确后，下一步是确定满足设计目标的可能的设计策略。在这个阶段，设计团队通常会进行头脑风暴会议来进行设计策略的鉴别和遴选。这个过程往往是一个决策过程，例如我们确定是采购市场上现成的预制组件还是自己进行设计来完成相关的功能。然后，团队会选择一个或者多个可行的解决方案进行各种细节的评估，最后选择一个最有可能成功的方案。当然这个选择以后是否还会变更，也取决于设计过程中其他步骤的结果。

2.4.4 设计初试

当设计团队确定了可能的设计策略时，就需要展开“初试”(initial attempt)了。这个阶段通常涉及各种粗略的近似和估计。如果产品目标是物理实体，无论参数是否相关，我们暂定的选择，应当包括尺寸、重量、用户控制、构造材料、零件数量和组件参数等。而如果目标是虚拟的软件产品，则初试应该重点关注模型的构建、功能模块的组织方式和用户界面。如果设计目标涉及系统问题(例如，制造工序)，则整个业务流程都应该这个阶段进行明确。

如果我们的目标是一个复杂系统，那么就应该将其分解为一个个更小的部分来加以解决，团队将复杂系统细分为一个个的模块，最后再将这些模块组合成完整的产品。这些模块应该在组装前进行单独的测试。这种模块化的设计策略尤其适用于大型的软件系统，其中每一个模块都应该设计成可独立测试的模块。

对于一项大型工作，我们也需要将其分解为多个易于管理、测试和评估的简单任务。对于团队设计而言，模块化的方法至关重要。例如，图2-8中的电子探测车就是由各种独立组件组成的(牵引电机、电池舱、电子控制系统、车载电脑、冷却系统、退行性制动系统、悬架、底盘和传动系统)对它们进行单独的设计和测试后再组装为车辆。此时，为了确保组成的车辆能够在一起协调工作，使最后集成产品的功能超过各个部分的总和，团队之间的沟通就显得非常重要。

在选择设计策略时应该考虑过去的相似设计，无论是你的团队还是其他人的团队已经尝试过的那些方案。我们要考虑是否有新技术来改善现有的设计？产品中的某一部分是不是可以通过商业采购得到？假设你需要设计一个会说话的闹钟，其中必须包含语音放大器的设计。你当然可以自行设计一款声音放大器，你也可以利用一款现有的放大器来完成工作，那么就不必再完成这部分重复性的工作。明智的工程师会使用现有的产品和组件来简化手上的设计任务。如果现有的产品能够帮助你更快、更经济地解决问题，那么使用它们并不是什么丢人的事情。最具带代表性的问题就是，人力在任何时候都是设计中最昂贵的部分，所以通常不选择自行设计而是购置经由他人调试过的成熟产品将是更经济的（有时甚至更可靠）。想象当我们设计房子时，早就不再去设计复杂的窗户、门、电器、散热器和空调，而是选择直接从供货商那里采购。当然，如果你的产品是为了商业化盈利设计的，那么一定要在采购前确认所采购产品的版权授权问题。

图 2-8　电动汽车的组成系统设计为相互作用的模块（图片由美国宇航局 Jack Pfaller 提供）

2.4.5　模型与分析

在初试时，我们往往就已经开始着手建立产品模型了。在一些特殊情况下，甚至需要先开始建立模型，然后再展开前面所说的设计策略研究等问题。在设计周期的建模阶段，可以通过使用软件建模工具的数学分析和**仿真**来反复调整优化设计参数以缩短研制产品的路径。相比建立和测试真实的原型，建模和分析可以大大降低人力成本。

在设计的建模阶段，通过 Solidworks、ProENGINEER、AutoCad、MATLAB、PSPICE、COMSOL 和 Simulink 这样的计算机仿真工具可以让设计师在实际原型构建前预测性能，从而节省时间和成本。在产品生产前这些软件工具可以帮助我们找出产品中的潜在缺陷，并揭示一些能决定产品成败问题的早期的迹象。然而，在实际中，不能仅仅依靠计算机仿真来取代实际的物理
37~40 测试原型，除非这个产品只是在我们以前成品的基础上有一些小的改动。由于在实际测试中会出现很多软件仿真模拟时未考虑的因素，因此在测试过程中往往能发现许多仿真过程中无法发现的问题、异常现象或者故障（bug）。⊖

计算机辅助设计工具和模拟器是非常有用的原型仿真测试工具。除此之外，我们只能借助真实的物理原型才能完成对产品的测试。有时，也可以使用等比例缩小的原型来测试大型产品。例如，风洞实验中测试的飞机模型有时只有实际尺寸的 1/10。

⊖ 计算机科学家（和美国海军少将）格雷斯·霍普（Grace Hopper）在 1947 年创造了“故障”（bug）和“调试”（debug）这两个词，以响应早期计算机中的飞蛾，从而防止机电继电器的触点的关闭。

2.4.6 构建原型、记录文档和测试

在设计团队达成初试阶段的共识之后，下一个目标就是建立工作原型。在某些情况下，原型的制造成本也是高的难以接受，以至于建立原型是不切实际的。例如，石油平台、桥梁和空间站等大规模工程。这时，我们就只能使用建模和分析来形成设计概念与最终产品之间的迭代循环。

在设计周期完成之前，原型一般都要经过多次反复的修改。第一个原型应当主要注重功能，而不需要在视觉效果上浪费时间。它的主要目的是提供评估和测试的起点。例如，如果产品是机械装置，那么我们应当使用易于修改的材料进行建模，如胶合板、木螺钉和金属万用板，图 2-9所示是太阳能电池板的原型。再比如，新款自动提取款机的原型可能构建在敞开的木箱中。这种结构在测试过程中便于我们观测和调整机器的内部。虽然这种粗糙的外观作为最终产品肯定是不适宜的，但是对于商业安装测试而言显然是没有问题的。如果是电子产品的原型，则很可能建立在临时的电路万用板上，如图 2-10 所示。如果是软件产品，其原型的主要部分应当是简洁粗糙的，只有在最终的发行版上才会添加经过美化的图形界面。

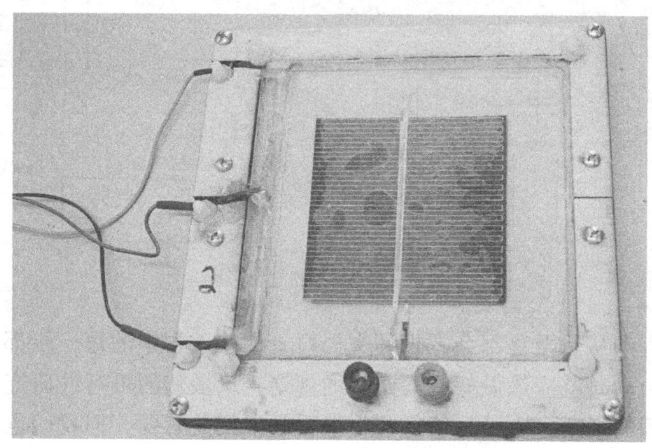

图 2-9　一个用可塑材料和木头制造的太阳能板原型

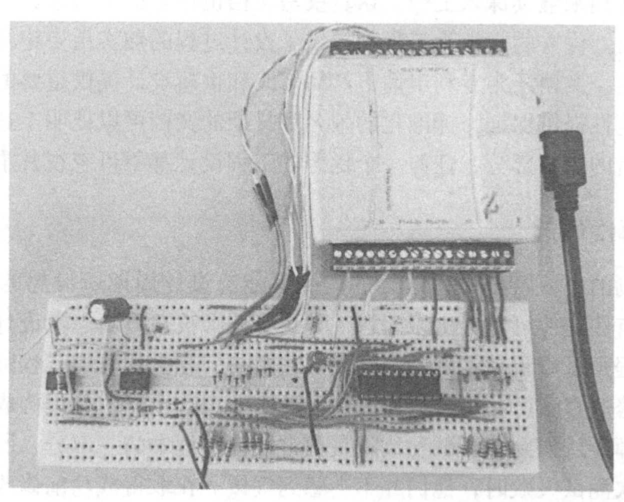

图 2-10　电子电路实验板上的临时电路模型设计

文档撰写

注意文档撰写是图2-7中的设计周期中的核心内循环的一部分。一般工程师面临着一项诱惑，即不写文档而直接结束设计过程。受工期和项目里程碑的影响，许多没有经验的工程师都认为撰写文档不是设计过程中不可分割的一部分，而是一件扰乱工作节奏的麻烦事。在努力完成项目设计后，没有经验的工程师都会在面对撰写文档时感到一种恐慌。（“现在我必须得写文档了”）在设计完成后补写的文档往往是不完善的或者不合格的，因为这时许多相关的过程步骤和场景已经都已经被遗忘了。也许，把撰写文档的工作后置就是糟糕设计的一个典型标志。许多成本巨大的产品，都因为没有翔实的文档支撑导致变成了糟糕的结果，因为没人能搞清楚如何修改或者修理产品。而且低劣的文档也会导致很多重复性的无用工作，因为在公司中已经没人能够记得以前的工作成果是什么了。

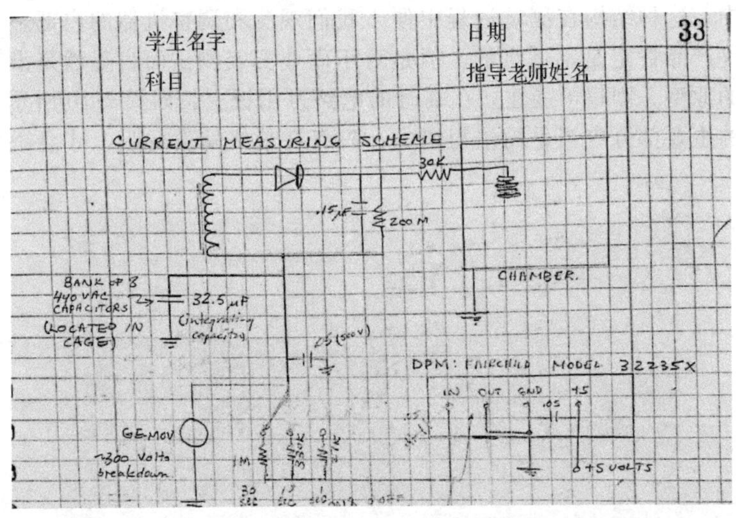

一个优秀的工程师从始至终都会意识到文档对于设计过程中的每一步都是至关重要的，因此从项目设计过程启动时就应该做好撰写文档的规划，从最初的可行性研究到最终产品的制造

41~42 规格。随着设计过程的不断深入，尽管有些小事看起来无关紧要，但我们也应当详细记录其中的点点滴滴。无论何时这些信息的记录原则应该是，其他具有相同技术背景的工程师都可以轻松地通过阅读你的文档来继续深入工作。认真撰写文档也将有助于将来产品商业销售时，撰写产品说明和技术手册。优秀的文档为工程师提供了设计过程的翔实历史记录，并记录了设计过程中关键问题的答案。文档还为专利申请、产品修改和重新设计提供重要的背景信息，同时也为产品权威性和规范性提供保证，标准化的签名和日期的文档可以证明上述这一点。总之，文档撰写是工程师职责的重要部分，任何一个优秀的工程设计都不可忽视其重要性。

2.4.7 修改和再次修改

区别设计和复制的主要特征是，最终的产品可能与设计周期所设想的结果有着较大的不同。在测试过程中有些组件可能会出现问题，导致工程师被迫重新思考设计策略。因此设计过程中有可能导致工程师采用预想不到的全新方式去解决问题。优秀的工程师将反复多次核查产品情况，进行多次修改直到产品符合设计规格。事实上，这个修改过程构成了工程师的主要工作。有经验的工程师会认识到，测试和故障是正常设计过程中的一部分，所以当产品的某些组件在第一次或第二次测试失败时，他们并不会感到气馁。在取得成功前修改周期可能需要多次的迭代。

2.4.8 彻底测试产品

由于设计过程将收敛于可行的解决方案，所以产品应该进行彻底的测试、评估、再次测试、再评估和再测试。在收敛于最终设计前，可能需要进行多次迭代。必须从多方面进行性能评估。无论什么时候只要问题出现，都应该修正设计。如果在某个阶段中，产品无论如何都难以满足设计需求时，设计师必须重新回到迭代修正周期中来解决问题。有时虽然距离最终目标近在咫尺，但由于设计中出现了不可预见的致命缺陷，也会导致产品流产。这样的产品被视为失败，即使它已经准备投产应用。这种情况下，必须重新设计来寻找替代的解决方案。在现实中经常会发生这样的情况，例如工程师为军事用途设计了一个数字激光束通信系统，为了使机组尽可能地高效、紧凑，工程师将其设计为与士兵枪支上的激光测距瞄准器进行整合，即通过瞄准器指向位置来建立通信。尽管最终产品的有效通信半径达到了完美的1km，但在最后的演示过程中，它依然归类到了“垃圾”范畴，一个将军指出这是“不可理喻的”，总不能当我想与谁通信时就要将枪口指向谁吧，尤其这个人还是你的战友。就这样一个价值百万美元的项目被放弃了。

如果产品是物理装置，那么与它相关的温度、湿度、装载、振动等环境因素以及反复和长期使用的影响问题都应该进行测试。如在图2-11中展示的仪器，应该进行“老化测试”以帮助发现潜在的缺陷，否则在产品实地使用时就可能发生意想不到的故障。因为没有两个人是完全一样的，不同个体对产品有不同的需求，所以才应该评估人对产品的响应，这可以归纳为人体工程学问题。显然如果产品只是接受了开发阶段的设计团队的评估，没有经过全面的测试阶段，那么该产品是不能投入实际应用的。没有什么能比故障更快地阻止消费者去购买产品了。

图2-11 用于销售的批量生产的电子仪器在最后的装运前都需要经历“老化测试”

与物理设备需要测试一样，软件产品也应该开展由各种用户来发现隐藏bug的测试。不同的人会用不同的方式进行软件产品测试，因此如果想要发现所有的软件问题，大量用户进行的广泛测试是必不可少的。另一种发现隐藏漏洞的方法是在正式发行之前，发布测试版的软件程序给特定的用户群体进行测试。这些用户也明确地知道自己在进行正式版之前的发布测试，通常这种测试也还有一些附加的优势(例如，降低测试成本或者赶超竞争对手)。这种测试通常称为β测试。

职业成功之路

真实世界中的设计周期

图2-7所示的设计循环是工程设计团队可能遵循的典型过程，但其中并没有包括所有

的情况。有时，有些步骤也许被省略，也可能加入一些其他的步骤。例如，如果我们很好地定义了问题，那么就可能省掉收集信息的过程。同样，如此琐碎繁详的分析步骤也未必是好的。例如，优秀的电气工程师会对于常用的线缆规格或电阻的功率容量了如指掌。结构工程师也能对常用的重要经验法则了然于胸。

在某些情况下，原型的第一步“初试”可能根本是不切实际的或者不可行的。不可行的情况常见于大型的公共工程项目，如桥梁、高速公路、船只和飞机的设计。在设计周期中仿真工具也可以替代测试使用。在学习设计周期的过程中关键点是整个反馈过程的循环
43~44 测试部分。无论是完善的物理原型还是反复迭代仿真和重新设计，都不能忽略测试迭代这个重要部分。

练习

1. 考虑 2.4.1 节中提出的问题。针对设计休闲游艇的项目回答这些问题。
2. 考虑 2.4.1 节中提出的问题。针对设计高性能的比赛自行车的项目回答这些问题。
3. 假设要求你设计一辆卧式自行车(低剖面的自行车，脚蹬在座位的前面)，作为设计周期的一部分列出你可能收集的信息。
4. 参考图 2-7，画出一个修改后的设计周期，在其中添加一组测试人员的反馈(例如，“β”测试组)。
5. 定义可能已经用于发明第一台个人计算机的设计策略。想象在使用因特网、硬盘、内存、图形用户界面、彩色显示器、光盘、USB 接口、廉价的 ROM 存储器芯片之前你自己的状态(在计算机的早期，随机存取存储器芯片是个人计算机中最昂贵的部件之一)。
6. 描述圆珠笔开发的设计周期的不同阶段。
7. 写出回形针的设计周期的年表。
8. 将微波炉的设计过程按照图 2-7 中展示的方式描述出来。
9. 讨论医疗诊断系统中心率监视器的设计周期。
10. 想象你作为发明弹球机的工程师。根据自己的经验、尝试和错误写一篇短文来描绘你的发明如何能够被娱乐场所广泛应用。
11. 空中加油技术已经使大部分的军事空中作战设想成为了可能。请按照图 2-7 中的相应的步骤准备一个显示其设计周期的时间顺序表。
12. 司机和乘客的安全气囊已经成为汽车不可缺少的安全装置，但是比起汽车的发展，安全气囊的发展历史是相当短暂的。描述你对安全气囊的设想，然后记录这个过程中每个导致安全气囊设计变化的因素。
13. 想象你的设计团队开发了一种搭载人类的火箭运输设备。列出在你达到成功目标过程中产品设计的变更。
14. 写一篇短文描述缝纫机的发展历程。从该产品初始运用到商业上的开始，包含其经历的多次设计变更。
15. 研究发明的历史，找找看有没有哪个产品在成功之前是没有经过修改的(提示：一些被广
45 泛接受的发明在设计过程中都被反复修改，包括飞机、汽车、缝纫机和圆珠笔)。
16. 研究现代洗碗机的历史，画一个详细的设计图，记录发明者约瑟芬·科伦对这个设备历次的变更和修正。

17. 制造过程的设计步骤与物理产品的设计步骤有什么不同？举例说明。
18. 比较商用飞机的设计周期与无线电遥控的模拟飞机的设计周期，说明各元素之间有什么不同？
19. 大型溶剂矿石提取厂的设计与实验室规模的矿石分类系统是不同的。列出这两个产品之间的设计过程的不同方法。
20. 台灯的设计与足球场灯塔的设计之间有什么差异？
21. 考虑将一个生产氢能燃料电池的大型太阳能电池工厂如何接入国家电网。最重要的设计问题是什么？
22. 考虑大规模风力电厂的设计，用图 2-7 中的设计周期来完成这项工作。
23. 考虑设计一个利用潮汐能量的系留浮标，用图 2-7 中的设计周期来完成这项工作。
24. 凭借猜想画出 iPad 的设计周期时间线。
25. 凭借猜想为微波炉重建一个设计周期。
26. 凭借猜想为抽水马桶重建一个设计周期。
27. 凭借猜想为现代跑鞋重建一个设计周期。
28. 凭借猜想为现代电视重建一个设计周期。
29. 凭借猜想为手持吹风机重建一个设计周期。
30. 凭借猜想为手动开罐器重建一个设计周期。在它发明之前，需要使用锋利的器具打开罐头。
31. 凭借猜想为潜水艇重建一个设计周期。
32. 凭借猜想为内燃机重建一个设计周期。
33. 凭借猜想为超市购物车重建一个设计周期。
34. 凭借猜想为三环活页夹重建一个设计周期。
35. 凭借猜想为汽车空调重建一个设计周期。
36. 凭借猜想为纸咖啡杯重建一个设计周期。 46
37. 凭借猜想为现代咖啡店的咖啡机重建一个设计周期。
38. 在图 2-7 所展示的设计循环中，哪些因素是可以选择的？哪些是必需的？
39. 在图 2-7 所展示的设计循环中，哪些元素可以借鉴到其他工程设计中？
40. 如果一个产品不需要遍历图 2-7 中的设计循环就可以满足它的规格说明，那么它可以进行广泛的投入使用吗？为什么？

2.5 生成想法

创意是将设计与分析和复制区分开来的更突出的特征之一。这对人类的经验非常重要，特别是对于工程师。如果没有它，对设计周期进行必要的迭代是不可能的。

当工程师聚在一起解决设计问题时，他们可以通过各种方式生成想法。最典型的方法之一就是**头脑风暴**。头脑风暴有助于工程师通过一种自由的思维方式，从传统的思想中解放出来。通常，我们的思路会限制在过去可以使用的解决方案中，或者限制在我们的第一个想法中。负责任的工程师需要考虑其他的设计方案。一个好的工程师决不会因为它是第一个想到的方案，就局限于其中。头脑风暴为生成更多的想法提供了可能性。

在设计过程的早期阶段，创造力应该自发地进行，而不必担心所提出的想法是“出格的”“荒谬的”或者不切实际的。当突破了传统方式的约束时，常常会出现新的解决方案。耐心聆听别人的想法，能够促使自己在潜意识里挖掘新想法。那些听起来很有希望但又非常与众不同的想法最终可能会因为不可行而被丢弃，但这样的结论一定是在研究、分析并比较了多个类似的想法后得出的。头脑风暴允许工程师在致力于一个特定的设计路径之前尽可能考虑更多的选择。

头脑风暴可以是非正式的，也可以是按照一些经过时间考验的正式方法开展。正式的方法可以用于管理大型团体组织以避免混乱。不太正式的头脑风暴是1~4个人组成一个小组，每个人都可以生成想法。虽然在执行方式上有所不同，但正式的和非正式的头脑风暴共享同一套核心原则。它的主要目标是创造一个友好的、开放的客观环境来促进思想的自由交换。头脑风暴是一种艺术。任何一个有开放思想和想象力的团队成员都可以学习这项重要的技能，同时还需要多加练习。

2.5.1 头脑风暴的基本规则

当团队决定进行头脑风暴时，该团队应该提前就一系列规则达成一致，创造一个友好的、不存在威胁的环境，一个鼓励开放思想的环境。每次头脑风暴都可以有其具体的规则，下面各条可以用作指南：

1）不要犹豫。任何好的想法随时可能出现。

47 2）没有界限。任何想法永远都不会太荒谬或者太出格。

3）不要批评。在进入最后的讨论阶段之前，不要随意地批评一个想法。

4）不要退缩。在进入最后的小组讨论之前，不要对想法打折扣。

5）没有限制。想法永远不会嫌多。

6）没有拘束。参与者可以从任何专业领域生成想法。

7）不要害羞。团队的参与者在提出一个想法的过程中都不会感到局促不安。

2.5.2 正式的头脑风暴

当一个大型团队聚在一起进行头脑风暴时，使用正式的方法是非常有帮助的。如果没有结构，当大量不同的观点同时出现时，可能会产生混乱。在这种情况下，参与者可能为争取更多的话语权而进行对抗，而不再进行创造性的思考。如此多相互不同的观点随意地呈现出来，反而抑制了每个人的创造性，头脑风暴就会变得没有效率。这种影响有时称为思想混乱。为头脑风暴增加一个正式的管理结构，使各种想法按照一个可控的节奏产生，但不要限制想法的数量。事实上，把正式的管理结构添加到大型群体中能够增加大脑的创造力，因为这样能为人们提供时间来思考，并防止积极的个人主导了对话。进行正式的头脑风暴时，应当有一个人来担任主持人，另外还应该有一个人通过笔记记录每个人的想法或所说的内容。

正式的头脑风暴方法有很多种，其中想法触发方法（idea trigger method）应用非常广泛，并证明是能够在大规模组织中生成想法的有效方法。想法触发方法通过紧张和放松的过程交替来增强大脑的创造力，以挖掘大脑的内部资源。这个过程也称为清除触发序列。通过听取其他人的想法且被迫回应反对的思想，参与者的行为模式、个性约束和狭隘的思维模式可以被暂时打破，让隐藏在大脑深处的想法浮出水面。例如，一个害羞的参与者可能一开始不愿意说出那些看似愚蠢的想法，但他们在紧张和放松的清除触发序列中，就可能更愿意表达自己的想法。

想法触发方法需要一个领导者，至少3名参与者，每个人需要一张纸，将纸上的区域分成多列。

第一阶段：想法生成阶段 由领导者总结设计问题。不需要讨论，参与者在他们纸上的第一列写下尽可能多的想法或者解决方案。不需要完整的句子，只要关键字就够了。在想法生成阶段，参与者打开他们的思维，考虑尽可能多的替代方案，不用担心他们的想法太琐碎或者太荒谬。“空中楼阁”、激进的或者不可能的想法都可以在思考的范围内。简单而言，参与者写 48
下了任何涌上心头的想法。这些想法是悄悄地写下来的，因此想法生成阶段不包括威胁的因素。

上面的过程持续大约2分钟后，小组进行一个简短的休息。在接下来的1分钟内，每个人在第一列写下任何其他想到的方法。这种*紧张和放松*的序列提高了创造力。它有助于从大脑的潜意识记忆中提取所有的想法，就像挤压海绵中的水分一样。

第二阶段：想法触发阶段 在想法生成阶段之后，参与者轮流从自己的第一列中读出自己写下的想法。当人们读他们第一列的条目时，其他人默默地把自己名单上的重复内容去掉。当听到其他想法触发的新想法时，应及时记录在第二列中。这个过程叫作*想法触发*。倾听他人的想法能够引发潜藏在潜意识中的想法。想法触发阶段的目的并不是对第一列的想法打折扣，而是为了放大它、修改它以及丰富它。

在所有成员已读完他第一列中的条目并且完成第二列条目之后，重复该思想触发过程。这一次，读第二列的条目，并且把触发的新想法写在第三列中。重复该过程，完成第四列、第五列，一直这样递推下去直到所有的想法被耗尽为止。复杂的想法可能需要在5轮之后才能被触发出来。

在第二列和第三列中出现的想法通常是最有创造力的(如果问题很复杂，那就在第四列和第五列中)。这种丰富性来自多个因素。参与者可能会因为他们的想法被抄袭而偷偷地生气。这个简单的竞争压力可以推动一个人走向新的未被开拓的领域。相反，当思想没有被别人借鉴时，参与者可以进行积极的强化，这有助于创造更好的想法。有些人可能扩展自己的一些一直没有被借鉴的想法，并产生更多想法，以此来囤积更多好的想法。并且，每个人都会下意识地认为，改进以前提出的想法会促进小组之间的合作。

第三阶段：编辑汇总阶段 当想法触发阶段完成之后，领导者编辑每个人的列表，并把他们已经生成的想法放到主列表中。然后，小组中的每个人进行讨论，舍弃那些不成功的想法，并决定哪些想法可以进行进一步的考虑和发展。

例 2.2

一个正式的头脑风暴会议

下面我们以一个例子来展示想法触发方法。4个工程专业的学生正在努力完成一个设计大赛的参赛作品。总体目标是设计一个自动导航的机器人，能够接近一个梯形的斜坡，并停在其边上，然后在坡道上发射一个较小的滑轮车。由于滑轮车没有自己的推动力，所以必须给予足够的能量爬上斜坡的顶部。基本情况如图 2-12 所示。

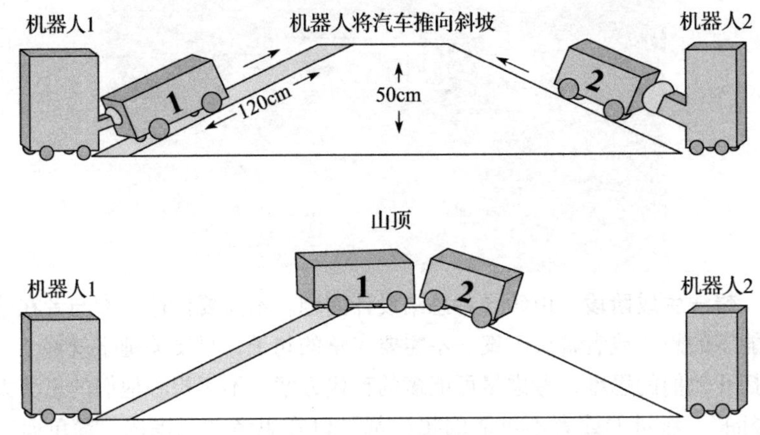

图 2-12　机器人竞赛说明

弹出的汽车必须行驶到斜坡的顶部，并战胜对方机器人弹出的汽车。每一个机器人试图使它弹出的车达到斜坡顶点的中心位置。挑战赛的基本规则如下。

1）机器人必须是自主行进的，不允许使用电线或者绳子。

2）机器人可以是任意尺寸，但是弹出的车辆必须是在边长为 25cm 的立方体内。

3）机器人的动力设计要求：电池组必须是 C 或 D 型的，弹簧的长度为 10cm，直径为 1cm。胶带的高度达到 4in。可以附带一个任意大小的捕鼠器，一个质量不超过 25g 的二氧化碳盒（在飞机或船上用于救生的那种）。

4）机器人和汽车的总重量不得超过 5kg。

工程团队使用想法触发方法举行了一次头脑风暴会议。他们讨论了设计的所有元素，包括机器人的推进、汽车的弹出、攻击和防御策略问题，以及汽车的停止机制。下面记录了他们头脑风暴会议的讨论内容。Moe 担任领导者并计时每 2 分钟休息一次，随后的 60s 作为想法生成阶段。最后阶段，Larry 的页面显示了以下内容。

Larry	想法生成阶段列 1（2 分钟）
	框架结构 = 木材（易于制造）
	框架结构 = 铝（重量轻）
	使用铝角材（可在 Home Depot™ 获得）
	塑料部件，重量更轻
	充电电池（长久使用节省钱）
	从家里的红色小货车取车轮
49 ~ 50	用屏蔽门弹簧提供弹力
	弹出较小车让对手更难搞破坏
	1 分钟
	弹簧式弹射装置
	楔形车身（进入对面车下）

Larry 读她自己的条目。Curly 听到她的想法后，删除了自己的重复条目。当 Larry 说完时，Curly 已经展示出下面的想法。

Curly	想法生成阶段列1(2分钟)
	不能用太重的电池(使用锌电池)
	机器人：较大的车轮，较慢的转速
	齿轮箱
	更重的车(更难使对手向后推)
	~~使用塑料车体~~
	电子计时器，用于决定何时推出汽车
	充电电池
	~~楔形设计~~
	1分钟
	~~从玩具店购买为孩子设计的无盖货车的轮子~~
	感应速度，确定行驶距离
	铝框架

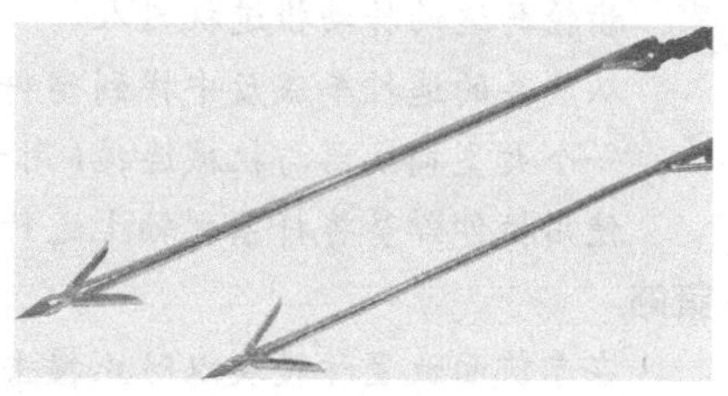

接下来，Shemp读他还没有被Larry重复的条目。当Curly听到后，有一个想法浮现在他眼前：我们可以用一个螺纹杆作为机器人的驱动轴。Curly的理由是，螺纹杆可以将滑动螺母拧向切断开关。该方法也不是十全十美的，因为滑轮可能破坏系统跟踪距离的能力，但这似乎是个值得讨论的想法，于是他在第二列中写下了“螺纹杆”。

当Shemp听到Larry读到“撞击装置”时，他想到可以使用一个弹出的物体作为进攻战略的一部分。他将“机器人将物体顶出坡道”写在了第二列。MOE有与Larry类似的想法并将“把东西放到汽车前面的轨道上”写在了第二列。小组中的每个人都通过口头表述的方式对其他人进行了触发。当每个人都完成之后，Moe作为领导者开始下一轮的程序。这一次每个人都读第二列的条目，然后将新的想法写在第三列。当shemp读到他第二列中的弹射设备时，Moe瞬间想起了他在一本工程设计书中读到过的Lyle枪后膛浮标的设计图。他想象在坡道顶端时，车的前方应该有一个带着箭的炮管。他想到炮管击中对手车前面的地毯，然后刺钩的尖端会挂住到地毯挡住小车。钩子将很难去除。Moe在他的第三列写道：“带刺的钩子”。然后，他意识到可以使用二氧化碳墨盒将箭头射出去。

第二轮想法引发了新一轮的进展，MOE开始了第三轮，整个两轮会议持续了45分钟。Moe提出休息，这样他有时间来整理每个人的想法。他结合三轮过后每个人的想法总结如下。

形状

小车弹射=对手更难干扰

机器人在斜坡边缘前20cm处停止(以便让小车能在水平表面开始运行)

具有与轨道相同宽度的楔形车

可以设计的滚动方式

雪犁形状的楔

机器人为矩形形状

4轮机器人

结构

支撑结构=木头(容易制作)

在角钢的基础上使用铝架

弹出的汽车用塑料材质，因为质量比较轻

用带孔的三角铁(容易放在一起)

热熔胶和轻木

动力

充电式电池(节省资金)

每次运行后为电池充电

为机器人停止机制做电子定时(斜坡前20cm)

带有板载传感器的微处理器控制的机器人

微处理器计时器确定距离

后轮驱动

在玩具店购买一个玩具马车，从上面拆轮子

51~52 机器人需要大的轮子

扭力弹簧作为链传动

齿轮马达的转动推进机器人

从废弃的遥控车底盘中找到塑料的连接链

一个大型捕鼠器与机械连接(用于弹出车)

使用拉伸弹簧将杆系到轴上进行移动

策略

在车前面放置防撞块以防止撞击

用飞刺鱼叉阻断对手的路，或者刺钩射到对手的车的前面

机械臂?

向迎面而来的对手扔东西

利用大的轮子轧对手

休息后，MOE组织团队讨论想法的列表。他们清除了那些虽然看起来有希望但却不可行的想法。最后，他们结合了多个想法，并形成了一个原型阶段的概念：一个运行缓慢由微处理器控制的机器人和一个楔形喷射车。他们还决定尝试Moe的飞鱼叉战略，机器人发出的鱼叉扎入地毯，阻挡对面的车通往轨道顶部的路径。这些战略构成了他们进入设计周期的内循环的“第一刀”。

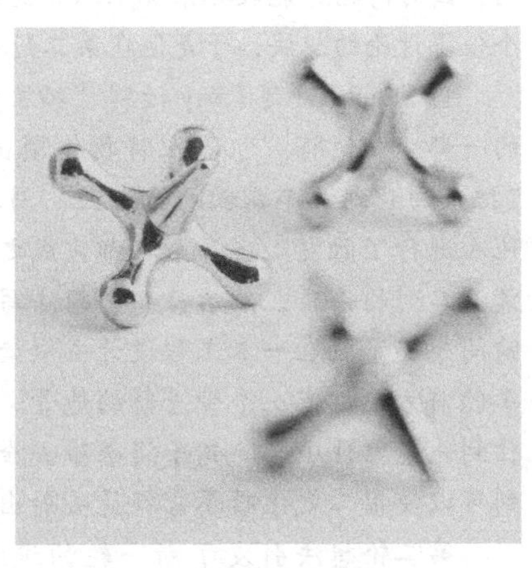

(图片由johnsrood7提供)

2.5.3 非正式的头脑风暴会议

正如上一节所讨论的那样，正式的头脑风暴方法需要组织和规划。相比之下，非正式的头脑风暴可以在任何地方完成。一小组人随意地围着一张圆桌进行非正式的头脑风暴，已经成为工程设计中的一种重要的技术手段。任何参与者都可以提出自己的想法，不必关心发言的顺序。由于没有了大群体固有的紧张局势，较小规模的群体可以更加随意一些。提出的想法不一定要是合乎逻辑的，只要想到了，就可以提出新的建议。2.5.1节中介绍的基本规则仍应在非正式的头脑风暴会议期间执行。无论想到的东西是多么的“离谱”，也不要放过任何一个想法，拿出来讨论也许就会有收获。

例2.3

非正式的头脑风暴

下面是非正式头脑风暴会议的例子，描述了两个结构工程师之间的假设对话，要求他们为建筑物翻修设计一个横梁。翻修涉及建筑物内部装修和现有内墙的拆除。然而，在最初的拆除之后，设计师发现了隐藏在一个大房间中间的墙壁内的支柱。建筑计划要求移除所有垂直的柱子以获得更大的开放空间，如图2-13所示。这个柱子处于以前隐藏在天花板内的木制横梁的中间。工程师必须找到一种新的方式来支撑这根横梁以及其所支撑的上部楼层，以便可以永久地移除该柱子。但是以目前的形式来看，木横梁太弱，不能仅靠其两端支撑。如果在其跨度的中间不做支撑，它将断裂并导致上面的地板坍塌。工程师罗伯特(Robert，以下简写为Bert)和欧内斯特(Ernest，以下简写为Ernie)使用非正式的头脑风暴法讨论了这个问题。需要注意这两位工程师想法的变化。他们没有停滞在他们所想到的第一个想法。相反，他们不断地思考，提出各种想法，最终找到了一个可行的解决方案。

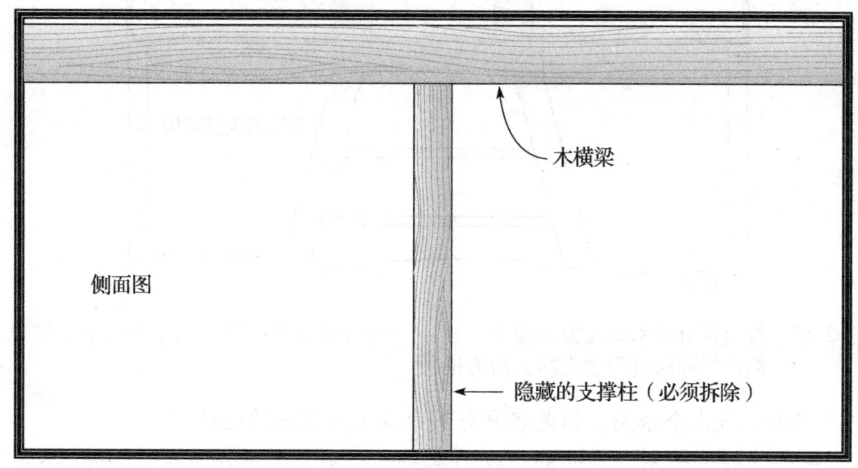

图2-13 拆卸计划实施后，露出了隐藏的垂直支撑柱和横梁

Bert：“让我们在楼梯下方安装一个钢梁作为支撑，钢梁比木梁结实得多，这样就不用担心拆除支撑柱造成破坏了。”

Ernie：“好，我赞成。”他想了一会儿。“但是，当我们完成天花板时，我们不得不用一个小盒子把横梁封装起来，这样看起来很漂亮。在原来横梁旁边的并排位置增加一个钢梁会使箱子看起来很宽。”如图2-14画出的草图。“这个宽框会危及建筑室内艺术，也会干扰悬挂式灯具的设计布局。”

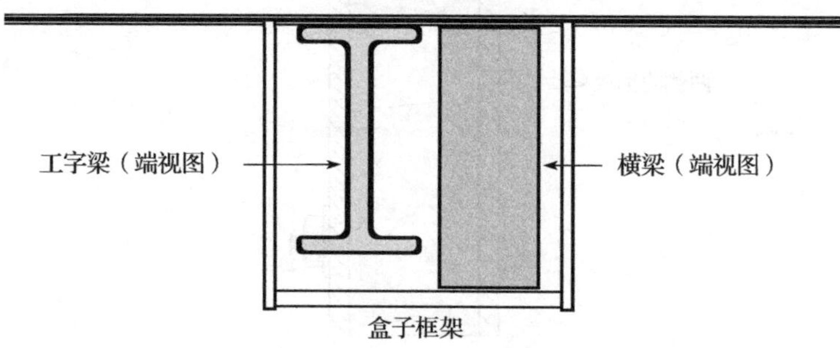

图2-14 工字钢梁和木横梁并排。用来包住横梁的盒子很宽且很丑陋

“我们用工字钢梁替换掉现有的木质梁怎么样？这样，我们可以最大限度地减少对箱壳的影响。”

Bert：“这也许有用，但我们去除旧梁的同时需要做一个临时的梁以支撑上面的楼层，这也需要一个临时的柱子。我们需要在地下室建一堵假墙来支撑这个临时的柱子。这将花费大量的时间和金钱。这是不值得的。”Bert 向 Ernie 展示了图 2-15 所示的草图。

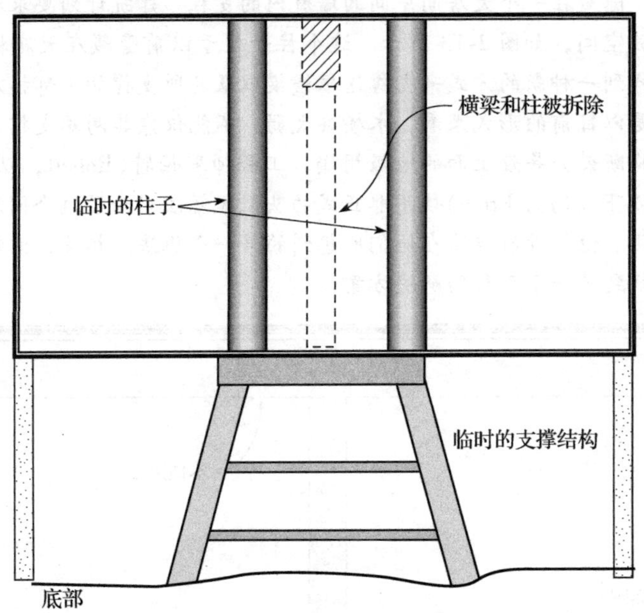

图 2-15 替换现有的木梁需要在地下室建一个临时的支撑结构，用于在柱子和横梁都被拆除的过程中支撑上面的楼层

Ernie：“是的，成本会很高。但是客户会明白我们没有别的选择。”

Bert：“但是这样做她不会接受的。我们需要一个更好的解决方案。”Bert 思考了一会说道：“我明白了。我们可以在现有的梁上钻孔，然后做一些薄钢板，也在同一个地方打上孔。然后我们可以用巨大的螺栓将钢板钉在木梁的两侧，每一侧一块。”他用双手做了一个调整大小的姿态。“复合梁将足够坚固以支撑上面的楼层而无须柱子，因此我们可以像我们想要的那样把柱子拆掉。”Bert 画出了图 2-16 所示的草图来描述他的想法。

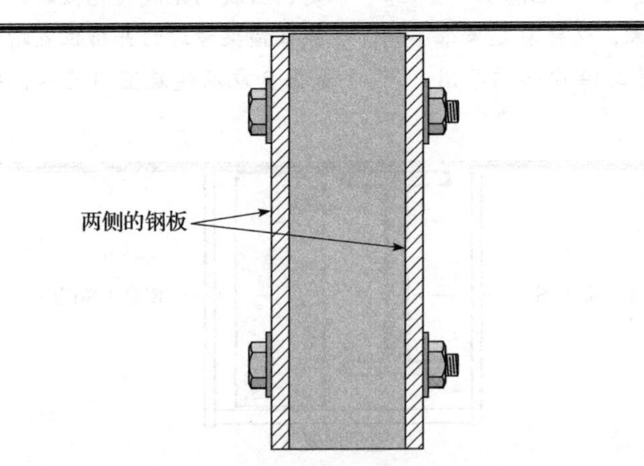

图 2-16 Bert 的想法，通过增加两侧的板子来加固现有的梁

Ernie：“我有了一个更好的想法。让我们先把钢板打好孔，然后用两侧的钢板夹住木梁形成一个“三明治”，再照着钢板上的位置给木梁打孔。”

Bert：“是的，好主意。三明治形式的梁是非常好的，并且非常强壮，性能超出了普通的木梁。”他思考了一会儿说道：“但是我们应该做进一步的分析，确保这个组合梁足够强大。我会做一些粗略的计算，计算出所需板子的厚度，然后利用计算机做出更精确的模拟。”

Ernie：“好的。从长远来看，这样做更经济。比起前两个想法，我更喜欢这个想法，这是一个很好的折中方案。”

职业成功之路

当一个人在头脑风暴会议中占主导地位时该怎么办

想象你是头脑风暴会议的组织者，在你们的会议期间你们团队的一个人成为了这个会
议的主导者。这个人可能会批评其他的参与者，并驳回非常规的想法，打断别人的谈话， 54~56
或者以其他的形式打破规则。当这种情况发生时，你的责任是把这个犯规者拉回正轨。你
可以在小组中说：“嘿，我们需要一个正式的头脑风暴规则。让我们按规则来进行发言。”
这种方法巧妙地打破了主导者的行为，并保持了团队之间的和谐。

（图片由 Christine Langer Pueschel/Shutterstock 提供）

练习

1. Morris 等人使用想法触发方法进行头脑风暴，并最终形成了一个清单。仔细阅读这个清单，进行一个你自己一个人的“迷你头脑风暴会议”，并添加尽可能多的想法。用 4 分钟的时间来汇总这些想法。
2. 一个非工程专业的朋友抱怨一对入耳式耳机总是掉出来。让自己进行几分钟的头脑风暴，并汇总大量的想法来解决你朋友的问题。5 分钟后，休息一下，然后把你的想法进行排序，将每个想法分类为 1 ~5 的“可行性”评级，其中 5 是最可行的。
3. 假设需要你把一条狗关在一个院子里，用 2 分钟的时间写下尽可能多的方法。然后把想法按照成本的高低排序并评价你的想法。
4. 设计一个自动水龙头。在 2 分钟内写下尽可能多的想法。
5. 为了节约能源，你想设计了一种提醒人们关灯的方法。为了实现这一目标，让自己进行 2

分钟的头脑风暴，设计尽可能多的方法。

6. 由3~5个同学组成一个团队，运用头脑风暴方法，提出尽可能多的方法，提醒城市管理人员在垃圾桶满了之后是需要立即清空(换句话说，清空是随时可能产生的“需求”，而不只是一个固定的时间表)。
7. 由3~5个同学组成一个团队，运用头脑风暴方法设计一个系统，能够自动地给宠物仓鼠投喂饲料，提出尽可能多的方法。给自己3分钟的时间进行头脑风暴。如果可以，一组最多4
57 个人一起工作。
8. 与队友一起进行一次非正式的头脑风暴会议。你们的目标是开发一个自动面包切片机，并保护用户不被锋利的刀片伤害。每人提出一个想法，轮流发言，直到其中有一个人表示想不出别的想法，然后其他人说出所有剩余的想法。每个人都应该一产生思路就尽快写下自己的想法，即使没有轮到你说出自己的想法，也会为你们的讨论做出贡献。
9. 想象你是设计团队的一员，你们正在开发一个方法，能够将台上演讲者的动作与幻灯片放映自动同步。进行一个想法触发头脑风暴会议，并用书中提到的表格记录你们讨论的过程。最后，汇总一个想法列表作为此次讨论的总结。
10. 利用头脑风暴想出尽可能多的方式来确定新发现的地下油页岩矿床的深度和广度，整个过程中每2分钟的讨论后进行一次1分钟的休息。
11. 下面的练习涉及一个未来的问题，即一个人在没有键盘或鼠标的情况下，如何将信息传递给一台计算机。与一个或多个同学一起进行头脑风暴会议(正式的或非正式的)，写下多种方法，并提供每种可能方法的详细信息。
12. 想象你有一个玩具火箭、一个棒球和一个氦气球。与一群同学合作，并举行头脑风暴会议，以确定仅仅使用这些工具，利用不同的方法，确定雷尼尔山(Mount Rainier)的高度(雷尼尔国家公园在美国华盛顿州中西部)。
13. 进行头脑风暴会议，确定如何使用晴雨表、秒表和卷尺来确定美国华盛顿特区华盛顿纪念碑的高度。
14. 组织头脑风暴讨论如何设计一套自行车速度的传感机制。重建例2.2中讨论的头脑风暴表，并记录这个表格在该会议中的演变过程。
15. 假设你的设计团队已经拿到一个鸡蛋、一些磁带和一些塑料吸管。进行头脑风暴会议，只使用上述材料，设计一个能够使得鸡蛋从2米高处落下而不被打破的方法。
16. 假设智能手机中的电池已完全放电。与同学一起进行一次非正式的头脑风暴会议，讨论当没有使用智能手机时，如何为公路比赛进行计时。设计尽可能多的不同的方法。
17. 假设你的团队要设计一个从外部清洁窗户内表面的系统，为一个大型水族馆(公众参观海豚和其他海洋生物的那种)服务。重新构建一个在例2.2中使用的头脑风暴表，记录头脑风暴会议期间会表格内容的演变过程。
58 18. 设计一个系统来帮助四肢瘫痪者翻书，给出类似例2.2中的头脑风暴的结果列表。
19. 设计一个系统，能够每天在黎明和黄昏自动地升降国旗，给出类似例2.2中的头脑风暴的结果列表。
20. 设计一个系统，能够在需要时自动打开汽车的挡风玻璃雨刷，给出类似例2.2中的头脑风暴的结果列表。
21. 设计一个设备用来通知盲人水壶里的水已经煮沸了，给出类似例2.2中的头脑风暴的结果列表。
22. 设计一个系统，能够在装配线传送带上排列螺钉，使所有螺钉指向相同的方向，给出类似例 2.2 中的头脑风暴的结果列表。

23. 设计一种在制造过程中检测乳胶手术手套上的针孔大小泄漏的方法，给出类似例 2.2 中的头脑风暴的结果列表。
24. 假设你想设计一个数码版的气泡水平仪，设计一种从气泡瓶中导出电信号的方法，给出类似例 2.2 中的头脑风暴的结果列表。
25. 想象你只有一卷绳子和 8 根杆子。进行一次非正式的头脑风暴会议，设计在荒野中建立临时紧急避难所的方法。
26. 进行一次非正式的头脑风暴会议，设计一个报警系统，防止小偷从图书馆的书桌上窃取你的智能手机。
27. 假设保洁工人的习惯是从墙上拉拽吸尘器的电线插头。进行一次非正式的头脑风暴会议，设计一个系统或设备，以防止损坏电线末端的插头。
28. 设计一个向老年人自动分配药物的系统，给出类似例 2.2 中的头脑风暴的结果列表。
29. 设计一个在室外游泳池中搅拌和循环水的系统，使氯添加剂能够均匀分布。假设在水池附近有带接地故障保护(Ground-Fault Protected，GFCI)功能的电源插座。给出类似例 2.2 中的头脑风暴的结果列表。
30. 设计一个允许飞机驾驶员测量机翼前缘积冰量的系统，给出类似例 2.2 中的头脑风暴的结果列表。
31. 设计一个在包装过程中测量倒入袋中的零食片重量的系统，给出类似例 2.2 中的头脑风暴的结果列表。
32. 设计一个用于帮助有运动障碍的人绑鞋带的系统，给出类似例 2.2 中的头脑风暴的结果列表。
33. 设计一个在主要高速公路上测量道路流量(每小时通过的汽车数量)的系统，给出类似例 2.2 中的头脑风暴的结果列表。 59
34. 设计一种用于测量混合动力车辆燃料消耗(MPG 或 KPL)的方法，给出类似例 2.2 中的头脑风暴的结果列表。
35. 设计用于测量网球比赛中“界内球”与“界外球”数量的系统，给出类似例 2.2 中的头脑风暴的结果列表。
36. 进行一次非正式的头脑风暴会议，为大型公司或工厂的工人开发一套拼车系统。
37. 进行一次非正式的头脑风暴会议，开发一个检测过往汽车内乘客数量的系统。这种制度可能被执法人员用于检验汽车是否可以在高占用车辆(High-Occupancy Vehicle，HOV)车道中合法行驶。
38. 进行一次非正式的头脑风暴会议，开发一个自动为植物浇水的系统。
39. 举行一次非正式的头脑风暴会议，开发一个用于自动存储乘客手提登机行李的系统。这样的系统将显著地减少登机所需的时间。
40. 可以用头脑风暴来解决数学问题吗？为什么？

2.6 设计实例

在本节中，将通过 5 个具体实例说明工程设计的原理。每个实例中使用的方法都试图模拟设计过程的关键要素。

2.6.1 机器人设计大赛

想象你参加了一个机器人设计比赛，比赛的赞助商也就是你们学校的工程校友会，向获胜者提供教科书礼品券。鉴于教科书价格昂贵，所以你非常渴望获胜。

如图2-12所示，比赛的目标是设计一个机器人和可弹出小车。机器人必须弹出小车，使小车在没有自身动力的情况下仅通过其初始动量沿斜面行进。小车必须停在斜面的顶部，并在面对来自对面一侧小车的情况下保持其位置。动力机器人不能爬坡，并且不能超过斜面的基座。在运行结束时，“在山顶上”的小车是指5秒的时间间隔后在斜面顶部且最接近中心线的小车。

如本章前面所述，比赛规则规定机器人和小车必须符合以下要求：

1）机器人必须是全自主的，不允许使用电线或者绳缆。

2）机器人可以是任意尺寸，但是弹出的小车必须能够装进边长为25cm的立方体内。

3）机器人必须通过以下方法提供动力：由4节C型(2号)或D型(1号)电池组成的电池组一个。长度可达到10cm、直径为1cm的弹簧多个。长度可达4in的橡皮筋；捕鼠器上用于固定夹子的金属杆(任何尺寸的捕鼠器都可以)；内容物质量不超过25g的二氧化碳(CO_2)小气瓶(在飞机或船上用于给救生衣充气的那类)。

60 4）机器人和小车的总重量不得超过5kg。

5）比赛将包括面对6组不同对手的对战。在每次面对面的对战中，在决出优胜者之前最多将3次试验。如果3次试验后没有明确的优胜者，那么将宣布为平局。

6）在两次对战之间的任何时间都可以进行设计修改，但单次对战中的3次试验期间不允许更改设计。

想象你已参加了这个设计竞赛，并希望设计一个有竞争力的机器人。让我们使用图2-7的设计循环来检查这个问题。记住，问题可以以许多不同的方式来解决。这里提出的解决方案只是众多解决方案之一。

收集信息 比赛的规则包括关于设计目标的一个显而易见的信息来源。在这个阶段，收集关于电池寿命和输出功率、橡皮筋性能、弹簧可用性、市售的捕鼠器，当然还有容易获得的电动机的信息将是一个不错的想法。只有在汇总了一整套这样的信息之后，才能自信满满地继续到选择设计策略的下一步中。

选择一个设计策略 许多不同的设计策略都能使机器人拥有竞争能力。然而，构建一个获胜的设计需要仔细考虑多个关键问题，如何才能提前知道什么是正确的选择？事实上，你做不到，特别是，如果你从来没有设计过这样的机器人。你只能根据你的经验和直觉，加上你在上一步中收集的信息开始进行有根据的猜测。然后，你可以依靠设计过程的迭代来帮助你收敛于一个可行的解决方案。下面的列表定义了一些你可能采用的设计策略。

1）*速度设计*。以最快的速度到达斜面基座的机器人不一定会获胜，但是有一种策略是尽可能快地到达斜面基座，发射弹射车，然后小车通过使用适当的防御策略堵住到达斜面顶端的入口以防御较慢的对手。

2）*质量设计*。你可以设计一个坚固的重型弹射车，它的移动会比较慢，但拥有能够推开对面小车的能力，因为它可以“铲平”通往山顶的道路。

3）*敏捷性设计*。首先到达坡道中心并有办法保持自身位置的弹射车可能是获胜原因的一部分。

4）*易于修改的设计*。规则规定允许在两次对战之间对机器人和弹射车进行修改。采用一种易于修改的构造策略有助于在比赛过程中实现对小车的“在线”升级。

5）*耐用性设计*。在比赛当天，你的机器人必须经历到比赛斜面的多次征程，且弹射车必须对战许多对手。对手的小车或事故可能损坏脆弱的设计。你必须将耐用性问题与制造灵活、易于修改的设计需求进行权衡。

注意策略4)和5)不是彼此独立的。例如，易于修改的设计可能与建造耐用的小车相冲突。工程师在做出设计决策时通常面临这样的权衡。决定采取哪种途径需要经验和实践，但做出任何决定都意味着你已经开始了设计过程。 61

这种特定的比赛规则为机器人和小车设计提供了许多替代方案。然而，无论细节如何，所有机器人将需要相同的基本组件：能源、动力机制、停止方法和弹射系统。在与你的队友讨论之后，形成了一些选择图(choice map)。这些选择图如图2-17所示。

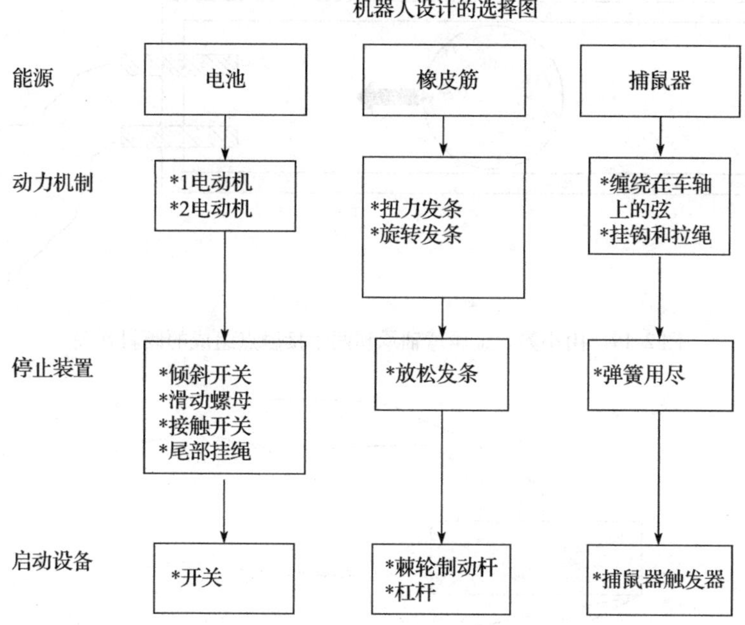

图2-17 在机器人设计竞赛中概述设计过程的一个阶段的选择图示例

虽然选择图不是个详细的解决方案，但它可以作为你设计工作的良好开端。以下段落概述了可能伴随你设计选择的一些思考过程。

能源 电池作为能源是有吸引力的，因为它们不需要上发条或提前准备。然而，它们需要频繁更换，因此将比其他方案中的机械能源更昂贵。橡皮筋或螺旋弹簧将需要更少频率的更换，但是在3个选择中存储的能量最少。与橡皮筋一样，落锤也不需要频繁更换。它比橡皮筋存储更多的能量，但是由于其物理形态局限，所以它不能被缠绕成一个小圈，并且会快速地释放其能量。

动力机制 你对动力设备或能量转换器的选择取决于你对能源的选择。如果你决定使用电池，电动机将是转动机器人轮子显而易见的选择。橡皮筋可以拉伸，可以提供直线运动或扭转所需的能量存储以便转动轮轴或动力轴。落锤可以用于转动轴或齿轮，或者可以借助“咔嗒爪”等在祖父钟中使用的类似机械系统，用于缓慢释放存储的能量。当释放时，棘轮来回摆动，如图2-18所示。这种稳定而非加速的运动可以用于推进机器人。

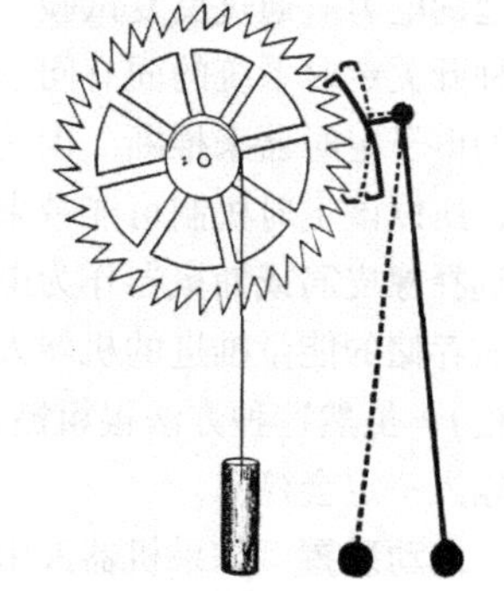

图2-18 使用诸如在祖父钟中发现的“齿轮咔嗒”机制允许缓慢释放存储的机械能

停止装置 根据比赛规则，机器人必须在到达斜面底部时停止。这个要求可以通过在正确的时刻精确地中断推进力来满足，也可以考虑增加这些力的定时制动装置。如果机器人由电池供电，则有许多方法来中断车辆的动力。当机器人碰到斜坡的边缘时，简单的碰撞开关就可以断开电池。如图 2-19 所示，在小笼内滚动并与两个电极接触的金属球可以用作合适的碰撞开关。另一种可能使用的接触开关如图 2-20 所示。另一种选择可以是在机器人行进中通过车轮旋转测量距离，当机器人通过预设距离之后切断车轮动力的系统。只有当机器人沿路径移动时轮子一直处于预先设定的轨道上，后一种方案才能很好地工作。

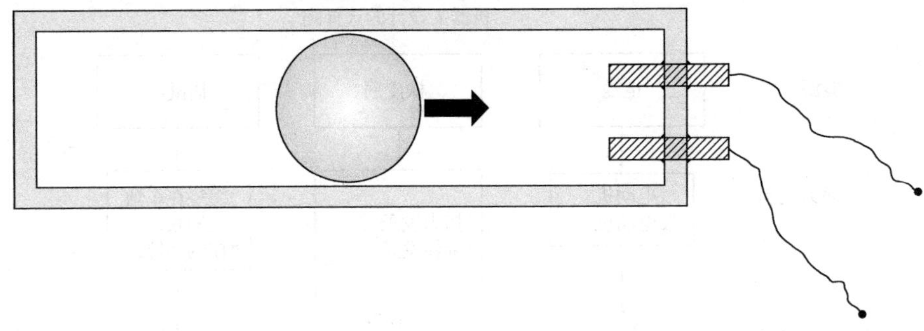

图 2-19　由小笼、金属球轴承和两个接触点组成的倾斜开关

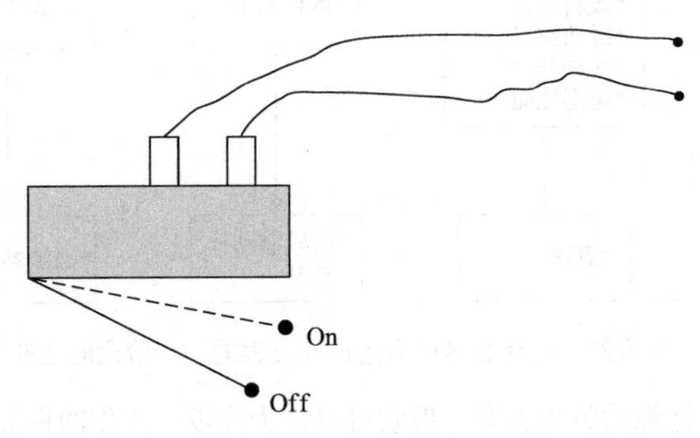

图 2-20　弹簧式接触开关

替代机械开关的一个有趣方案是使用电子定时器电路，它在精确的时间间隔之后切断来自电池的电力。通过反复试验，你可以设置经过的时间，以便机器人精确地停止在斜面的底部。这种开关定时系统的固有问题是机器人实际上并不能感知其自身到达斜面的底部，而是通过内部的电子定时器来推断。因为随着电池能量的耗尽，每次连续运行时机器人的速度可能会降低，所以该定时机制可能带来问题。如果当机器人向前行进时车轮打滑，该方法也会失败。如果选择橡皮筋或捕鼠器作为电源，让机器人停止将需要除了电气开关之外的其他东西。让使用
62~64 机械存储的能量推进的机器人停止的一种方式是简单地让能源一次耗尽（例如，让橡皮筋完全放松）。虽然这种方法很粗糙，但是其很可靠，因为当存储的能源已经耗尽时，对机器人的动力输入一定会停止。

启动装置 如果机器人由电池供电，则电气开关就是最可行的启动装置。你也可以设计机器人，使其电机在启动之前达到速度，然后在启动时机械啮合。后一种方法可以实现用于快速接近斜面的策略。橡皮筋动力源需要一个机械装置，例如杠杆来启动流向车轮的动力。捕鼠器可以使用其内置的触发机制或者你可能设计的任何其他启动机制。

1）对设计进行第一次尝试。第一次设计迭代开始于对机器人尺寸、参数和组件的粗略估

计，以确保设计在技术上可行。在讨论了一系列的设计选择之后，你和你的队友决定制造电池驱动的机器人和楔形弹射车。该决定允许机器人的停止装置有多种选择。你们觉得这种设计选择的灵活性远远超过机械推进方案的优点。你们选定了防御为主的策略，并同意构建一个由电动机驱动的移动较慢的机器人。这种设计方法的优点在于，可以使用大的齿轮比将电动机与车轮相连，从而在车轮处提供更高的扭矩，以及一种非常快的机器人难以获得的机械优点。因为你的机器人将比其他机器人慢，所以它可能无法率先达到斜面底部，但你的弹射车的楔形设计将有助于驱逐任何可能率先到达斜面顶部的对手小车。另一方面，如果你的小车先到达斜面顶部，它的防御楔形将会使对手的小车骑在你的车体上，从而保持你在顶部的位置。

图 2-21 所示为机器人和弹出车的粗略初步设计草图。你已将此草图加入包含所有项目相关信息的笔记本中，包括设计计算、零件清单以及机器人和小车各部分的草图。图 2-21 展示了楔形小车的设计，由电动机、链条和齿轮驱动的机器人转轴；以及当机器人到达斜面底部时关闭电动机的单个开关。当机器人碰到斜面底部时，位于机器人前部的开关闭合，从而触发弹射楔形小车的弹簧柱。

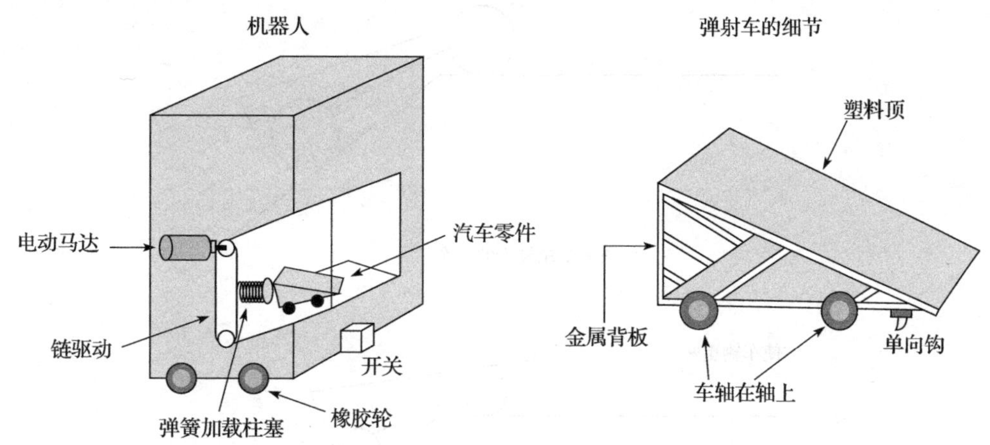

图 2-21　设计竞赛中机器人和弹射车的粗略初步草图

2）*构建原型、记录文档、测试和修改*。图 2-21 的草图只是一个开始，它还远不是最终成品。在你的机器人准备参加竞赛之前，你仍然有许多要克服的障碍和要进行的测试。设计过程中的下一步应该是“初次设计”的原型的建立和测试。为了在设计过程的这个阶段对你有所帮助，你已经建立了一个模拟官方试验斜坡一侧的测试斜坡。首先构造一个楔形的小车外壳以及一个没有电动机驱动和停止机制的机器人。目标是测试你的弹射系统。

用手让你的楔形小车驶上斜面坡道。你很快就会发现小车的底部在山顶会撞到斜面，如图 2-22a所示。斜面角度的变化很大，并且小车的所有 4 个车轮并不总是都能保持与斜面表面接触。你与你的队友讨论了几个针对这个问题的解决方案。一种解决方案是增加车轮的直径，如图 2-22b 所示。另一种解决方案是让小车更短，如图 2-22c 所示，但你意识到这种解决方案会需要增大楔形的角度，并降低其防御的有效性。如果楔形很薄，那么小车将更好地将自身楔入对方小车下面。

3）*再次修改*。你的队友建议保持轮子和楔子的形状不变，并将后轮向前移动，如图 2-23 所示。你将后轴向前移动，重构小车后再次测试。重新设计的车辆底部不再接触跑道，你宣布成功。你的教授看到你的设计变化，并建议你在更实际的条件下测试小车。例如，当另一辆车驶上你的楔形车体时会发生什么？你通过将重量放在车顶上的不同位置来模拟这样的事件。这些附加测试的结果表明，移动车轮位置可能不是解决问题的最佳方案。当你把后轮向前移动时，你改变了小车重心的支撑底座。你发现，如果一辆对面的车辆越过你的车顶时，重心向后移动，最终导致你的车向后倾斜，如图2-24所示。

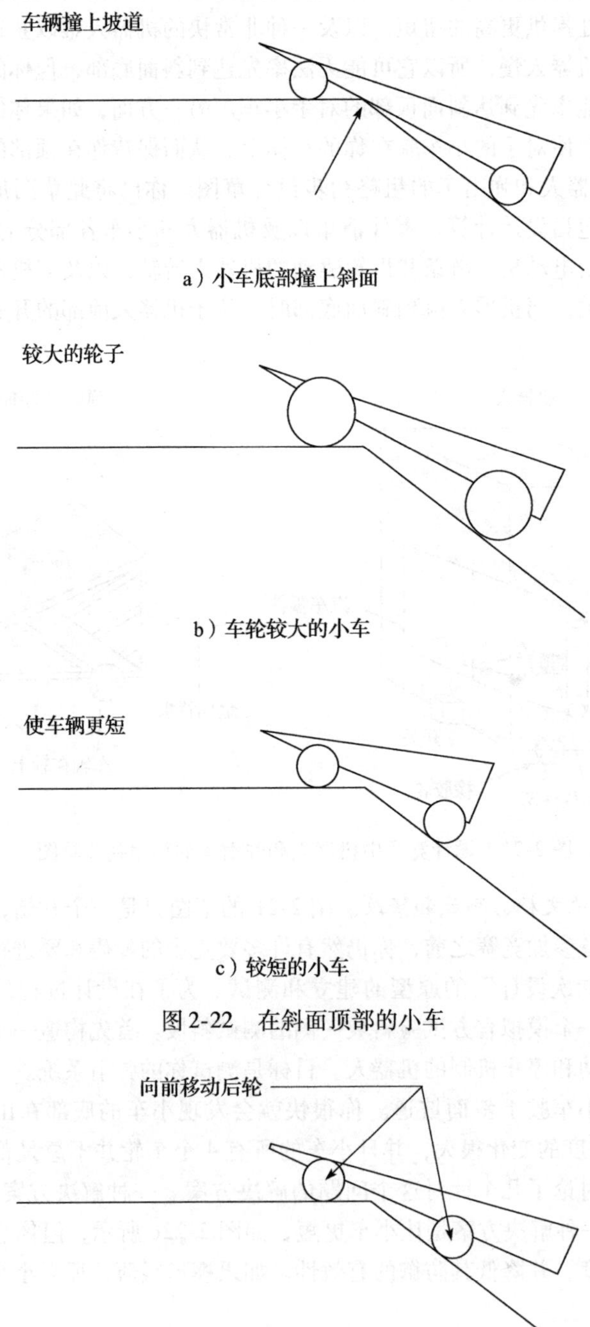

a）小车底部撞上斜面

b）车轮较大的小车

c）较短的小车

图2-22 在斜面顶部的小车

图2-23 向前移动后轮

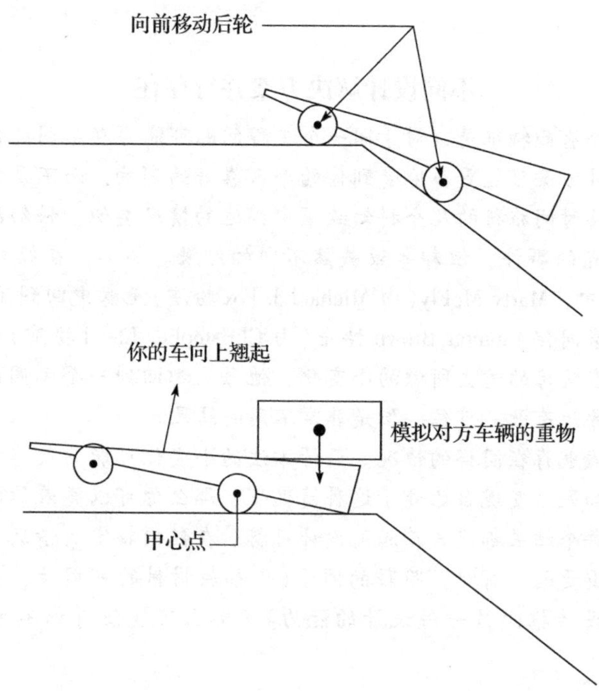

图 2-24 对方车位于后端顶部的重量导致小车向后倾倒

4）*在实际环境中检验*。这个最新的发现似乎是一个挫折，但它是迭代设计过程的正常部分。有些方案第一次起效，其他时候就失去效果。通过在失败中观察和学习，并通过构建原型、测试、修改和重新测试，你将能够收敛到问题的最佳解决方案。

5）*更多修改*。经过一番思考之后，你确定增加车轮的直径可能是最好的选择。你买了一些新的轮子，尝试着取得成功。随着后轴移动到其原始位置以及较大的车轮就位，你的小车底部不再触碰斜面。

练习

1. 制作一个两列的列表，概述在机器人设计竞赛中用于行进到图 2-12 中的斜面边缘的各种能源的优点。
2. 列出可用于设计竞赛机器人的其他动力机制。
3. 制作一个两列的列表，概述在设计竞赛中使用重力和摩擦力与应用制动器分别作为弹射车的停止装置的优点。
4. 确定将 0.5kg 的小车从斜面底部推到顶部所需的最小能量，假设垂直距离为 1m。
5. 在物体上施加 1N 的力使其前进 1m 需要多少电能(以 J 为单位)?
6. 在物体上施加 1N 的力，使其在 10s 内前进 1m 需要多少电功率(W)?
7. 在车辆设计比赛中为使小车从 1m 斜面的底部移动到顶部，确定所需的车轮直径的每厘米(cm)转数。
8. 假设设计竞赛的斜面长度为 1m，计算为使小车的驱动轴转 50 圈即可从斜面底部移动到顶部所需的车轮直径。

职业成功之路

不同设计解决方案并行存在

设计过程的一个有趣特征是，对于同一个工程问题可能存在不同的但都完全可接受的解决方案。你的设计方案可能更多地受到你的个人喜好的影响，而不是方案之间的优劣差异。这种情况与涉及时间旅行的几个科幻故事中描述的情况类似，科幻故事中的并行时间
65~67 的路径起源于相同点的事件，但却导致截然不同的结果。例如，在经典电影《Back to the Future》(回到未来)中，Marty McFly(由 Michael J. Fox 扮演)无意中回到了1955年他父母的高中。在他的科学家同伴 Emmett Brown 博士(由 Christopher Lloyd 扮演)的帮助下，他反复回到现在，基于他在父母的过去所做的小变化，他每次都回到一个不同的现实。故事中描述的并行时间路径导致有效、可信，但是非常不同的结果。

在工程设计领域也存在同样的情况。设计方法的小变化可能导致非常不同但同样有效的设计解决方案。如果你发现自己处于这种情况下，那么你可以凭着你的心血来潮和幻想来做决策——假如每个结果都能真正满足设计目标。在任何特定的情况下，都要注意满足设计目标才是至关重要的。有时，隐藏的因素(例如原材料的可用性、公众对特定风格的反应，或者将一种设计推向另一种设计的能力)实际上可能使得你不可能随心所欲地做选择。

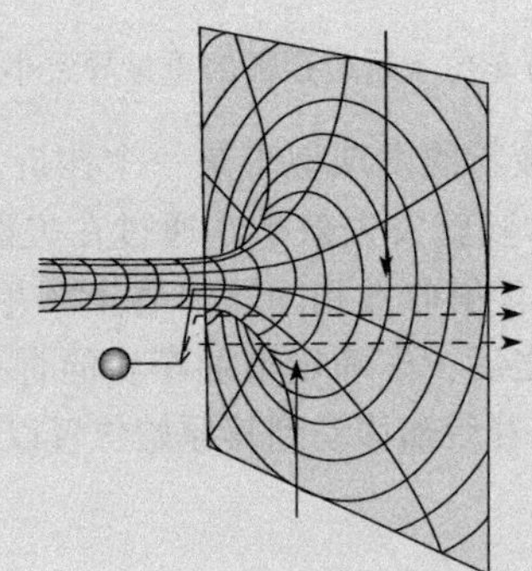

2.6.2 面罩生产设备

在本例中，我们将研究制造过程的设计周期，而不再是有形物理实体的案例。虽然设计周期的各个阶段的执行方式可能不同，但基本原理将与前面例子中使用的相同。

这个实例涉及一家制造用于连续正压通气(CPAP)机的面罩的公司。这些机器适用于患有睡眠呼吸暂停(sleep apnea)的人，这种情况在老年人中出现的越来越多，尤其是那些睡觉时打鼾的人。睡眠呼吸暂停可以每晚中断睡眠数百次，降低血氧，如果不加以治疗，会对健康造成严重的影响。CPAP机器通过软管将空气以略微增加的压力输送到睡眠者佩戴的面罩中。正气压保持气道打开，使得用户不再“打鼾”。

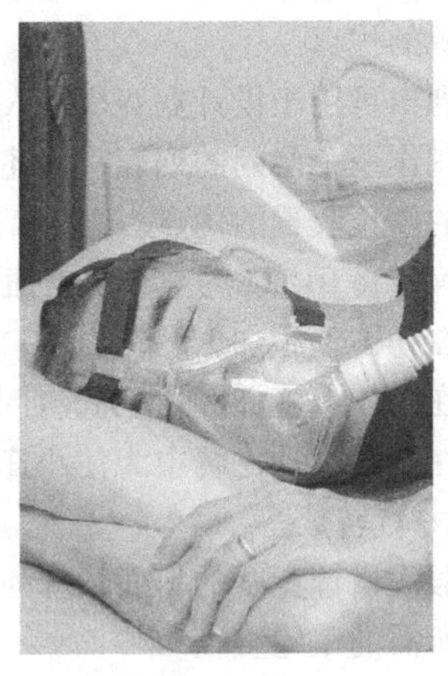

(图片由 Brian Chase/Shutterstock 提供)

这家公司(Perspironics)使用注塑成型工艺在专门的面

罩制造设备上制造其面罩。 68

各种型号的面罩(大约 12 种甚至更多)由多个配药供应商销售，包括 Amonia. com、Best-Pap. com、Web-Capap. com 和 BreatheRite。每个供应商希望能最小化其实际库存，同时最大限度地提高其快速完成订单的能力。使用塑料制造面罩的 Perspironics 机器需要为每个型号提供不同的模具，并且需要手动更换注塑模具，这是非常耗时的。同时，每日来自 Amonia、Best-Pap、Web-C-Cap 和 BreathRite 的订单几乎包括了 Perspironics 制造的所有不同的型号。

想象你是 Perspironics 的工业工艺流程工程师。你设计团队的工作是确定能最好地完成制造任务的制造系统。让我们按照图 2-7 的设计周期讨论这个设计问题。

1）*定义总体目标*。这个设计问题的总体目标明确。首先，你希望让你的客户满意。对于他们的面罩订单，必须尽快制作并发货，力求 100% 的准确性。如果一台面罩制造机(或多台机器)停止工作并进行维修，你必须提供应急处理，并且必须定期备份数据。此外，作为一个大公司的小部门，你需要遵循的首要方针：必须赚钱。这最后一个目标既不异想天开也不冷酷无情。如果公司的部门没有赚钱，那么你将无法维持运营，你和你的同事可能会失业。

2）*信息收集*。第一步应该是会见客户，以确定他们的需求。如果幸运，他们的需求是一致的，你的设计任务将会简化。然而，在实际运转中，他们的需求在某种程度上有所不同。信息收集目标的一个要素是寻找客户总体需求之间的共同之处。也许，有可能说服他们改变他们的需求，这样可以收敛到一个可行的解决方案。

你还应该调查涉及订单履行业务的其他公司的运营情况。你会发现有些公司(如 Perspironics)是产品的制造商，而有些公司只是作为其他制造商的批发分销商——实际上，他们扮演着“影子”公司的角色，作为真正的制造公司与在线销售供应商之间的接口。例如，有些在线消费品商店将它们的订单发送到中央经销商，也称为*履约公司*，然后由履约公司统一从制造商那里订购物品并发货。

3）*选择设计策略*。在设计周期的这个阶段，应该给出一个或者多个方法来解决整个问题。在一个计划中，你将为 4 个供应商逐个分配每日的制造时间段。在为每个供应商分配的时间段内(总共 6 小时，为 4 个供应商提供 24 小时运行的操作服务)，将完成该供应商的累积在线订单，并且多个批次的不同型号的面罩将捆绑在一起制造。这种方法，如图 2-25 所示，要求在每个供应商的时间段内多次更换模具，但是可以将每个供应商的订单分组到一起。另一种策略如图 2-26 所示，不管来自哪个供应商，都将根据面罩型号收集面罩订单，然后将所有相同模具类型的面罩一起生产为一个批次。这种方法会减少频繁更换注塑模具的需要，但是需要你定期按供应商对订单进行排序。经过讨论后，你决定调查后一种方法：收集所有供应商的订单，按面罩型号进行排序，然后注塑一个型号作为一个批次，只有在改变型号时才改变模具。选择这种方法的动机在于，它整体更快，并且它减少了模具更换的次数，能降低劳动力成本。一旦业务投入运营，需要按小时支付机器操作员的薪酬。考虑到面罩的低利润(利润的大部分在于 CPAP 机器本身)，降低劳动力成本似乎是不错的主意。

4）*对设计进行第一次尝试*。你提出的系统框图如图 2-27 所示。目前，硬件唯一确定的部分是实际的注塑机，其他所有组件最终都必须设计并集成到系统中。来自供应商的输入数据存储在“订单”数据库中，模具存储在转盘中。当注塑机变得可以注射时，控制器从输入队列中检索一批订单，然后向操作者发送信号以便将正确的模具装载到注

塑机中。当每个制造的面罩离开机器时，对它进行标记，然后将它的运输容器标记上条形码，该条形码将该特定面罩与存储在订单数据库中的运送信息相链接。包装过程发生在生产线下，配送信息将打印在包装的外部。

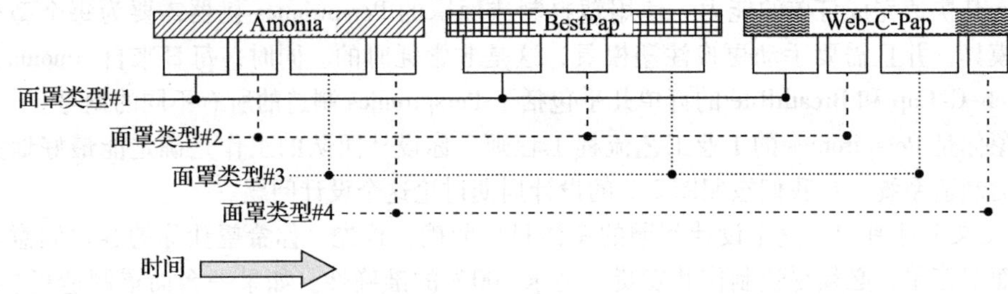

图 2-25 面罩订单完成过程的一种实现方案。给 4 个供应商中的每一个分配 6 小时的时间段，在每个供应商的时间内处理不同面罩型号的订单并最终捆绑在一起

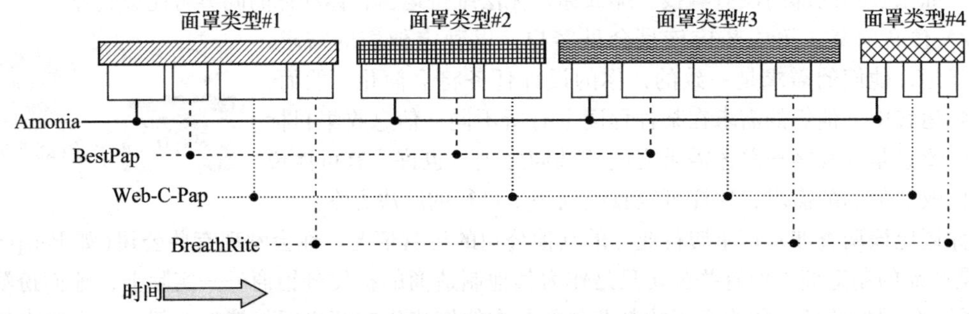

图 2-26 面罩订单完成过程的另一种可能的实现方案。在该方案中，每个面罩型号是批量生产的，与其将运送到的供应商无关

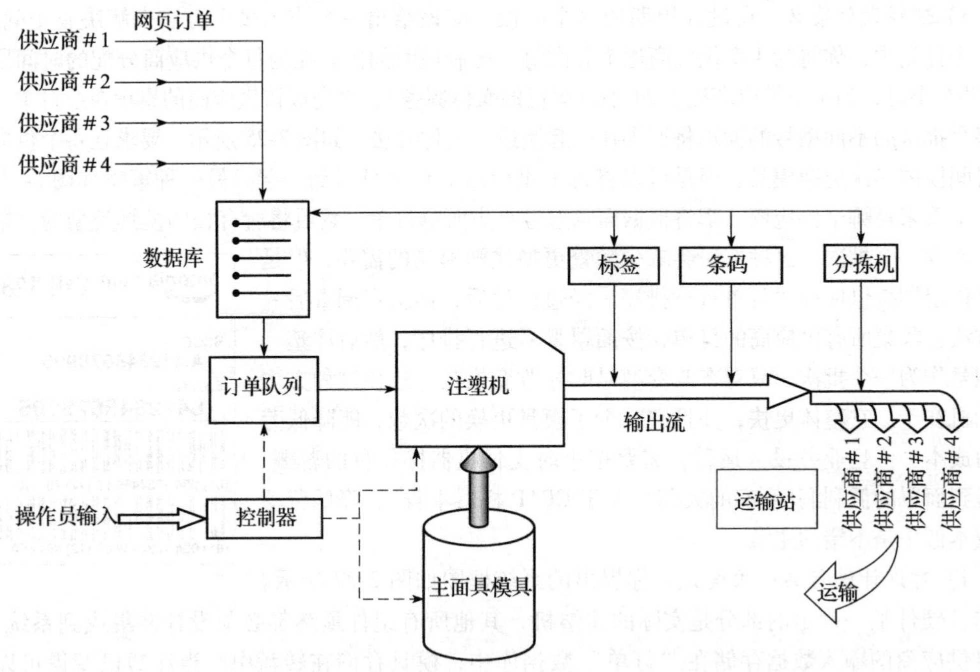

图 2-27 实现图 2-26 中的生产方案的系统框图

5）模型和分析。为了确保系统按预期工作，有些工程分析是必要的。面罩从一个站到另一个站的每个物理转换将需要一些时间延迟。如果系统要有效地操作并提供最快的总吞吐量，则需要适当的协调事件。因此，出现了几个问题。例如，在开始注塑下一个面罩之前，应该一直等待直到面罩已经打上条形码吗？或者在前面一个面罩离开机器后就立刻开始注塑下一个面罩，而不考虑标记操作？同样，必须采取什么步骤来确保传入的订单不会因为同时到达而导致系统混乱？或者，如果它们是同时到达的，可以在系统中纳入什么技术以处理冲突？做一个详尽的系统级分析，在其中详细检查排队过程的动态性，将有助于优化系统。回答这样的问题属于系统工程领域，通常在大多数大学的课程中都包含在制造业或工业工程学领域。

6）构建原型、记录文档和测试。全面建立你提出的制造系统是非常昂贵的。因此，你决定（明智地）使用模拟完成设计周期的构建原型和记录文档阶段。具体地，你选择使用商业系统分析软件包对整个系统进行建模。有几款优秀的软件都能实现这一功能。你决定使用 Simulink、MATLAB 软件套件中的一个工具箱。

模拟和测试显示没有问题，但主要瓶颈出现在包装阶段。供应商指定了不同的送货方式（例如，United Parcel Service、FedEx Ground 和 the U. S. Postal Service）。这些不同的送货方式要求逐个更改订单送货标签。鉴于已决定按照面罩型号而非供应商处理订单，因此更改标签会经常发生，可能会导致不必要的延迟。

7）修改和再修改。通过在注塑操作的系统下游添加包装分类站来解决标签问题。此功能将通过其条形码来识别每个包装的面罩，然后将其转移到 3 个发货站之一（每种发货方式有一个）。这种对系统的补充将增加资金成本——需要购买和安装额外的分拣站组件，但整体效率的提高将超过启动成本增加的开销。系统级分析估计在 100% 的生产水平下，附加功能的投资回收期约为 4 个月。因此团队决定采用此设计修订版本。 69~71

8）彻底测试成品。在对模拟系统进行大量测试后，你将建立生产线的实际零件，并在工厂车间将它们连接在一起。在分析并修改了之前建立的系统后，你有信心处理这个项目的高成本部分。在开展公司业务之前，下一步是使用模拟订单队列进行全面测试。接下来将对实际订单进行限制试验，然后逐步实现全面生产。即使在最后这个阶段的实施，你也应该随时准备好发现以前隐藏的问题，并准备回到设计周期进行修改和进一步的测试。

2.6.3 自动移液器

在本例中，我们研究一个来自生物医学、机械以及电气工程领域等多学科的设计问题。我们讨论的重点将集中于在图 2-7 中设计周期的“选择设计策略”步骤中工程师所面临的各种设计选择。

在典型的生物医学工程实验室中，会发现不同版本的分度移液器。这种基本的工具可以提供从微升到数百毫升不等的精确校准的液体体积。通常将这些校准的液体剂量分配到图 2-28 所示的标准 96 孔板中。

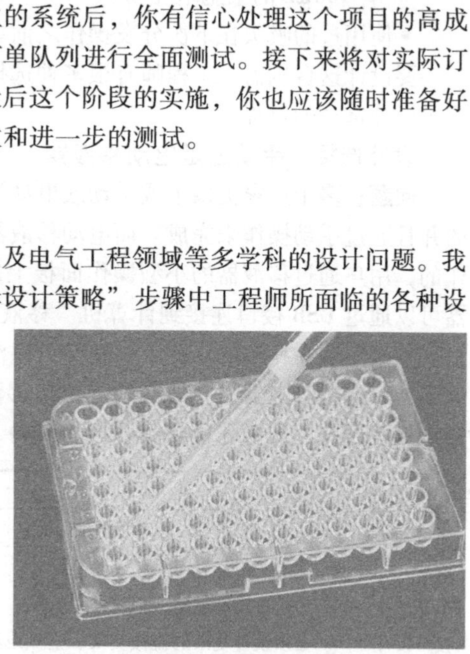

为了使用移液器，用户将刻度设置为所需分配的体积，然后取出一次性吸头，如图 2-29 所示。将吸头浸入待分配的液体中，用户按下按钮，然后撤回让柱塞活动的拇指，释放按钮，将指定体积的液体吸入移液管的吸头中。然后可以通过再次按压柱

图 2-28 标准 96 孔板。每个小孔的容积大约是 100 微升（图片由 Adam Fraise/Shutterstock 提供）

塞，使液体从吸头排出，分配到目标孔板的任何小孔中。可以通过按动推出器随时更换一次性吸头(例如，避免细胞之间的污染)。

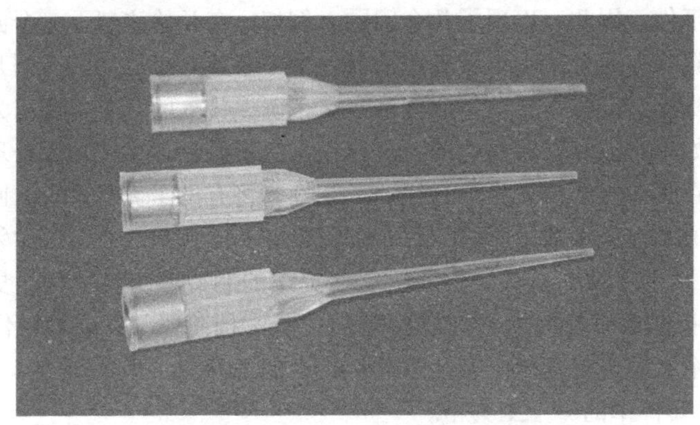

图 2-29 一次性移液管吸头的示例

该问题涉及一个评估不同化合物对活细胞培养影响的实验。化合物和目标培养物均存在于96孔微孔板的小孔中。由于需要测试数千种化学物质，所以成千上万的化学品必须进行测试，已要求公司建造一台机器人装置来自动执行测试。

下面列出了系统的需求：

- 可适用于标准96孔微孔板(12排，每排8孔，孔间间隔9mm)。
- 从储液器中取出10μL的溶剂。
- 将溶剂分配到带有不同目标化合物的96个孔中，然后混合。
- 取出3μL的化学试剂，然后向96孔板中3个相邻的小孔中分别分发1μL。每个孔都带有100μL的细胞培养物。
- 使用过的吸头在下次分发操作之前要弹射到垃圾桶内。

要设计这台机器，工程师有很多种选择，在设计过程中必须逐步确定下来。下面的讨论说明了设计选择的过程。

设计选择：手动还是电动移液器

问题：多个厂家提供了或手动或电动形式的移液器。手动移液器的所有操作都是完全机械的并且通过手动操作来完成。而电动移液器的移液管分配注射器是由内部电动机和控制系统操作的，用户通过移液器的小型操作面板上的按钮和显示屏进行操作(见下表)。一些电动移液器可以通过USB接口连接到计算机。移液器必须是可移动的，但必须固定在安全牢固的支架上。支架安装在托架的小孔上，托架可以沿着轴移动，一个轴还是两个轴取决于选择的是多通道还是单通道移液器。托架必须定位使移液器的吸头(或多个吸头)对准微孔板的孔的中心位置。从孔到孔、从微孔板到微孔板的移动，都需要长距离直线运动。

移液器比较

	手动移液器	电子移液器
成本	低廉	非常昂贵
可靠性	简单；没有电路或电机发生故障	复杂的电子元件和内部电机必须一致工作
接口设计	必须设计复杂的机械支架、空气或液压活塞，以及用于在自动化机器人系统中操作的驱动器	可以使用标准的USB连接器通过一根数据线与计算机连接
准确性	足够使用	比手动更好

在使用任何微孔板小孔之前，移液器必须装好来自吸头托架的一次性吸头。托架中吸头之间的间距与微孔板上的孔间间距相同。安装吸头时，吸头需要牢固地固定在移液器上，所以在安装吸头时必须施加额外的力，使得在吸头和注射器之间实现良好的密封。

一旦移液管已经定位在给定微孔板小孔的上方，它必须降低高度使其吸头可以与小孔内的液体接触。这个动作需要短距离直线运动。当移液程序完成时，设备必须推动移液器上的吸头弹出器。这个动作需要非常短(1cm)的直线运动，但所需的力可能很大，这取决于之前安装吸头的强度。

设计选择：单通道移液器还是多通道移液器

问题：所有移液器，无论是手动的还是电动的，都有单个吸头的版本，或者是具有4个、8个或12个平行吸头的多注射器版，所有吸头都连接到同一个分配器上。无论是吸取液体还是分配液体，所有体积必须设置为相同的值，并且所有注射器同时操作。图2-30显示了一个人在使用多注射器移液管。

通道数比较

	单通道	多通道
机械复杂性	需要两个轴(X-Y)运动到达微板的所有单元	只需要一个运动方向(x轴)即可到达所有单元。如果选择8或12通道移液器，可以同时给整个微孔板行配料
总体速度	慢	更快，可以同时分配一行上所有的微孔单元
成本	最便宜	成本随着通道数量的增加而增加
尖端提取	简单；仅需要在单个点处施加压力	难；需要在整个尖端上均匀地施加压力。
准确度	与多通道相同	与单通道相同
滴管选择	可行；需要仅一个尖端与一个滴管接触	难；需要4~12个尖端同时与其相应的滴管精确对准

图2-30　实验者正在使用多通道移液器(图片由Anyaivanova/Shutterstock提供)

设计选择：铝、普通钢还是不锈钢框架

问题：该机器将是一个独一无二的、量身定制的系统。用于构造主支撑框架的材料必须考虑随着设计变化随时调整强度、成本和耐久性。如果市场拓展到大规模生产，原型选择的材料可能不同于在成品中使用的材料。

材料比较			
	铝	普通钢	不锈钢
易于制作和修改	容易加工	很难加工	最难加工
生物相容性	可与一些化学品相互作用；易氧化	易生锈；可与一些化学品相互作用	更耐腐蚀
重量	最轻的可用金属	最重的可行金属	相对较重
成本	最便宜	相对便宜	最贵的可用金属
强度	最弱	强	最强

设计选择：驱动方法

部件的驱动可以是电动、气动或液压。通过标准墙壁插头可以随时随地获得电力。然而，电衍生的力量通常弱于单位体积的压缩空气装置。压缩空气的来源不如电力那么普遍存在，但它通常可以在大多数设备完善的科学实验室中找到。独立的压缩机也可以用于提供压缩空气，但这种替代方法通常很昂贵且噪音很大。所有驱动器中最强的是由液压油操作的驱动器。这种类型的装置通常存在于重型机械领域中，然而，可能不是很好地匹配移液管机器人的设计需求。

旋转运动与直线运动

72～76 电动机的固有任务是提供旋转运动。供应商提供了多种类型和多种尺寸的商用、现成(COTS)的电动机，包括步进电动机、伺服电动机和同步电动机。

从电动机获得直线运动需要使用螺旋齿轮装置等运动转换器。可以发现有少量电动机可以直接获得直线运动，但这些往往是大型专用装置。使用简单、便宜的活塞装置可以很容易地通过压缩空气或液压油获得直线运动。

通过压缩空气获得旋转运动需要昂贵且大噪声的空气涡轮机。另一方面，简单的空气活塞更加小巧、便宜，并且易于定位。图2-31展示了这些常见类型的电动机和驱动器。移液器机器人中的各种功能可以使用一种、多种或者全部这些类型的装置。

图2-31　各种不同类型的驱动器

设计选择：相对位置与绝对位置感知

不管选择单轴还是双轴运动，移液器的位置必须控制在大约0.5mm(吸头孔口直径的近似值)的误差。许多机器人系统利用相对定位系统，其中所有位置由从已知的原始位置(例如，x-y坐标为(0，0))行进的距离来确定。位置增量由图2-32所示的旋转编码器等设备测量。例如，这些装置都针对每2.5°的轴旋转来产生一个电子脉冲。设计者可以通过适当的齿轮比来设置角度增量与距离增量之间的关系。

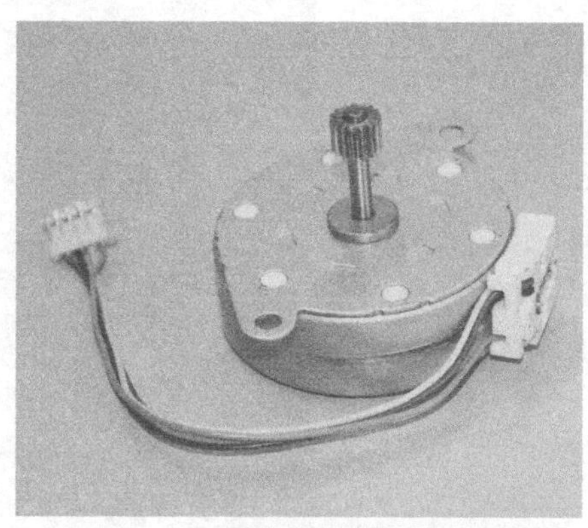

图2-32　旋转编码器的示例

也有一些机器人系统使用绝对定位系统，其中位置是由移动部件与一个固定的传感器的距离来确定。使用这种方法，每个要求停止的位置上都需要一个传感器。

位置感知比较

	相对	绝对
成本	只需一个运动编码器	需要许多位置传感器
设计灵活性	在软件中关键的停止位置很容易改变	改变停止位置需要可移动的传感器，因此更多的机械复杂性
解码	完全是一个软件解决方案	需要使用每个传感器一个输入的数据收集硬件
可靠性	一齿轮打滑会破坏位置跟踪系统	系统中的滑动是无关紧要的。位置传感器是固定的

结果：上述问题是一个初创公司面临的真实问题。自动移液器系统的设计工作在大约一年的时间内进行。它围绕设计循环进行了大量的迭代。基于单通道移液器和全电气驱动的第1版设计不得不在接近完成的阶段被放弃，原因有两个：首先，在小孔和微孔板之间移动移液器的 x-y 运动导致系统每次实验运行需要4小时。该持续时间超过微孔板中活细胞的存活时间。其次，在下行方向的移液器的电气驱动被证明不足以在分配操作之间可靠地安装吸头。最终采用了12通道、单运动轴的设计。设计的最后一次迭代如图2-33所示。它使用具有低螺距驱动螺丝的步进电动机在孔板之间移动移液器，使用双向气动活塞以垂直移动移液器，使用一个短行程空气活塞推动吸头弹出按钮。电动移液器连接到笔记本电脑，笔记本电脑通过MATLAB程序和数字接口板控制所有的功能。

2.6.4 帆船自动驾驶仪

Homer S. 决定开始横跨大西洋的单独航行。他计划从他的家乡Springfed小镇出发，航行到法国的布雷斯特(Brest)。为此，他建造了自己的木制帆船，并配有防水睡眠区。在他准备旅行时，他意识到航行需要很多天，因此他需要做一些安排使得他睡觉时船也可以航行。在他睡觉时，简单地让船漂浮是不合适的。

由于他不是非常擅长机械，所以他让他的工程师伙伴，也就是你，召集一个团队为船设计一个自动驾驶仪。这个问题存在多种商业解决方案，但Homer的预算有限。你欣然接受，并希望这个故事有一天会在记录Homer旅程的电视剧或主题动画电影中出现。让我们再次按照图2-7中的设计周期来分析这个问题。

图 2-33　移液器机器人设计的最终迭代

下面的分析强调了一些你可能在解决 Homer 航行需求问题时可能做出的选择。

信息收集

你很快就证实了这一点：帆船是靠作用在帆上的风力推动的。当帆被正确地设置时，其横截面轮廓类似于指向天空的飞机机翼。只是在这种情况下，“升力”是水平作用的。升力的一小部分指向船头方向并推动船向前移动。剩余的升力与船龙骨的流体动力和重力平衡。作用在移动帆船上的力的完全平衡是复杂的，但其运作的效果很好。图 2-34 描述了作用在帆船上的各种力的矢量图。

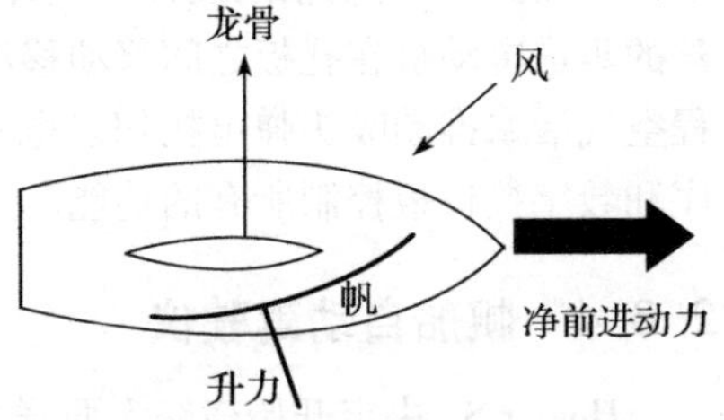

图 2-34　作用在帆船上的力的矢量图。合力方向向前

你了解到帆船不能直接顶风航行。其向前运动被限制在以风向为中心的约 90° 的弧的外部区域，如图 2-35 所示。如果水手试图在这条弧内驾驶帆船，那么帆不能被风鼓起，力之间的微妙平衡就被扰乱，船不能前行。90° 弧有时称为“无法航行”区。当帆船航向尽可能靠近风向时，其航行位置称为“近风航行”。与风同方向航行的船是所谓的“自由航行”或“顺风航行”。一艘帆船近风航行时比一个自由航行的帆船的速度更快，听起来似乎有悖常理，这是因为净相对风速由于船的向前运动而有所增强。当船顺风航行时，相反的情况发生：船速渐增会感觉风速减弱。

帆船的航向由其方向舵决定，方向舵在船后部的水中。将舵向右或向左转动会使船尾向相同方向摆动，从而改变航行方向。方向舵由称为“舵柄”的长转向杆控制；或者如果船很大，则由一个机械连接的类似于汽车中的方向盘控制。Homer 选择了更简单的舵柄的方法控制其自制帆船转向。

选择设计策略

保持帆船沿着航线持续航行有 3 种可能的方法。一种是测量当前的风向，然后保持它与期望的航行方向之间的角度。简单的风向标是实现该方案的理想选择。只要所选择的方向不延伸到无法航行区，船就会向前航行。该方法的优点在于，转向系统将总是寻找船实际可以移动的方向，因为进入无法航行区域的航向将永远不会被选择。其主要缺点是风向可能随着船的行进发生改变。如果船的航行方向以风向为导向，则当风向变化时，船将偏离航线。

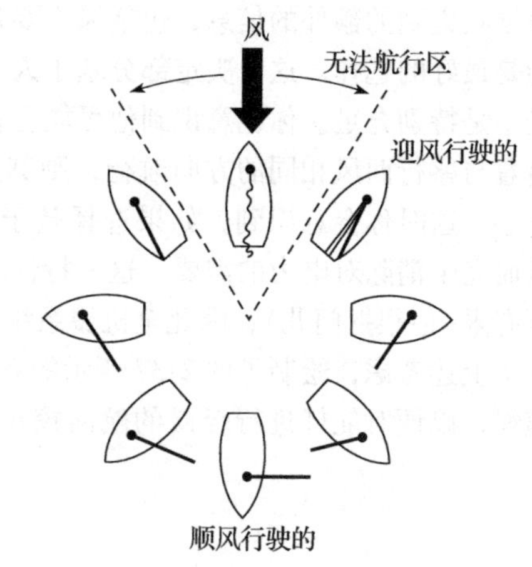

图 2-35　基本航向图。在“无法航行”区内，帆不能被风鼓起

另一种可能的方法是确定船相对于地球磁场的方向。为此，必须使用类似于许多手机中都存在的电子罗盘。该方法的主要优点是船将始终指向期望的航向。然而，自动驾驶仪可能将船指向无法航行区，在这种情况下，船将不会移动。

使用罗盘可以产生非常精确的转向系统，但罗盘需要电力。帆船上的电力通常来自太阳能电池，或者来自安装在船尾的小型风车。在任意一种情况下，电力的可用性都是不可预知的，只有当水手努力从阳光或风中收集能量时，电力的可用性才能得到保证。

第三种可能的方法是使用 GPS 来确定船的航线。这种方法除了在自动驾驶时可以保留船实际航行路线的记录外，具有与使用罗盘方法相同的优缺点。商用 GPS 跟踪系统能够很容易地集成到转向系统中。 77~80

收集更多的信息

此时，你意识到在不了解 Homer 计划航线的风的性质的情况下，要在风、罗盘和 GPS 方法之间做出选择是不可能的。船沿途遇到的风向可能取决于其出发和到达的港口，也可能取决于计划航行的季节(鉴于 Springfed 位于美国印第安纳州的某个地方，你强烈建议 Homer 选择一个更方便的登船点。你建议选择位于纽约州长岛的一个孤立半岛上的蒙托克角(Montauk Point)。从该州立公园出发可以允许任何能够忍受长途车程的好奇观众为他送行)。

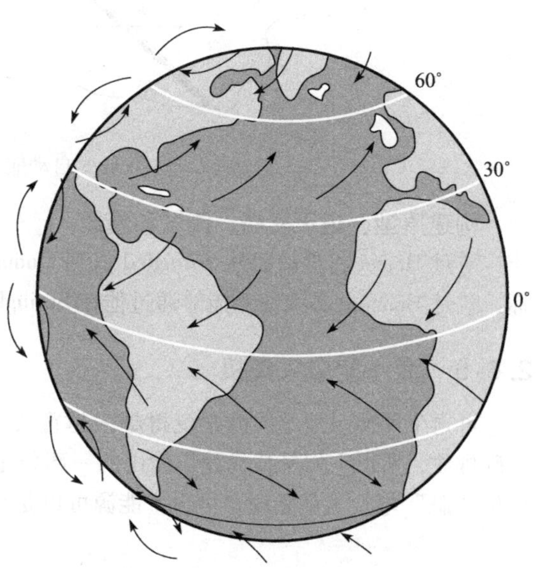

图 2-36　全球风向矢量图

你的研究使得你需要访问美国国家海洋和大气管理局(NOAA)维护的国家海洋数据中心以获取信息。从图 2-36 中的全球地图总结的数据汇编显示，从 10 月到 12 月，从蒙

托克到布雷斯特的盛行风应该是西风(由西向东)且稳定。因此，Homer的船不太可能处理在近风航行位置上固有的无法航行区的问题。

对设计进行第一次尝试

根据收集到的额外的信息，包括风主要是西风且稳定的事实，你确定与风向相关的定向系统可能是最好的选择。这一决定部分基于人为因素。Homer坚持要在寒冷的秋天进行旅行，此时阳光不是特别充足。你也意识到他可能会在有阳光时忘记给船上的电池充电。此外，如果船一直沿着与盛行西风相同的方向航行，则其感觉到的相对风速(实际风速和船速之间的差异)可能很小。这时你会意识到，如果选择基于风向的系统，则可以构建一个完全机械的转向系统，从而完全消除对电力的需要。这一特性与需要恒定电力的罗盘定向系统并不相符。Homer的预算有限(他很抠门儿)，因此全机械系统的低成本也是一个额外的优势。

基于上述考虑，绘制了图2-37所示的系统草图㊀。位于船后部的杆上的风向标通过滑轮组移动缆绳，以便对舵杆进行轻微的航向校正调整，从而保持船以相对于风的选定角度的方向航行。

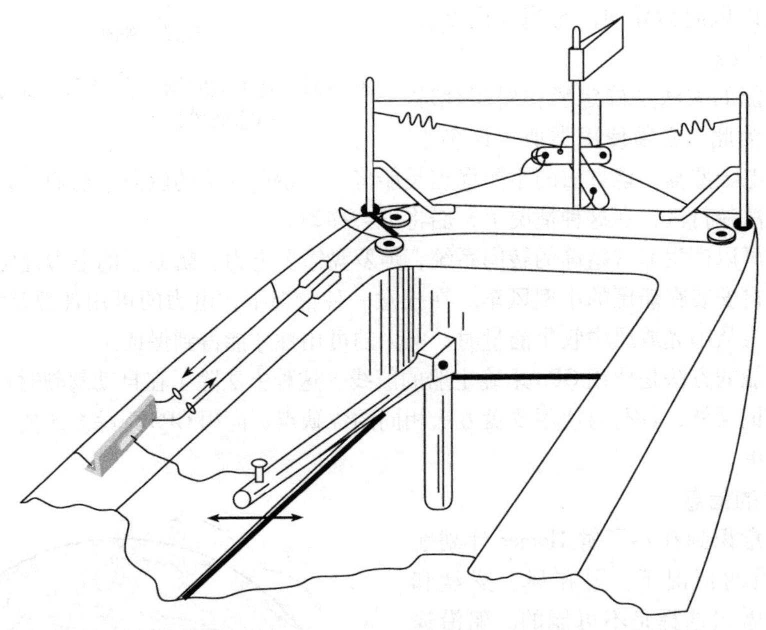

图2-37 Homer自动航行需求的可能解决方案

构建原型、记录文档、测试和修改

一旦Homer将他的船从Springfed拖到Montauk，就开始进行测试。还有一项重要的测试指标，就是Hommer必须让船能够通过他在Springfed的车库门，而这个车库门比船还小。

2.6.5 海洋能量采集机

可再生能源对地球的健康变得越来越重要。因为这些来源(例如，风、海洋和太阳)产生零碳排放，所以它们是替代我们使用的一部分化石燃料的绝佳候选者。然而，可再生能源通常产生“脏”电。也就是说，可再生能源可以是干净的，但是与传统蒸汽或水轮发电机的电力

㊀ 该图衍生自美国专利4366767。

不同，大多数可再生能源不能以正弦、60Hz㊀且振幅恒定的电压供电。当然，60Hz 的电力是连接到国家电网所必需的。电网是一个术语，指的是全国所有发电厂和发电机的互相连接，形成一个可靠的电力来源。称为“智能电网”的新兴电网形式能够将“脏电”的来源转换成60Hz、电压恒定的“干净”电力，从而使来源和负载的利用效率最大化。

（图片由 Angelo Cordero/NOAA 提供）

几乎每一种绿色能源的来源都伴随着这样一个声明，如“如果 XX 能量只有 $n\%$ 的可用能源可以被采集，则世界上所有的能源消耗需求都可以得到满足。”“对于太阳能来说，n 约为 4%。对于海洋能量，n 约为 2%。海洋能源可以来自潮汐、波浪、水流或热梯度。海洋能量采集机可以采用多种形式，因此设计一个海洋能量采集机需要作出大量的设计选择。

想象你是负责设计捕获波浪能量的海洋采集机原型工程团队的一员。团队已经将采集机的设计构想缩小为 3 种可能的选择之一。现在要求你准备一张表，对比每一种选择的优缺点。

构想#1：系缆浮标系统

这个想法提出使用系有浮球浮标的水下发电机或“功率调节器”来产生电力，如图 2-38 所示。球上系有长缆绳，长缆绳一直延伸到功率调节器的鼓轮(drum)。球随着波浪上下移动，周期性地拉动和释放缆绳，其中周期大约为 5 ~ 10s，具体取决于周围的波浪。

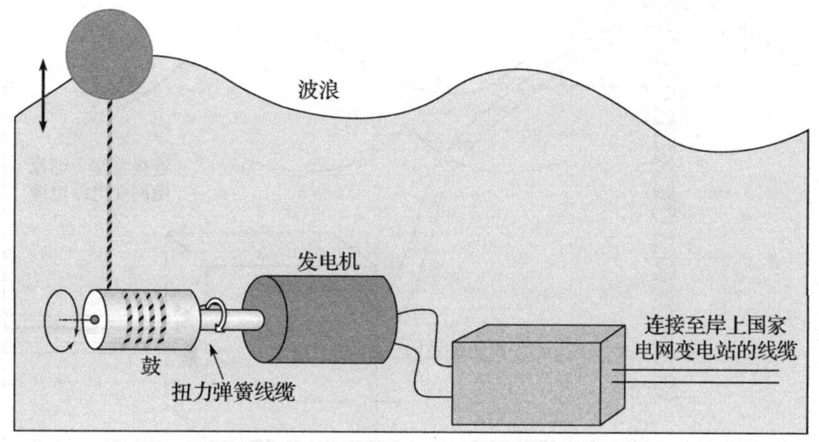

图 2-38　基于系缆浮标的海洋能量采集机

㊀ 北美和南美以外是 50Hz。

在海床上，功率调节器由通过轴连接到旋转鼓轮的发电机组成。旋转鼓轮还连接到扭力弹簧上，该扭力弹簧用于使鼓轮返回到其“静止”位置。缆绳缠绕在鼓轮上。当浮球随波浪升起时，缆绳在鼓轮上施加扭转力，同时也向弹簧中存储能量。旋转鼓轮转动发电机，并发电。当波浪退去时，浮球下降，扭力弹簧通过迫使鼓轮向另一个方向转动而释放其存储的能量。在弹簧力的作用下，随着缆绳被重新绕回在鼓轮上，这种反冲运动也产生电力。因此，在鼓轮旋转的两个阶段期间，发电机都会发电，并通过电缆将电力输送到岸上。

构想#2：漂浮发电机

这个想法描述的是一种漂浮在海面上的“线性”（相对于旋转）发电机。发电机包括一个大型浮标，类似于用于导航辅助设备(见图 2-39)的大型浮标。发电机被称为是线性的，是因为它的磁体在感应线圈内上下移动，而不是旋转。线圈固定在浮标外壳上。

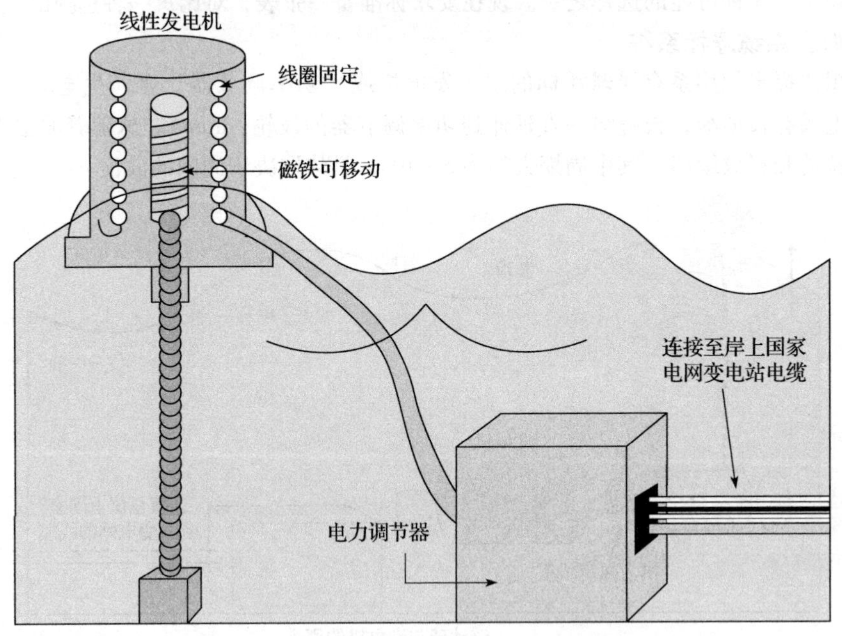

图 2-39　基于漂浮发电机的海洋能量采集机

磁体在线圈内的上下运动产生电力，经电缆输送到岸上。磁体底部用固定的缆绳系到海底，使得其相对于波峰基本上是静止的。另一方面，浮标随波浪上下运动。这种线圈与磁铁之间的相对运动，需要海洋的力量才能产生，并通过线圈产生电力。

这种类型的发电机本质上是称为*磁流体*(MHD)发电机的机械版本。在磁流体发电机中，强制导电流体流过强磁场，产生横向电流，并将电流供给侧壁电极。事实上，一些版本的漂浮发电机依据 MHD 原理工作，其中海水是导电流体。

构想#3：流体泵

在该版本的能量采集机中，再次使用浮球浮标来利用波浪的上下运动(见图 2-40)。然而，在这种情况下，浮球通过缆绳的方式上下移动活塞。活塞位于海底的容器内。活塞在其向下冲程中用泵输送流体(在图中朝向右侧)，并在其向上冲程中使流体重新充满活塞室。流体在封闭系统内是独立的。单向止回阀确保流体只能朝一个方向流动(在图中为顺时针方向)。移动的流体变成一个可以发电的小型涡轮发电机，并将产生的电力通过电缆输送回岸上。

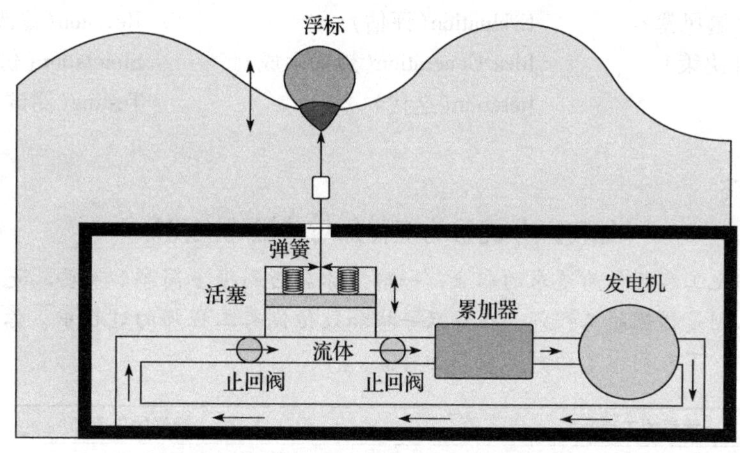

图 2-40　基于流体泵的海洋能量采集机

如上所述，3 种设计选择具有明显的差异。一种使用线性发电机，另一种使用流体运动发电。一种在两个阶段的运动中都提供电能，而其他的只能在一个阶段的运动中提供电能。为了帮助团队了解各种构想，你决定通过对比图表来解决下列问题： 81~85

- 所选系统的整体耐用性如何？
- 如果有的话，系统中可能会危及耐用性的薄弱环节是什么？
- 系统在大风暴(如台风或飓风)中幸存的概率是多少？
- 系统能在波浪的向上和向下运动中都产生电力，还是仅能在波浪向上运动时产生电力？与后者相比，前者所采集的总能量为后者的两倍。

海洋能量收集器比较图表			
特点	**构想#1 系统浮标**	**构想#2 漂浮发电机**	**构想#3 流体泵**
耐用性	• 旋转滚筒受海洋污垢和腐蚀的影响	• 海洋生物(例如藤壶)可在磁铁和线圈之间生长	• 流体不受机械磨损。涡轮机密封海水，因此零件不会腐蚀
薄弱环节	• 线缆断裂意味着发电机损坏	• 磁体对线圈壁的摩擦会导致磨损	• 难以实施和安装。要求最复杂
恶劣天气中的生存能力	• 非常高。只有球在水面上；其余部分都在风暴和浪涌之下	• 中等。暴风雨中的严重抛掷将使磁铁撞击线圈侧壁 • 在暴风雨中，磁铁线圈和浮动壳之间会产生很大的侧扭矩，可能会对系统造成损害	• 非常可能。只有球在水面上；其余部分都在风暴和浪涌之下 • 在暴风雨期间仍可以产生电力
单/双冲程	• 双(由于扭力弹簧)	• 双	• 单
优点	• 不会太贵	• 单位体积的功率密度更高	• 移动部件少

总结

在本章中，我们已经在一个非常基本的层面概述了设计过程的基本要素。作为一项工程性工作，设计不同于分析和复制，因为它涉及得到解决方案的多个路径，包括**决策**、评估、修改、测试和重新测试。设计周期是解决工程问题的重要组成部分，其他部分包括知识、经验和直觉。文档撰写对于产品的成功至关重要，应成为设计周期的重要组成部分。设计周期的指导
86 原则是测试、修改和重新测试。

关键术语

Analysis(分析)
Brainstorming(头脑风暴)
Decision making(决策)
Design(设计)
Design cycle(设计周期)
Evaluation(评估)
Idea Generation(想法生成)
Iteration(迭代)
Replication(复制)
Revision(修改)
Simulation(仿真)
Testing(测试)

职业成功之路

如何区分优秀的工程师与糟糕的工程师

如果你想把工程师作为追求的职业，一路上你会遇到很多同事。有些人是优秀的工程师，而有些人则是糟糕的工程师。在你只寻找和效仿优秀工程师的过程中，你应该了解两者之间的差异。下表列出了两种工程师的特点。

优秀的工程师	糟糕的工程师
• 以开放的心态听取新的想法	• 很少听别人的想法
• 在选择设计方法之前，考虑各种解决方案	• 只追求最新的设计方法
• 仅在测试，修改和重新测试后才考虑完结项目	• 一旦出现成功的迹象就认为大功告成；不进行彻底的测试就提交产品
• 绝对不能通过反复试验来得到一组设计参数	• 认为纯粹的试错法就是工程设计
• 使用“我需要理解为什么”和“让我们考虑几种可能性”这样的短语	• 使用诸如“足够好”和“我不明白为什么它不起作用，反正就是这样了”的短语

问题

以下问题可用于练习解决问题的技能和想法生成。其中一些涉及理论设计，而其他的则适合实际制造和测试。

1. 提出一种机械设备的设计构想，允许基于 GPS 系统的汽车可以不必亲自用手驾驶。概述其基本形式、主要特点、提出的构建方法和原型方案。考虑尺寸、重量、形状、安全因素和易用性。
2. 提出一种设备构想，允许可以不用手就能操作手机而无须添加附件，如耳机、麦克风或蓝
87 牙耳机。设计应完全基于机械解决方案。
3. 设计一种设备，可以用于在慢跑时记录突然想到的设计想法。你的发明应该能让跑步者在保持步态稳定的同时也可以记录笔记。
4. 设计一种将手机固定在自行车上的装置。它应该普遍适用于各种自行车。将解决安全和责任问题也作为设计的一部分。

5. 为非致命性捕鼠器提出至少 3 种设计构想。装置应该与普通的弹簧别棍式捕鼠器具有成本上的竞争力。
6. 设计一种动力装置，可以用于安装栅栏柱时在地上打孔。绘制原型并概述测试计划。
7. 设计一种仅从内部就可以清洁窗户内外表面的设备。将预计成本与简单的手持刮板式擦窗器的成本进行比较。
8. 设计一个系统，当主人不在家时能够自动喂养宠物和鱼。
9. 提出一种防溅蜡烛的设计构想，某些消防部门要求将这种物品用于餐厅、宴会厅等场合。当被撞倒时，它能够恢复平稳，同时不会洒出任何蜡油或者熄灭火焰。
10. 提出一个警告系统的设计构想，用于监控食品储藏冷库的内部温度，并通过手机提醒所有者。
11. 设计一个将砖块输送到房顶以便修理烟囱的装置。（另一种方法是通过梯子用手把它们运上去。）
12. 设计至少 3 种方法来测量高层建筑的高度。
13. 设计一个系统，使一个自动的无人看守的割草机在院子里割草。
14. 设计一个系统，最大限度地减少在主要城市的道路上东西行驶的车辆遇到的红灯数量。该系统不应过分阻碍南北交叉道路上的车流量。
15. 设计一种用于管理单轨系统上的双向铁路交通流量的方法。每隔一定的间隔，轨道上可以有平行的支路轨道。轨道的这些平行部分允许一列火车等待相反方向的另一列火车通过。但是请注意，每个平行部分都会增加系统的成本。
16. 提出一个共享交通系统的构想，其中每个旅行者可以按需把私家车从任何一个车站开到其他车站。
17. 设计一个交通系统，利用该系统在大城市周围的重要位置放置免费使用的自行车。
18. 设计一个交通运输系统，该系统在大城市周围的重要位置设置付费使用的电动汽车，且系统必须包括为车辆充电的方法。
19. 为公园和娱乐场所的工作人员设计一个系统，当垃圾桶需要清空时提醒他们。这样的系统将消除因寻找已满垃圾桶而带来的不必要的行程。
20. 为系统提出一个设计构想，以测量每小时通过机场安检区域的人数。数据将用于帮助提高系统效率。 88
21. 设计一个系统，帮助宽体客机上的乘务员为乘客服务，而不会让餐饮车阻挡过道。
22. 设计一个系统，当蛋糕烤完时自动关闭电烤箱。该系统必须包含用于评估蛋糕状态的方法。
23. 设计一个系统，帮助人们找到放错位置的眼镜。
24. 提出一个帮助人们寻找钥匙的构想。
25. 设计一个电灯开关，如果房间空置，则将灯关闭，但不能早于用户设定的某个时间间隔。
26. 设计一个装置，能够帮助四肢瘫痪的人更改电视频道。
27. 设计一个系统，当有人接近房屋后门时打开家庭安全灯。该系统应该有一种方法来区分人类和流浪动物，以避免不必要的错误。
28. 设计一个系统，当水煮沸时关闭燃烧器。这样的系统对于煮饭或者准备煮熟鸡蛋是有价值的。
29. 设计一种方法或构思，用于分发已经剪好的长度很短的透明胶带。
30. 设计一个系统，当室内植物需要水分时能够自动浇水。

31. 设计一个系统，根据每种植物所在地的土壤水分含量，有选择地对花园进行灌溉。
32. 设计一个太阳能灌溉系统，将水从附近的池塘引到后院的菜园。
33. 提出一个系统的设计构想，该系统能够自动地从苹果园的树上采摘苹果。
34. 设计一个太阳能动力系统，它可以向城市公园的池塘里充气，以使藻类的生长不会超过其他野生生物。
35. 设计一种可以允许单臂人员使用牙线的装置。
36. 设计一个系统，防止电池充电器的用户以错误的方式插入电池。该电池充电器可同时为4节AAA电池充电，但每个电池的正极(+)必须以正确的方向插入。
37. 设计一种计量足球比赛观众数量的方法。体育场最多可容纳40 000个球迷，拥有8个入口。
38. 设计一个能使老年护理设施的厨房工作人员在废物流中检测假牙的系统。老年人家庭的一个最大问题就是假牙的误放，而有些假牙不可避免地会与餐厅的杂物一起丢弃。
39. 设计一个能自动控制热气球沿预期的罗盘方向行进的系统。
40. 为房屋设计一个防风雨的邮件投递口，它能够防止冷空气进入，但允许邮递员从外面插入邮件。

89 41. 设计一个系统，用于按用户指定罗盘方向的航线自动驾驶由舵柄控制的帆船。大多数小帆船都有一个舵柄(转向杆)以代替方向盘。该设计被用于一个没有船载电力的简单船只。
42. 设计一个系统，无须现场音响技术人员就能够自动将一组音乐家的声道混合到适当的音量。
43. 设计一个手动操作的厨房设备，能够将铝和不锈钢罐压扁以便回收利用。这样的设备适用于要进行回收但存储空间有限的家庭。
44. 设计一个由机器人自动喷涂车身的系统。必须包括用于为每个喷涂任务训练机器人的方法。
45. 提出一种设备的设计构想，当下雨时，设备将自动关闭天窗。当降雨量较少时，天窗应部分关闭，但在中等到大雨时应完全关闭天窗。
46. 设计一种能够使望远镜不受地球自转影响，一直指向遥远恒星的装置。
47. 设计一个系统，当地球自转时，能使太阳能电池板一直保持正对太阳。
48. 设计一个在飞行中能够将人从一架飞机转移到另一架飞机的系统。
49. 参加学生设计竞赛的机器人必须使用特定电压的电池。随着时间的推移，电池电量耗尽，必须由参赛者更换电池。对电池的定期手动检查必须由志愿者完成。然而，这浪费了宝贵的时间。设计一个标准化的模块，评委可以连接到每个机器人以连续显示电池的健康状况。如果电压足够，应出现绿灯。如果电压勉强可接受或电压不足，则应分别出现黄灯或红灯。
50. 设计一个可以检测城市街道上坑洼的系统，并将它们的位置报告给道路维修人员。
51. 设计一个在显示屏上投影比赛结果的系统，以便观看网球比赛的观众可以随时跟踪谁与谁对打，并监视每场比赛的结果。假设有20个参赛者，其中参赛者之间有6组比赛。
52. 设计一个检测赛马起跑线违规的系统。
53. 设计一个在游泳比赛中确定每场比赛冠军的系统。
54. 设计一个协助筹款徒步活动进行注册的软件系统。注册信息包括参与者的姓名、地址和年龄。注册者必须支付少量费用，签署照片许可和责任豁免书，接收活动T恤，并分配一个参赛者号码。多个志愿者将在活动中同时工作，尽快让参与者完成注册，以便活动可以准时开始，但多个人需要一个共同的存储数据库。

55. 设计一个满足两项要求的开罐器：(a)不允许金属碎片落入罐中；(b)必须抓住切割盖，以便随后不需要手动处理。
56. 为远程监测站设计一个测量和报告累计降雪量和降雨量的系统。它必须能够区分两种类型的降水。 90
57. 设计一个允许你只用一只手就可以给狗“铲屎”的装置。该装置应该拾起东西，将其放在塑料袋中，并使其在不接触任何东西的情况下密封袋子。
58. 设计一个可以帮助单臂人员系领带的系统。
59. 为单臂人员设计一个雪铲。
60. 提出一个使用遥控机器人修剪高树枝杈的设计构想。
61. 设计一个以安全可靠的方式自动遛狗的机器人。除了设置外，机器人不需要其他任何人工干预。
62. 提出一种可以自我清理的水肺潜水面罩的设计构想。“清理”指的是将水从面罩内部排出的行为而不是表面处理。
63. 开发一个高山速降(downhill)运动员可穿戴的系统，该系统可以向观察教练发送滑雪者的行进速度和滑行方向。
64. 设计一个可以自动从小船中抽水的系统。许多小型休闲船的问题之一是在暴雨之后船中会充满雨水，而雨水需要被抽出。该系统可以使用船载蓄电池，但必须包括在阳光下为电池充电的方法。注意，典型水泵使用的电力会超过小型太阳能电池板可提供的电力。
65. 设计一套可供休闲游泳者使用的无线防水耳机。音乐源可以附在游泳者身上，也可以放置在没有水的位置。
66. 设计一个廉价的设备，当马桶一直持续流水时可以提醒房主。如果普通的家用马桶在冲洗后未能塞好水箱，并且持续流水的话，那么将浪费大量的水。
67. 设计一个可以允许盲人正确使用电动剃须刀修剪连鬓胡须的系统。
68. 设计一种提醒驾驶员汽车正时皮带(timing belt)磨损或即将断裂的方法。
69. 设计一个自动收获马铃薯的系统。
70. 设计一种向农作物上喷洒农药的方法，要求不使用飞机喷雾。目标应该是尽可能减少喷洒到环境中的化学物质的量，而是仅喷洒到植物需要的部位。理想情况下，农药应施用于大多数寄生虫所在的植物叶片的下表面。
71. 设计一种当风大到可能损坏遮阳篷时，关闭遮阳篷的方法。
72. 设计一种方法，当太阳出来时降低遮阳篷，并且当太阳不出现时(例如，在云朵后面)升高遮阳篷。
73. 设计一个系统，用于暴风雨、管道破裂或热水器被腐蚀而造成地下室内水过多时提醒房主。
74. 设计一个系统，用于跟踪和报告(始终)废核燃料棒从发电厂运到长期存储设施过程中的位置。
75. 为便捷式电子设备(如手机和iPad)提出一种备用电源的机械构想。
76. 设计一种通过自行车脚踏板为手机充电的方法。
77. 设计一个系统，当桶内的水达到沸点时提醒餐厅厨师。 91
78. 设计一个系统，当指定洗手间需要肥皂或纸巾时能够提醒保管员工。
79. 设计一个系统，当下雨时自动打开汽车的雨刷。

80. 设计一个系统，当挡风玻璃变脏时，能够自动打开汽车挡风玻璃清洗器。注意，在这种情况下，“脏”的程度是主观因素。

81. 挑战问题：设计一个手持式药物分配器，用于在一天的特定时间分配药丸。该分配器由单个患者携带，并且必须具有足够存放至少1天药物的能力。该分配器在分配药物时应该打开一个隔间，并且发出听觉或视觉信号。该单元必须易于装入药物，并且应易于编程。

82. 挑战问题：为翻滚、俯仰及罗盘航向指示系统提出一种设计构想，它可以安装在飞机模型上并且以无线电方式将信息发送到操作者的控制台。无线电遥控飞机模型的一个常见问题是当飞机飞的太远以至于不能清楚地看到飞机时，会缺少对飞行方向和飞机定位的了解，使得操作者失去正确控制飞机运动的能力。该系统应能在±90°范围内感知飞机的俯仰和翻滚，并且能够承受一个完整的360°翻滚或“翻跟斗”。

83. 挑战问题：为手机应用程序（“App”）设计一个构想以实现一个远程读取假期中房屋信息的系统。假期中房屋内的模块应要求输入密码，然后提供以下信息：内部和外部温度；房屋中是否存在流动的水；是否有任何大的嘈杂声或异常运动存在；以及安装在门窗上的报警开关的状态。讨论这样一个系统的规范说明，并画出其设计和实现的框图。

84. 挑战问题：设计一个系统，用于识别哪个空气开关与大型建筑物中的给定电源插座相关联。最好的系统应不需要操作员在空气开关面板和建筑物上的所有电源插座位置之间来回移动。

85. 挑战问题：设计一个个性化的机场行李处理系统。将行李传送给每个等待的人，或至少传送给行李提取处指定位置等候的一小群人。这样的系统将取代任何靠传送带传送的方法。

86. 挑战问题：设计一个全国性的氢气分配系统，并逐步取代目前国家的加油站网络。未来可能有一批直接以氢为燃料或使用燃料电池的氢动力汽车。如果广泛使用这种车辆，则必须建立一个服务系统来分配燃料。考虑到氢是最轻的元素，也极易爆炸，是最容易意外着火的气体，所以这个任务并不容易。考虑到成本、方便性和安全因素。自上而下设计，从燃
92 料本身的生产开始，一直到为加气站提出的设备结束。

87. 挑战问题：设计一个允许盲人驾驶汽车的系统。现代技术已经将人类的感官能力大大地扩展到了机器可以说、听、摸和看的程度。

88. 挑战问题：设计一个系统，采集潮汐中所包含的能量。你的系统将由小型生产工厂或不连接到任何外部电源的岛屿的所有者使用。

89. 挑战问题：为轨道航天器设计一个系统，在即将与太空流浪物体发生碰撞时提醒宇航员，并设计一种防止碰撞而不改变航天器航向的方法。这一挑战涉及空间碎片处理，这些碎片的数量会随着我们对星球轨道空间的探索而增加。

90. 挑战问题：回收利用废物的一个问题是材料的分类，例如将各种塑料和金属容器放置在路边的可回收垃圾箱中。消费者和房主并不总是能正确地分类，然而仅仅少量错误分类的材料在其熔化成原材料时就可以破坏大量的可循环利用的材料。许多当局政府采用人工劳动力的方法来分类可回收材料。设计一种构想，在回收厂中对金属罐、塑料瓶和塑料容器进行分类。制定建模和系统测试的计划。

91. 挑战问题：激光通信或“laser-com”是一个经调制的激光束将数字数据从一个位置发送到另一个位置的系统。激光通信系统用于无法使用电线连接，WIFI、光纤电缆或辅设成本很高的场所，或者用于不期望被窃听的通信应用中。激光通信系统的主要缺点之一是发送器和接收器移动时难以保持光束对准。设计一个系统，自动将一辆车辆发送的通信光束指向另一辆接收车辆。

92. 挑战问题：设计一个使用通过调制光束通信的双向通信系统。在这个系统中，只有一个固定的地面站能够发射光束。链路中的另一个参与者是一个移动的人，他接收光束并将修改后的版本反射回基站。

93. 挑战问题：设计一个由紧急按钮组成的系统，将这些紧急按钮安装在工厂的几个车间制造站的地面上。如果发生事故或其他紧急情况，按下这些按钮中的任何一个将激活中央控制台的信号并识别激活按钮的位置。系统的语音通信也是一个需要的功能。还要考虑的一个问题是有线还是无线系统更可取。

94. 挑战问题：小学教师需要一个日历教学系统来帮助小学生了解日期、约会和日程安排事
件。基本系统应该是一个可以放置每月纸质日历的大垫。底层垫应该具有触摸传感器，它
可以检测到放置在日历中的每一天上的手指。整个单元应该与平板电脑相连接，平板电脑 93
上运行问答游戏或程序。在平板电脑上出现的典型问题可能包括：“从今天起的两个星期
后你有一个生日聚会要参加，请在日历上指出你应该哪一天去朋友家”或“Sara 的生日是
2 月 11 日，请在日历上指出那一天。”平板电脑应该对正确答案发出适当的应答，可以是
视觉的、听觉的，或两者均可。对于不正确的答案，应发出非恐吓信号。概述系统的关键
功能，并制订开发计划。

95. 挑战问题：某个特定设计比赛的规则，要求将自主的电动赛车置于起跑线之后。在给出出发信号之后，参赛者可以释放他们的车辆。任何在“出发”信号之前驶过起跑线的车辆将输掉比赛。目前，开始命令由裁判口头发出并由秒表计时。这个系统导致裁判之间的巨大差异，因为许多人使用不同的出发信号(例如，“各就各位，预备，跑!”或“一，二，三，跑!”)，任何一位裁判都可能在计时或检查起跑线违规时出现松懈。

    设计一个由起跑线传感器、出发信号和用于跑道每一侧车道的起跑线违规信号组成的系统。裁判应该有一个启动出发命令的按钮，应该清楚地发出模仿“各就各位，预备，跑!”节奏的嘟嘟声，最后的“跑”应该是一个响亮的清晰可辨的音调或蜂鸣声。此外，当“跑”信号鸣响时，绿灯或 LED 应亮起。如果车辆在“跑”信号之前过早地穿过起跑线，则在违规车辆的车道上应当出现红灯，并且应该发出特殊的“违规”信号以提醒裁判。

96. 挑战问题：许多参与飞机模型设计比赛的队伍在轮到它们比赛时会被呼叫到中央跑道，比赛涉及超过 100 个参与者。当一个队伍被呼叫时，它有 3 分钟时间到达跑道。被呼叫的团队常常会耽误，因为他们正在修复或修改他们的飞机。在 3 分钟后没有到达的队伍将输掉那场比赛。在截止时间前 2 分钟和 1 分钟时会发出警告。传统上，播音员通过公共广播系统口头发出警告。然而，音响效果很差，三场比赛同时进行，开始时间不同，只有一些队伍需要整整 3 分钟才能到达。因此，对这条规则的执行变得很松懈。裁判需要你设计一个自动系统，通知一个给定队伍他的 3 分钟已经过去了多少。该系统必须向相关队伍发送适当的信号(口头、听觉或视觉)，并且必须从裁判席上为每个队伍启动计时程序。关键设计问题之一是考虑比赛环境的后勤限制，是无线系统还是中央发光面板更好。由于活动执行严格的预算，最终成本也是一个重要因素。

97. 挑战问题：概述用于田径运动会(跑步活动)的通用软件系统的设计。该系统应该能够让裁
判自动配对赛跑者的比赛，开始时选手配对是随机的，但随后按照他们展示出的能力进行
分组(最好的跑步者对最好的跑步者；最差的跑步者对最差的跑步者)。该程序应该在每轮 94
比赛之前显示比赛配对集合，并且允许裁判在获胜者已经确定之后输入每场比赛的结果。
假设参赛者多达 140 位，参赛者之间有 6 组比赛。

98. 挑战问题：设计一个半自动化或全自动化的系统，实现在线食品购物订单。许多超市都提

供在线订购和发货。通常，这些订单需要手动收集并放入交货箱。你的系统需要实现此过程的自动化。输出应该是一组待发运的箱子。

99. 挑战问题：设计一个基于小型无人机和GPS导航设备的自动包裹投递系统。

100. 挑战问题：设计一个先进的、节水型抽水马桶冲水装置，它能够精确地确定必须分配多少水就可以恰好冲掉内容物。

101. 挑战问题：为通过送货卡车分配家庭供暖用油设计一个“及时送达”的系统。石油输送公司的当前系统依赖于“加热度日数”和客户消费历史的统计数据来预测分配。系统应比在每个家庭油箱中安装能够与中央办公室通信的传感器效果更好。

102. 挑战问题：设计一个系统，通过测量车辆轮胎压力来提高汽车轮胎寿命，按需自动为轮胎充气或放气。注意，推荐的轮胎压力取决于轮胎的尺寸和车辆的装载重量。

103. 挑战问题：设计一个时钟系统，它可以帮助小学生学习数字时钟显示的时间与模拟时钟显示的时间之间的关系。该系统应该有一个控制台，控制台中包含大型模拟时钟面板以及带有大数字的数字时钟显示。在操作中，教师应设置任意一个时钟，然后让学生将另一个时钟设置为相同的时间。如果学生正确地设置了时间，该系统应该适当地向学生发送信号。该系统应该能为正确及不正确的尝试发送适当的信号。

104. 挑战问题：为计算机界面的电子显示板提出一个设计构想，它可以放置在办公大楼的大厅中以显示当天的消息、宣布即将举行的研讨会以及指出特殊事件的位置。该问题的目的是使用可寻址的发光二极管(LED)矩阵而非视频显示器。系统应该从远程站点或管理员的手机接收消息。一种方法是设计显示板系统，使其能够独立地连接到无线计算机网络。或者，可以构建一个单独的远程设备，将它连接到笔记本电脑或平板电脑，然后连接到显示板加载数据。这些例子只是建议。一般来说，可以将数据传送到显示板上的任何方法都是可以接受的，但附加电子设备不能成为最终用来显示的专用零件。

105. 挑战问题：思考2.6.5节中的海洋能量采集机。你是否能设计出至少一种不同于系缆浮标、漂浮浮标和流体泵系统的收集波浪能量的方法？

106. 挑战问题：思考2.6.5节中的海洋能量采集机。设计至少3种以潮汐而非波浪的方式来收集海洋能量的替代方法。

95~96 107. 挑战问题：思考2.6.5节中的海洋能量采集机。扩展表2-2中的条目，包括以下附加的比较特征：成本、环境影响、离岸安装的便利性和可维护性。

项目管理与团队合作技能

目标

在这一章中，你将掌握以下内容：

- 项目管理在确保设计成功中的重要性。
- 团队合作是工程设计中的一个重要因素。
- 为了完成产品，工程师如何确定任务。
- 计划和管理设计任务。
- 项目经理的角色。
- 设计团队成员之间如何互动。
- 文档编制及其在设计过程中的重要作用。
- 设计工程师与法律问题的关系。

本章主要讨论**项目管理**这个主题。作为工程学的学生，你可能会问："为什么这个话题很重要?"答案在于设计问题的本质。设计问题本质上是开放的：为确保项目的所有元素最终融合在一起，任务越复杂，对管理基础设施的需求就越大。实现这一目标需要所有团队和团队成员向着同一个目标共同努力。有时，管理项目只需要最常见的基本应用：按时完成工作，定期举行会议讨论进度，记下可能会遗忘的事务。其他时候，需要更正式的结构。这种正式的结构通常依赖于经过时间考验的项目管理方法。一个好的工程师必须知道如何在团队中工作，保持项目进度，保持良好的**文档**，处理法律问题，并在一个完善的管理计划中工作。本章介绍了几种项目管理技能，这些技能是工程设计的基本要素。 97

3.1 在团队中工作

顽固的个人主义精神在社会中普遍存在，坚持也成为书籍、电影和电视剧中经常出现的主题，想象一个孤胆英雄为追求真理和正义，克服难以逾越的障碍，不断冲击我们对于冒险和勇气的感观。我们拥有开拓精神，梦想成为一个能忍受经济困难去改变技术的企业家，或者建立一个创业公司，单枪匹马地打败微软、苹果、Google或Facebook。然而，在实际工作中，工程师很少单独工作。因为大多数工程问题是跨学科的，所以取得真正的进步就需要**团队合作**和许多人的贡献。这个观念在一些大型结构的设计中是很容易理解的，例如桥梁、船舶、飞机或石油炼厂的设计过程。如果没有一个明确的管理者、负责人、工程师和工匠的层次结构划分，简直无法想象这么大的任务如何进行。同样，空间探索的那些伟大工程成就，如阿波罗登月、国际空间站、GPS系统、哈勃望远镜和火星探测车等，需要数百(甚至可能是数千)名工程师、物理学家、化学家、天文学家、材料科学家、医学专家、数学家和项目经理的团队合作。团队合作对于各种设备和系统的设计同样至关重要，包括微型机械、医疗假体、集成电路、混合动力车辆、三维打印机、蜂窝电话、民用基础设施，甚至儿童玩具。这些产品(绝不是一个详尽的列表)不可能由一个人独自设计。

如果你想成为一名优秀的工程师，那么你必须掌握团队合作这个重要的技能。如图3-1所示，在团队中工作，要求具有表达能力、写作能力、与他人相处的能力，并有很好地理解他人观点的能力。团队中的所有成员必须了解他们的任务与团队整体的相关性。

图3-1　设计团队的两名工程师在检查抛物面反射器的支撑框架

当处理一个设计问题时，技术问题只是设计的一部分。确定如何管理人和他们的时间同样重要。恰当地将任务分配给正确的人并创造一个有利于相互合作的环境，可以确保项目的成功。在接下来的几节中，我们讨论与项目管理相关的一些主要问题。

3.1.1　建立一个有效的团队

有效的团队是指能够一起高效工作的团队。它可以最大潜力地发挥作用，并在其各个成员的特殊能力下共生兴旺。有效团队的一个关键特征是队友之间良好的支持态度。如果团队成员认同一些基本的行为规则，团队士气和专业精神可以得到加强。以下准则说明了建立有效设计团队的一种可能的方法。

1）明确领导角色。有些团队在选择单一领导者的情况下工作得最好。另一些团队在认识一致的情况下，选择多个分管领导者甚至无领导者的情况下工作得较好，但是无论团队的风格如何，都应该明确领导分层结构并在项目开始时达成一致。如果指定一个领导者，那么该人的工作就是负责项目工作列表中的每条原则都应该被所有人理解。

2）达成一致的目标。团队的成员应该都认同项目的目标。然而，这种共识并不像你想的那样容易实现。一个成员可能想使用传统的、历经时间考验的方法来解决问题，而其他人也许想要尝试一个新颖的、深奥的方法。所以一开始就要确定一个现实的目标。不过如果你选择的方法出现了意外，那么可以在项目的中途重新制定目标。

3）定义明确的角色。每个成员都应承担团队中的某一项特定职能。每个人的责任应在项目启动之前确定。各个角色不应该相互排斥，而且设计问题的任何方面都在至少一个人的管辖范围内。这样，在设计过程中才不会有任务被遗忘（“陷入隙缝”）。有时，为复杂的任务分配“子团队”有助于任务的完成。

4）定义流程。团队应该商定一套完成工作的流程。一切都应遵循预先确定的流程，包括文档编制、零件订购、原型构建，与教授、客户和顾客之间的沟通。这样，可以大大减少项目进行中的误解。

5）培养良好的人际关系。你必须学会与团队中的每个人合作，即使是那些你可能不喜欢的人。在实际工作中，客户不会关心工作背后发生的任何冲突。工程的专业化要求你忽略个性冲突，专注于手头的工作。一定要做到友善、专业、文明。禁止辱骂、指责并随意将失败归咎于其他团队成员。 98~99

职业成功之路

你是团队的领导者，如果一个队友离开了，你将处理后续的所有工作

所有的人都不可能一直在一起。当你与其他人密切合作时，个人的冲突是不可避免的。有时，这些分歧的发生是因为一个团队成员未能履行分配的职责。而有些时候，冲突来源于个人的观点或优先级事件的根本不同。有时候人们只是刺激到了对方那根敏感的神经。无论团队关系变得多么复杂，请记住客户并不关心这些。客户感兴趣的是运用最佳工程能力精心设计出的产品。如何解决团队内部的冲突取决于你。这个解决方案可能意味着一些团队成员将比别人做更多的工作，即使他们不会因为额外的付出而得到回报。一个好的领导懂得权衡并制定一个计划来帮助一个散漫的队友。可能给该人分配非关键的任务或更简单的项目，或要求他与更负责任的团队成员一起工作。虽然努力地去鼓励和关心每一位团队成员让他们积极地投入工作非常重要，但有时最好的方法是放弃非生产性的团队成员，即使这个人最终还是会分享项目结果的成绩。这种情况可能看起来令人沮丧和不公平，但它们总是在现实中发生。作为学生，学会如何处理这些是工程教育的一部分。

练习

定义可能适用于以下产品设计的角色、目标和流程。

1. 一个大城市的 8 车道交通系统。
2. 在线社交网络。
3. 无线遥控机器人。
4. 植入受试者体内的人造心脏。
5. 纺织厂中一种用于“实时”安排生产的软件系统，它能够保证客户到达时准时交付客户订单。
6. 火星探测车。
7. 从普拉德霍湾到阿拉斯加瓦尔德兹的石油管道。
8. 一种用于空中/地面运输公司的包裹跟踪系统。
9. 一种用于编辑、组装和上传每日国家在线报纸的系统。
10. 一种生产铜、铀、金和银的矿物提炼厂。
11. 在洛杉矶和旧金山之间提供高速管道运输服务的“超级高铁”（hyperloop）。 100
12. 一种仅在分布式传感器检测到寄生虫的情况下才将农药选择性地施用于农业区域的机器。
13. 一种监测多燃料发电系统中的能量流和发电功率的系统。
14. 一种允许外科专家通过远程控制进行手术的系统。

15. 一种用于路边露营的便携式空调系统。
16. 用于与佩戴了通话耳机的每位足球运动员进行通信的指挥中心系统。
17. 一个商城的食品店。
18. 由自动(无人驾驶)汽车组成的运输系统。
19. 披萨店的订单实施系统。
20. 一种装配线，用于喷涂各种颜色汽车零件。
21. 用于辅助截瘫病人的一种外骨骼。
22. 一种无人气垫船，用于实现包装的即时交付。
23. 部署在灾区的快速恢复通信系统。
24. 用于办公用品商店的处理订单的装配分拣和运输系统。
25. 精选的农业自动化系统，可以感知成熟的作物并自动收割。
26. 基于两人座汽的个人交通系统，车辆行驶规则应遵循在道路上所画的交通线。
27. 热电联产设施，提供电力、供暖建筑物、融化巷道雪等服务，并提供垃圾处理方法。
28. 支持全电动车辆随时随地充电的基础设施。
29. 促进太阳能从沙漠地区输出到温带地区的系统。
30. 获取原始化学化合物，将其合成为药物，并包装出售的设施。
31. 促进数字货币的使用和传播的软件系统。
32. 一个“取放式”自动贴片系统，以完成电子零件大规模的生产订单需求。
33. 基于摄像机和传感器的全市交通监管和车票系统。
34. 一艘大型海军航空母舰。
35. 核潜艇。
36. 一种用于自动分类回收废物的系统。
37. 一家生产工厂，它需要原材料来生产饼干、派和蛋糕并将它们包装好。
38. 全自动空中交通管理系统。
39. 一种人机神经交互系统。

3.1.2 组织结构图

当工程师在团队项目中工作时，他们通常在人与人之间建立一些分层结构。我们很乐
101 于看到一个工程师团队总是简单的一组同事，但不可避免的是，即使清楚地阐明每个人的责任，但有些团队成员将比其他人担负更多的工作。同样，如果所有人都不了解角色和责任，有些任务将很容易陷入真空地带。一个用于指定团队的管理结构的工具称为**组织结构图**。组织结构图明确了项目每个方面的责任人。它还描述了团队的分层结构和工作报告结构。在企业界，工人和老板的结构可能更加复杂，组织结构图至关重要，因为从高层管理人员开始，每个员工必须理解整个责任链。

图3-2展示了一个简单的组织结构图，可以用于学生在工程类的设计项目上。这个特定项目的目标是为唐教授设计一个心率监测器，他正在做心脏颤动方面的研究。Cadence担任团队领导，她负责向教授报告。给Juan分配了编写软件的工作，Aisha负责设计和制造印刷电路板，Karl负责电源接口工作，Charity负责开发传感器。为了确保设计的成功，每个人在唐教授的指导和Cadence的领导下，必须作为一个团体一起工作。

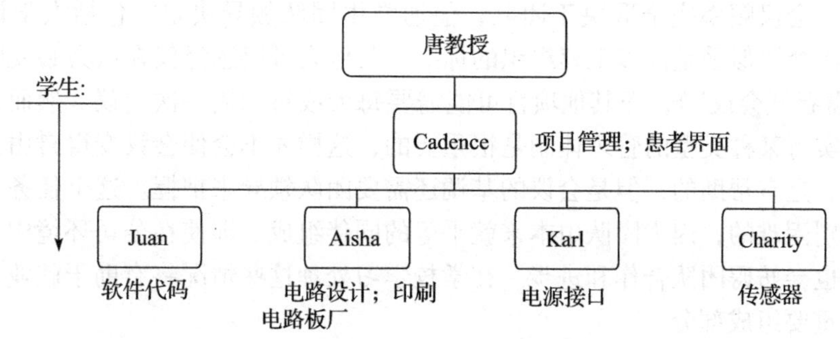

图 3-2　心率检测项目团队的组织结构图

3.1.3　职位描述

当你为一家工程公司(或任何公司)工作时，将有一份文档阐明你的职责，我们称之为职位描述。职位描述可以像一个简单的、非正式的雇用函一样，或者它可以是一个详细的多页文档。一般来说，公司越大，组织结构图越复杂，每个人的职位描述就越详细。小公司可能会更宽松地定义职位描述，因为很少的人就可以处理所有的任务，以维持公司运行。职位描述不仅与要执行的工作有关，而且与担任工作的具体个人有关。职位描述在职位空缺及随后的招聘广告宣传中尤为突出。

典型的正式职位描述可能包含以下信息：

- 职位名称。
- 职位等级(确定工作的薪水范围)。
- 直属上司(特指另一个工作职位，而不是指定的个人)。
- 职责清单。 102

职位描述通常也是职位招聘公告的基础。一个特定工程职位描述的例子如下所述。

结构工程师，Zilmore 土木工程公司，TI-134

跟踪代码 1743/G274

职位描述　开发和管理各种大型项目的建设，如多佛机场的飞机维修设施。协调新制造设备的采购、安装和调试。与 Zilmore 员工合作，在施工现场创建流程和管理工作流程。培训实习生、小时工和合作公司的人员使用设备并监督机器的使用状态。工作现场维护职责：订购耗材，制定并执行政策和流程，维护和校准设备。

要求技能　土木或建筑工程的理学学士或同等学力，以及 4 ~6 年的现场施工项目管理经验。良好的人际交往能力，能够与各种人合作。需要专业工程师(PE)注册。

3.1.4　团队联系人列表

显而易见，为工作在一个特定项目中的所有工作人员维护一个联系人列表十分重要。团队成员(或服务员，如果存在)中应该有一位负责维护列表。列表中应包含团队中每个人的电子邮件地址和电话号码，以及在工作时间外允许打电话的时间段和相关说明。

3.1.5　团队会议

对于工程设计团队来说，定期会面审查项目状态、设计中出现的问题和问题的解决方案非常重要。会议频率完全取决于团队，但通常由团队领导决定。包括大学设计课程在内，每周一次会议似乎是许多工程组织的标准。其他人可以选择仅在认为必要时召开会议(称为“按需召开会议”)，而其他项目可能需要每天或每两周一次会议。然而，团队经常开会，强制实行某种类型的管理体制是很重要的，这样才不会使会议变得自由混乱。尽管预设的议程总是有帮助的，但是会议的基调还需要团队领导来把握。这个任务在大学课程中可能是特别困难的，因为团队由本来就平等的同伴组成。即使在公司环境中，员工之间的个性差异也会妨碍团队合作和进步。在学校学习处理这些情况将有助于就业。这是工程教育的一个重要组成部分。

3.1.6 与组织中其他团队合作

通常，复杂的设计工作将涉及多个团队。将一个项目分配给多个团队是产品研发制造
103 型公司的常见做法。在许多公司中仍然使用经典分工方法，将责任划分到研究、开发、制造和营销等多个领域。研究团队进行基础研究，寻求探索与公司核心专长相关的前沿知识。开发团队通常由不同学科的工程师组成，给他们分配任务将基础研究的成果转化为产品概念，最终形成工程原型。制造团队必须根据原型开发一种成本效益可靠的方式来批量生产产品的方法。营销团队通常包含了解产品如何工作的工程师，他们负责寻求和巩固客户。

项目管理的传统思维要求这4个团队串行合作，每个团队将其工作“抛过墙”传递到指挥链的下一个小组。在这种情况下，研究部门产生想法，开发部门负责实践，制造部门决定如何大规模生产产品，市场营销部门寻找新的客户。传统意义上，循环中的唯一反馈可能是从市场营销回到研究，其中前者将客户的需求传达给后者。在这种线性的职责进程中，团队通常作为独立的实体运作，每个团队都有自己的优先事项和竞争对手。但是，这些竞争有时会使设计过程陷入僵局，并大大增加从概念到成品的时间跨度。

更现代的项目管理哲学思想认识到，公司组织结构图的各个组成部分之间持续交互的重要性。最成功的公司是那些从一开始就考虑每个团队的需求和优先级，并在决策时给予适当权重的公司。在这种交互式团队环境中，每个团队都有一个平等的“席位”，给定的团队可以随意与任何其他团队沟通。例如，在这样的环境中，开发部门和制造部门可能被赋予权力联合指定产品的材料和尺寸。开发部门将确保产品符合生产和使用标准，而制造部门将要求尽量使用已有的制造工艺而避免采购昂贵的新工具。市场营销部门可能坚持设计符合人体工程学特性的产品，使其能够较好地与竞争对手抗衡。市场营销部门还可以通过咨询制造部门来确保这些功能是能够添加到产品中的。研究部门可能寻求开发部门和制造部门的帮助决定要处理的项目，开发部门可能寻求市场营销部的帮助评估客户需求。制造部门可以与开发部门合作来采用快速原型设计方法。这个包罗万象的项目管理结构通常依赖于由每个部门的一名代表组成的监督小组。

在有些公司中，上述经典的团队划分可能根本不具有明确的边界。一个混合的小组可能负责研究、开发和制造等职责。在采用这种方法已经取得成功的公司中，团队理念和工作单元结构可能如图3-3所示。假设这个制造公司的结构基于“工作单元”和“模块”。工作单元负责与产品生产有关的主要任务。模块是执行相似工作的工作单元组。工作单元和模块都负责圈内的所有决策，每个圆圈有一个选举出来的代表，即工作单元协调员，协调员在最外层的高阶圆圈上参与决策和资源协调。这种自我导向、团队整合

的项目管理方法可以作为传统研究、开发、制造和营销分层结构的可行替代方案。

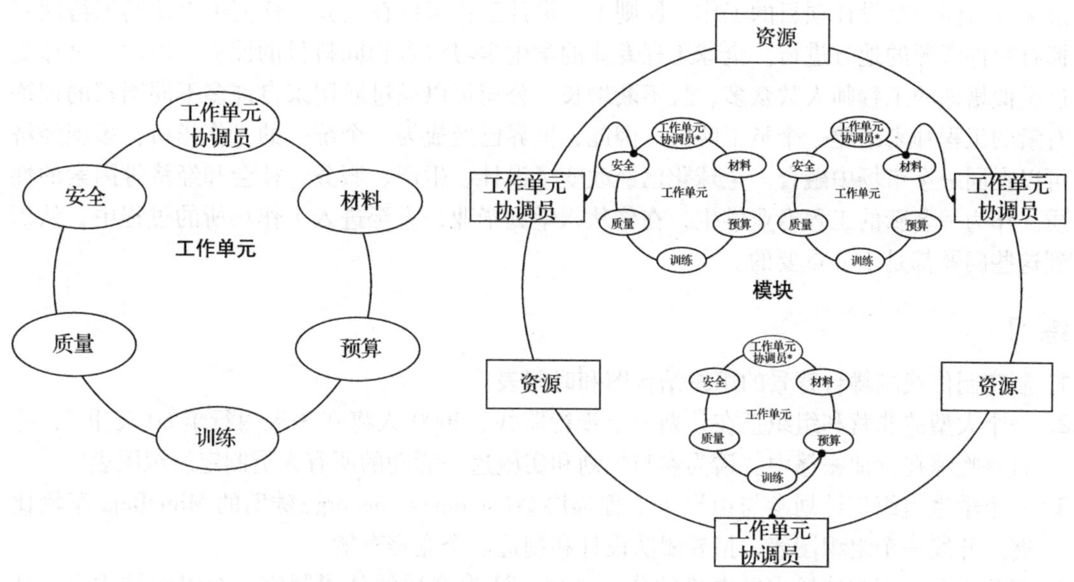

图 3-3　一个假想的制造公司的工作单元和模块组织结构

当面对经典的、分区化的产品设计方法时(研究、开发、制造、市场营销)，对工程师来说，避免竞争和“地盘争夺战”是非常重要的。记住，最终的成功需要所有参与设计过程的团队共同合作。虽然不同的团队结构可能是公司组织结构图的不同分支，但是它们之间有看不见的内在联系，如图 3-4 所示，这样的组织结构将保持公司的强大，并使产品快速成功地开发出来。

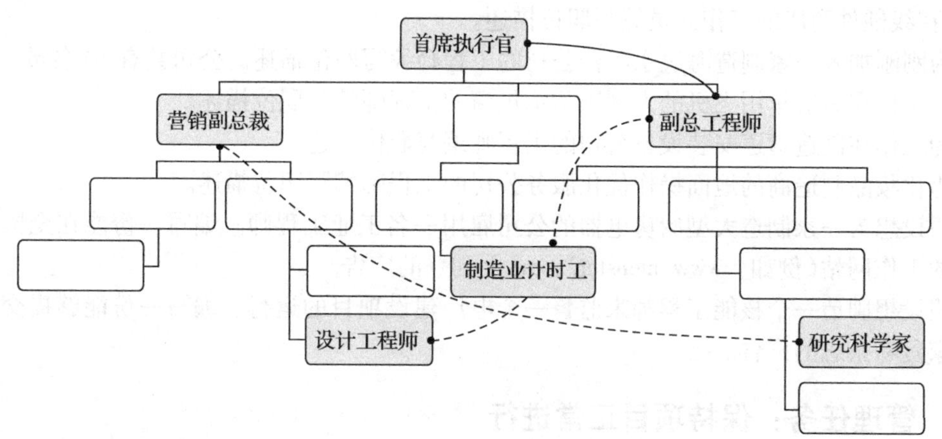

图 3-4　组织结构图的各分支之间看不见的连接能够维持公司的强大，并使产品快速成功地开发出来

影响公司组织的另一个考虑是设计过程日益全球化。当一个项目很复杂时，公司可能引进外部承包商，或者有时在另一个国家开设自己的部门，从事设计项目的部分工作。相对于项目管理所在的主要工作场所来说，这些团队通常位于地球的另一端。在当今的工作场所中，工程项目中的许多元素都使用计算机辅助设计软件(CAD)进行远程设计，然后通过因特网以数字方式传输到中央项目管理处。

复杂通信的广泛使用和工程工作产品的数字化，使得工程师能够不再受地理位置的约束来进行同一个设计项目的工作。原则上，设计工作可以在世界上任何可以访问因特网和拥有软件资源的地方进行。全球工程专业的学生学习包含相同科目的课程。因此，全球受过类似培训的工程师人数众多，且不断增长。公司可以通过雇用来自许多不同国家的训练有素的工程师来组建一个员工队伍。因此，世界已经成为一个统一的工作场所，多国经济可以在同一个市场中融合。全球化已经改变了设计、生产、服务、社会和经济等因素的性质。作为一名新的工程专业学生，在你从入学到毕业，直至进入工作场所的过程中，认识到这些问题都是十分重要的。

练习

1. 制定制作戏剧舞台背景的组织结构图和时间表。
2. 一个大型的非营利组织正在计划一个步行路线，3000 人将在 3 天内行走 60 英里[⊖]，并且每晚睡在营地帐篷中。请为参与规划和实施这一活动的所有人员制定组织图表。
3. 一个学生组织正计划参与由汽车工程师协会(students. sae. org)赞助的 Mini Baja 车辆比赛。开发一个组织图表，指导团队设计和制造一个竞赛车辆。
4. 想象你在一家制造风力发电机的公司工作。请为这样的公司制定一个组织结构图，从设计、制造到安装与合同维护。
5. 运动团队也有组织结构图。选择你最喜欢的运动队，并绘制其组织结构图。
6. 你的学院或学校有一个行政组织结构。了解这个结构，并绘制一个组织结构图，从校长到系主任。
7. 绘制一个石油公司的组织结构图。包括勘探、回收、炼油和配送等所有方面。
8. 为注模塑料工厂的设计团队的工程师编写职位描述。

104~106

9. 为在线硬件商店的工作人员编写职位描述。
10. 为刚刚加入一家制造海底水听器公司的工程师编写职位描述。公司共有 10 名员工。
11. 为工作在制造军用飞机的大型国防承包商的工程师编写职位描述。
12. 为工作在制造管道安装设备公司的工程师编写职位描述。
13. 为化妆品制造商的地面操作优化服务公司的工程师编写职位描述。
14. 假设想为一家制造大型厨房电器的公司雇用一名工业工程师。编写一份能在全国流通的工作网站(例如，www. monster. com)上刊登的广告。
15. 假设想聘请一个核能工程师来监督一个电厂建设项目的运行。编写一份能够提交给国家贸易杂志的广告。

3.2 管理任务：保持项目正常进行

时间管理对于任何工程项目的成功是至关重要的。在理想环境中，工程师将有足够的时间来处理项目的所有方面。然而在现实生活中，为了让产品尽快产出而设置的截止日期造成令人烦闷的压力。对于进度演示、原型测试、“产品营销发布会”的需求以及企业生存的压力，都需要工程师了解产品开发的每个方面需要多少时间。

即使是最简单的设计项目也需要时间管理。系统性地设计任务的方法总是优于随机和

⊖ 1 英里 = 1.609 344 公里。

碰碰运气的方法。虽然时间管理的主题可能(并且确实)贯穿整本书的内容，但以下几个时间管理工具是所有工程师都应该掌握的。

3.2.1 清单

一个简单的清单能够起到对特定设计项目的相关工程任务的监督作用。它与你编辑周末家务或家庭作业的“待办事项”列表几乎没有差别。在工程清单上列出的任务不需要遵循任何特定的顺序。一个适用于轮椅的专用坡道设计的简要清单示例如图 3-5 所示。

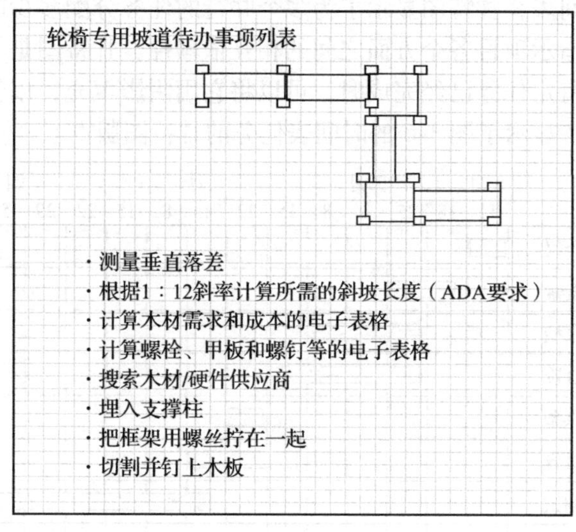

图 3-5 无障碍专用斜坡设计的清单

3.2.2 时间表

时间表是维持项目按计划进行的宝贵工具。时间表类似于清单，但其各种任务预计将按照指定的里程碑式的日期顺序完成。当整个团队一起工作时，时间表是非常合适的，其中任务的化分在时间上是连续的，一个接一个地完成。如果给定的任务有在其指定的里程碑日期之前不能完成的危险，则项目经理的工作是给它分配更多的时间，如果有必要，加班，以使任务能够按计划完成。图 3-6 展示了一个典型的时间表(这是由学生在设计课程中完成一个车辆设计的项目的时间表)。

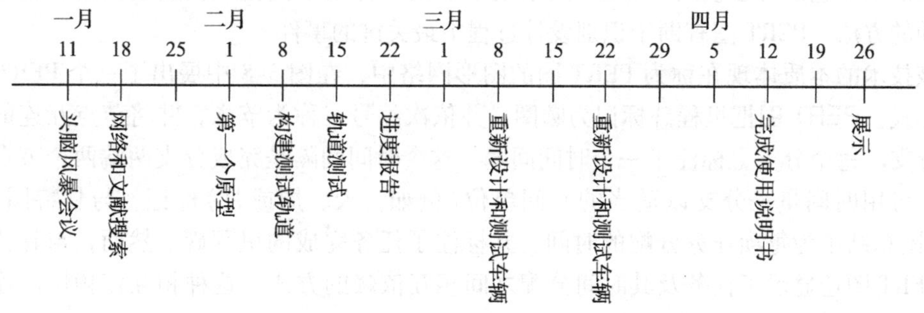

图 3-6 参加车辆设计竞赛任务的时间表

3.2.3 甘特图

当一个项目涉及并行任务和许多工作人员时，一个简单的时间表可能不足以管理项目。类似地，如果项目的各种任务是相互依赖的，其中一个任务的完成取决于多个其他任务的成功，图 3-7 的**甘特图**(Gantt Chart)可能是更合适的时间管理工具。甘特图是一个二维图，横轴反映了以天、星期或月为单位的时间，纵轴表示要完成的任务或负责这些任务的个人。与清单不同，清单只能简单列举要完成的任务以及仅显示项目每个阶段的顺序时间分配，是个一维时间表，甘特图显示了为多个并行的任务分配多少时间。它还提供了重叠的时间段，有助于指示项目各个方面之间的相互依赖性。甘特图是一份随着工作进度不断变化的活动文档。特定任务已经完成时，可以将它用阴影填充，以便可以一目了然地确定项目的状态。图 3-7 显示了图 3-6 的时间表任务的甘特图版本。

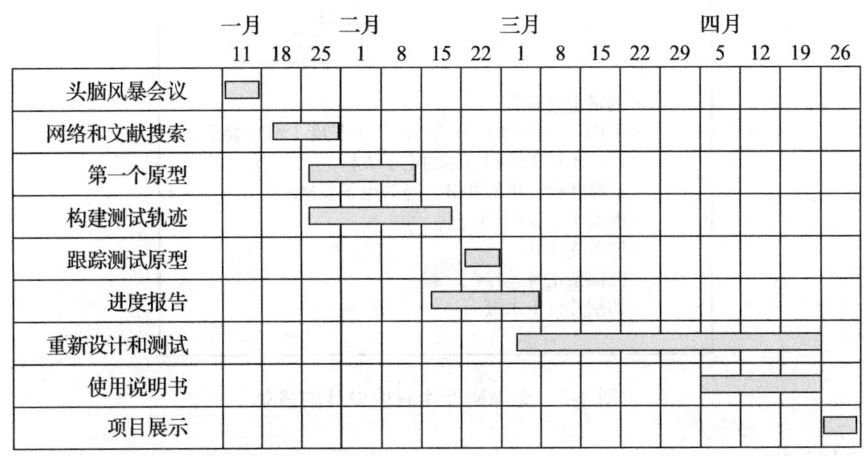

图 3-7　甘特图提供了一种更全面的二维方法来调度图 3-6 所示的任务

3.2.4 PERT 图

项目评估和审查技术(Project Evaluation and Review Technique，PERT)由美国海军首次提出，并于 1958 年由 Booz、Allen 和 Hamilton 的咨询公司开发。其目的是协调涉及北极星导弹研发计划的 10 000 多个分包商的活动。PERT 概念类似于*关键路径方法*(CPM)，并且这些术语基本上是可互换的。PERT 技术基本上是一种用于优化和调度复杂的、相互关联的活动的方法。PERT 图有助于识别设计过程中最关键的事件。

该技术的本质体现在称为 PERT 图的图形网络中，在图 3-8 中展出了一个 PERT 图的通用形式。**PERT 图**把里程碑标记为圆圈，并依次编号，称为*节点*，并将节点互连的路径组成分支。每个分支上标注了一个时间间隔，这个时间间隔是完成分支两端两个节点之间任务的可用时间量。分支以适当的时间单位(例如，天、周或月)标记。与甘特图类似，PERT 图总结了为每项任务分配的时间，并标注了任务完成的里程碑。然而，与甘特图不同，PERT 图还显示了任务及其时间分配之间相互依赖的方式。这种相互依赖性由连接图的任务里程碑圆圈的分支线表示。

PERT 图必须具有起始节点和一个结束节点(所有路径必须指向最后一个节点，例如项目的完成)。与甘特图一样，时间从左到右。为任何两个节点(不一定是相邻节点)之间的路径分配的时间等于将节点互连的一系列分支的总和。例如，在图 3-9 中，给从里程碑 A 到里程碑 C 的任务序列分配总共 3 +5 =8 天。

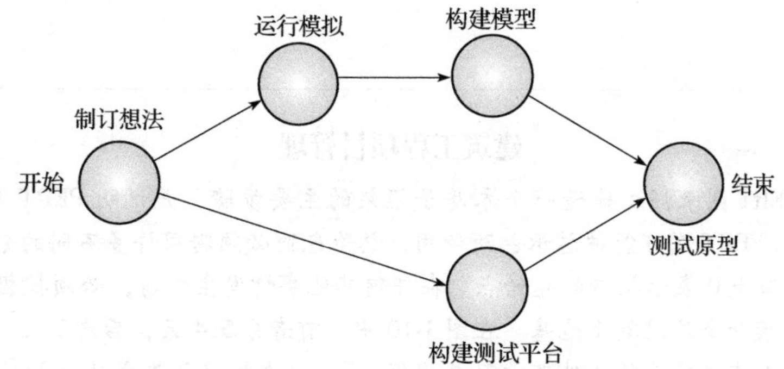

图 3-8 PERT 图的通用形式。圆圈表示里程碑点，箭头表示任务。给每个任务分配一个完成时间

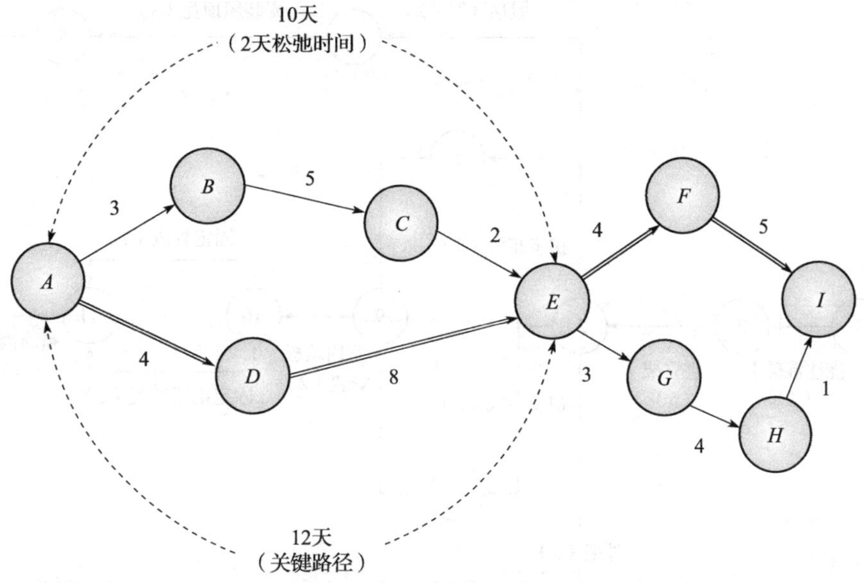

图 3-9 PERT 图展示了里程碑节点和分配的任务时间(以天为单位)。在该图上，关键路径以双线展示

与甘特图一样，PERT 图也是一个随着工作变化的活动文档。当 PERT 图上描述的每个任务完成时，项目经理对该图进行检查并将相应节点从图中删掉。因此，管理者可以监管整个项目的进度并且警惕任何可能延迟的路径。相较于甘特图，有些项目经理更喜欢 PERT 图，因为它清楚地说明了任务之间的依赖关系。然而，PERT 图可能更难解释，特别是对复杂项目。因此，有些项目经理可能选择同时使用这两种技术。

当编译 PERT 图用于项目管理时，一条路径上的分支时间总和可能小于另一条并行路径上的时间总和(通常我们也愿意这样)。在较短路径中的超额量，称为*松弛时间*，可用于补偿在设计过程中发生的较短路径中的任何未预见的延迟。如果沿特定路径经历的延迟不超过其松弛时间，则通过所有并行路径的项目的总体进展将仍然正常。因此，项目管理者最关注的是所谓的关键途径，它具有零松弛时间。关键路径中的任何一个顺序分支中的任何延迟都可能危及整个项目的时间流。因此，随着项目的展开，应对其进

107~110 行仔细监测。例如，图3-9中从节点A到节点E(经由节点D)的路径是关键路径，因为它需要4+8=12天，而路径A—B—C—E仅需要3+5+2=10天。因此后一条路径具有2天的松弛时间。

例3.1

建筑工程项目管理

我们利用PERT图来描述建造一个木房子框架的主要步骤，并说明PERT图的强大之处。例如，图3-10的PERT图可能被总承包商使用，总承包商必须聘用许多不同的分包商来完成项目的各个方面。节点0表示构造的起始点。在任何其他事情发生之前，必须挖掘建筑工地，以便能够布置、建模和浇注混凝土地基。在图3-10中，前者分配4天，后者2天。在地基被浇注和固化之后，可以建立建筑物的外部骨架或“框架”。这个框架将形成建筑物的所有外墙以及建筑师指定的任何内墙的支撑结构。此任务总共分配5天。

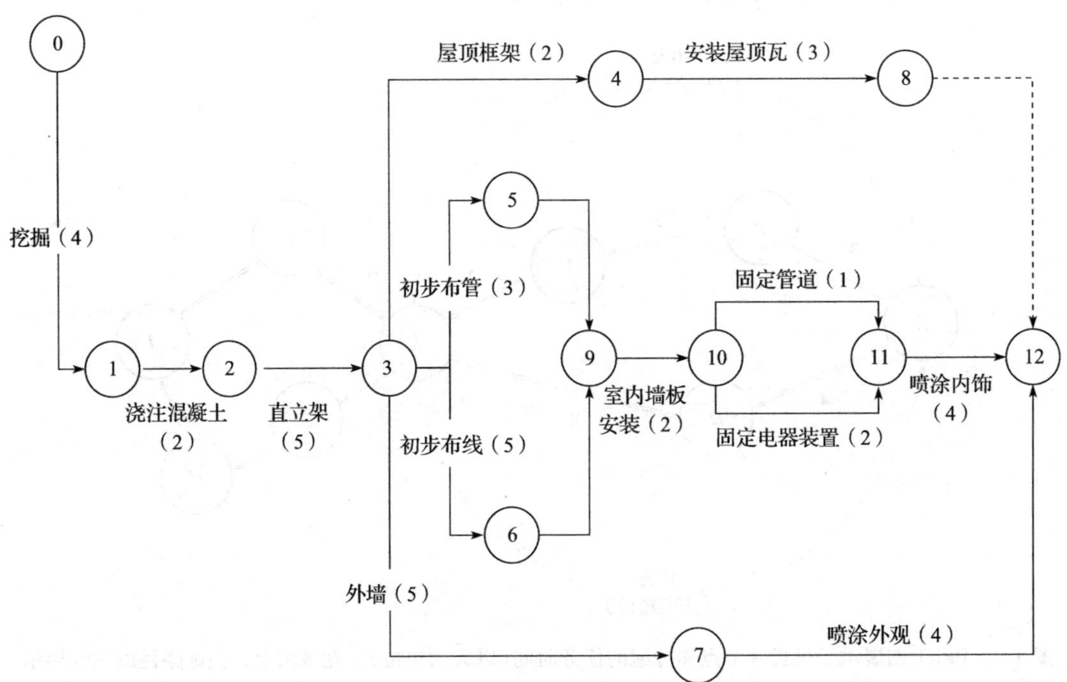

图3-10 PERT图，它描述了建造房子所涉及的主要步骤。带编号的圆圈(节点)指定了任务完成点。每个任务路径都标出了工作时间。节点的编号是任意的

在建筑物的框架完成之后，主要任务变成平行的多条路径。屋顶的框架必须完成，其次是搭建气象防护层(在这个例子中，使用标准板和屋顶瓦)。这些任务分别分配了2天和3天，与其他路径相比，留下相当长的松弛时间。类似地，在到达节点3之后，建筑物的外部墙壁的安装也开始并行地工作。在下一段中将描述管道和电气的初步安装任务，这个过程需要内壁保持打开，而外壁不需要。

初步布管与屋顶和外墙是平行的。初步布管是指安装必须位于建筑物墙壁内的供水和排水的管道。显然，这个任务必须在安装内墙之前完成。另一个在节点3之后开始的平行路径是初步布线。布线也必须在内墙安置之前完成。管道和布线任务分别分配3天和5天。

初步安装工作完成后，现在可以安装内壁(例如，标准石膏墙板)(2天)。一旦内墙完成，

管道和电气人员可以返回安装固定装置。之后，可以给内壁涂漆。通常，这个涂漆任务是在电气和管道工作完成之后执行的，因为后面的任务可能导致工人损坏先前涂漆的表面。然而，有些承包商更喜欢在安装之前进行涂漆，因为涂漆作业使管道和电气装置的周围边缘更加清洁。

屋顶结构、内部喷漆和外部喷漆的路径都完成后，到达图上的最后一个节点(节点12)，这表示完成了所有工作。房子现在可以使用了。这个PERT图中的关键路径包括从节点0开始的以下任务：挖掘(4天)、浇筑混凝土(2天)、安装框架(5天)、初步布线安装(5天)、墙板安装(2天)、布线完成(2天)和内部涂漆(4天)，总共4+2+5+5+2+2+4=24天。任何关键路径的延误都将导致房子入住的延迟。

例3.2

软件项目管理

图3-11展示了一个开发团队使用的PERT图，该团队负责设计在手机上运行的固件(机器代码级，二进制软件)。该产品在制造完成准备出售时，将附带内部帮助文件。一旦技术参数设置完毕，PERT图就可分为3个不同的路径，一个与硬件相关，一个与软件相关，另一个与文档相关。该项目中的关键路径从节点1到节点2，然后经由节点3、5、6、8和7到达最终节点11，总时间分配为2+4+2+3+4+1+4=20星期。

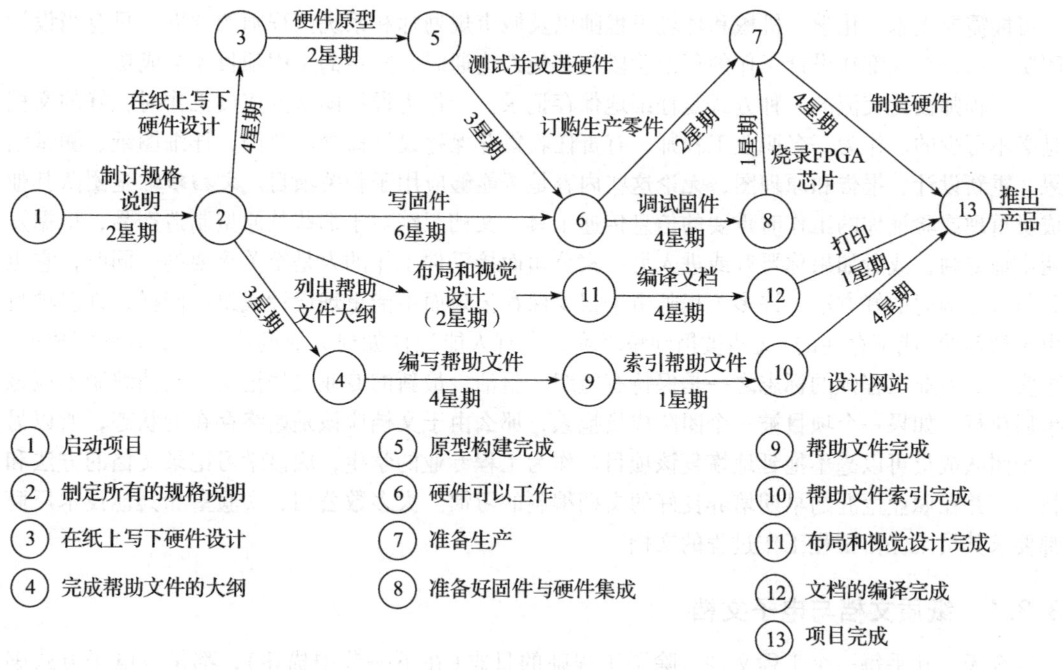

图3-11 PERT图，描述了运行在移动电话上的固件的开发

职业成功之路

时间估计的法则

执行特定设计任务需要多长时间？应该为PERT或甘特图的每个段分配多少时间？以

下 4 个时间估计定律将帮助确定给定设计任务所需的时间：

1）一切都比预期得更长。

2）如果以前在不同的项目上执行过相同的任务，则可以依据以往的经验估计完成任务所需的时间。在上次所需时间的基础上增加25%。因为在当前项目中，总有些内容是不同的。

111~113 3）如果你以前做过类似的工作，但不是完全相同的任务，估计完成任务所需的时间量时，所需的时间将大约是以前用时的 3 ~ 5 倍。

4）如果你从来没有从事过类似的工作，估计完成任务所需的时间时，所需的时间量将比预计的时间多一个单位数量级。例如，估计需要 1 小时的事情实际需要 1 天；估计需要 1 天的事情需要 1 星期，1 个月实际要 1 年，等等。

3.3 文档：项目成功的关键

工程设计绝不是孤立进行的。即使是最简单的项目也涉及设计师和最终用户。更常见的是，设计工作会涉及关心产品各个方面的不同人。此外，产品的使用可能涉及一部分人群。例如，汽车的设计包括机械、电气、工业、材料和安全工程师的工作，并且整个驾驶人群构成最终用户群。参与手机生产的消费品公司将把计算机、系统、电气、机械和制造工程师聚集在一个多学科团队中，其中还可能包括销售和营销人员。负责设计废水处理设施的公共工程管理公司可能需要土木、化学、机械和环境工程师以及城市规划师和系统工程师的帮助。只有当设计团队中的每个人都在设计工作的每个阶段与其他人沟通时，复杂的工程项目才会成功。

工程师彼此交流的一种方式是仔细地保存记录。当作为设计团队的成员工作时，好的文档是必不可少的。作为一名职业工程师，有责任收集并保存设计概念、草图、详细图纸、测试结果、重新设计、报告和原理图，无论这些内容是否能够应用于相关项目。文档跟踪是团队其他成员重现或验证你的工作时重要的信息传递工具。文档跟踪对于那些从原型制造产品，根据发明申请专利，或者如果你晋升或进入另一家公司而接手你工作的人是至关重要的。同时，它也是与自己沟通的好方法。许多工程师由于很少保存记录而不能重现设计成果。同样，许多项目由于糟糕的(或不存在的)文档被扔到垃圾堆，没有人能记住如何完成的或者什么时候完成的。事实上，专业工程师的标志之一是保持有组织、整洁、最新的专业文档记录。文档编制不应该事后执行。如果一个项目被一个团队成员拖累，那么由于文档应该是始终存在的状态，所以另一个团队成员可以毫不拖延地恢复该项目。作为工程专业的学生，应该学习记录文档的方法和技巧，并在职业生涯的早期培养良好的文档编制的习惯。大多数公司、实验室和其他技术厂商都要求其员工保留工程工作过程的文档。

3.3.1 纸质文档与电子文档

114 今天，几乎每一个工程文件，除了工程师的日志(在下一节中描述)，都是以电子方式书写的。这种情况在十几或二十年前是不可能的。用于保存文档的实例包括文本、电子邮件、电子表格、计算机代码、示意图、图纸、设计布局和模拟测试结果。当信息以电子方式存储时，通常在公司的“云”中，以便所有需要它的人都可以查看，同时配有归档管理系统以方便使用。无论选择哪种文档归档系统，都应注意以下要点：

- **组织你的信息**。以有组织和逻辑的方式存储文档很重要。如果项目规模小，那么文档应存储在一个文件夹中。较大的项目可能需要一组文件夹，每个文件夹与项目的不同方面相关。这些文件夹应该标注有信息标题(例如“XYZ 项目的推进系统”)并加上日期来组织，以便将来很容易找到它。避免以个人名义命名文件夹，例如，“Pat 的文件夹”，这类名称几乎不能描述内部的内容。

- **备份你的信息**。在一个外部设备上备份所有文档是非常重要的。许多网络公司提供安全的云存储就是为了这个目的。大公司也可以选择经营他们自己的外部数据中心。(本条要点同样适用于纸质文档。)火、洪水、USB 闪存驱动器错位、磁盘崩溃或恶意软件造成的破坏可能导致整个项目的文档跟踪丢失。在上述灾难发生时，在不同物理位置的存档记录将有助于保持项目一直正常运行。在某些情况下，企业间谍也可能是一个问题，因此强大的网络安全至关重要。

3.3.2 工程师的日志(笔记本)

记录保存的一个重要工具是*工程师的日志*，有时称为*工程师的笔记本*。一本维护良好的日志可以作为所有工作想法的永久记录保存，包括设计过程中产生的所有想法、计算结果、创新和测试结果。当工程师在团队中工作时，每个成员保留单独的日志，对应分配给每个人的任务。当项目完成后，所有团队成员的日志都放在一起，形成项目活动的完整记录。这些日志仍然是公司的财产。*无论它们是否能带来商业应用*，工程笔记本都应作为新想法和工程研究成果的档案被记录。

完整的日志还可以用作发明权的证据，并确定新概念和“付诸实践”的新想法的诞生日期。它表明发明者(例如，你)从发明直到完成所做的努力。在这方面，工程师的日志不仅仅是一个简单的实验室笔记本。它还是一个有法律影响的有价值的文档。当你作为工程师工作时，你对你的雇主、同事以及工作的完整性负有专业责任，有责任保持良好的日志。

图 3-12 所示的笔记本在工业、政府实验室和研究机构中使用得很多。公司、实验室或项目名称打印在封面上，并为笔记本分配了唯一的编号。在一些大型机构中，当分发笔记本时，中央办公室可以向其雇员分配一个笔记本号。

图 3-12 典型的工程师日志的封面和标签(图片由 Photastic/Shutterstock 提供)

日志使用的技术不同于大多数科学和一些介绍工程类中使用的技术，在传统的教育中教师鼓励学生先在草稿上写东西，然后将相关的项目整齐地誊写到笔记本中。这个程序对于设计工程师而言是坏习惯。虽然以这种方式准备的笔记本更容易获得指导教师的好成绩，但完成的笔记却不是实验室产生的实际记录。对于工程设计项目来说，一个重建的、打磨过的笔记本不是特别有用的。设计是一个过程而不是一个最终的结果，当想法出现时把它们记录下来，这有助于工程师思考和创造。此外，记录没有成功的工作与记录成功的工作同样重要。这种做法确保错误不会在将来重演。

3.3.3 日志格式

工程日志应该作为一个设计工具来使用。不管看起来如何不相关，把一切写入日志。写下想到的想法，即使没有计划去立即执行它们。保持关于成功和失败的持续记录。记录每个计算和测试的结果(机械、结构、电气、系统、飞行、流量、压力、性能)，即使结果可能不用于最终设计。停下来并记录它们！这种习惯(有时很难，但对于学习很重要)需要纪律。当你需要一些重要的信息时，你也许已经忘记它们，但它们保存在你的日志中。

任何满足你和团队成员需求的日志格式都是合适的，只要它能够记录你的设计工作的进展并能永久保存就可以。不要随手写在纸上。禁用活页纸，活页纸容易丢失、误放或损坏。当需要进行计算时，不要随便抓住一张纸来画草图或讨论一个想法，花时间打开你的日志。当你需要的那些数字和草图随时可用时，你会很高兴。在工程实验室中除了随意的涂鸦之外，不要使用任何零散的纸。

3.3.4 使用你的工程日志

作为日志的主要作者，为达到自己的目标你可以自由地使用日志。但是，以下准则可能对初学者有用。

1) 每个团队成员应保留一份单独的日志。当日志写满时，应存储在专为日志存储指定的安全场所。

2) 每个计算、实验、测试、机械草图、流程图、电路图等都应该记录在日志中。条目应注明日期并用墨水书写(铅笔会使周围变脏)。勾掉因为钢笔产生的错误是没有关系的。单独的图形、电路图和照片可以粘贴到日志页中。

3) 日志条目应当概述所解决的问题、所执行的测试等，但是应当避免关于测试成功的主观结论(例如，“我相信”)。记录的内容应该只是陈述事实。

4) 日志的表达可以用第一人称来写(我测试了小部件……)，但它是对另一个读者说的。假设你的日志将由队友、主管或者营销人员阅读。

115~116 5) 在涉及知识产权(例如专利)的情况下，每次会议的总结页面应注明日期并签字。这种做法消除了关于发明人的姓名、发明日期和信息泄露的所有歧义。

6) 日志页不应留空。如果页面的一部分将被保留为空白，则应该绘制贯穿整页的垂直或倾斜的线。页面应连续编号，不要撕开。划掉错误部分，而不要使用修正液进行更改。如果日志作为专利或责任诉讼中的法律证据，这些规则能避免创建模糊或有问题的条目。虽然这种预防措施可能与你在大学设计课程中保存的日志不符，但是现在开始遵守它是一个好主意，以便成为一个职业习惯。

7) 一定要记录所有重要的事情(即使你认为这在当时它不是很重要，这意味着，你应该记录一切)。团队举行的任何会议，或与设计工作相关的任何在线会议或电话都应记录在一个或多个日志中。

例 3.3

一个工程师的日志

以下示例说明了团队运用工程日志设计一个电动轮椅的可伸缩旗子的过程。在室外时该旗子升起，在进入建筑物内时它完全缩回。其目的是当用户在城市街道上操作轮椅时增加它的可见性。图 3-13 显示了基本概念的初步草图。图 3-14 展示包含了一些计算，该计算估计了随着标志的升高和降低电池的耗电量。

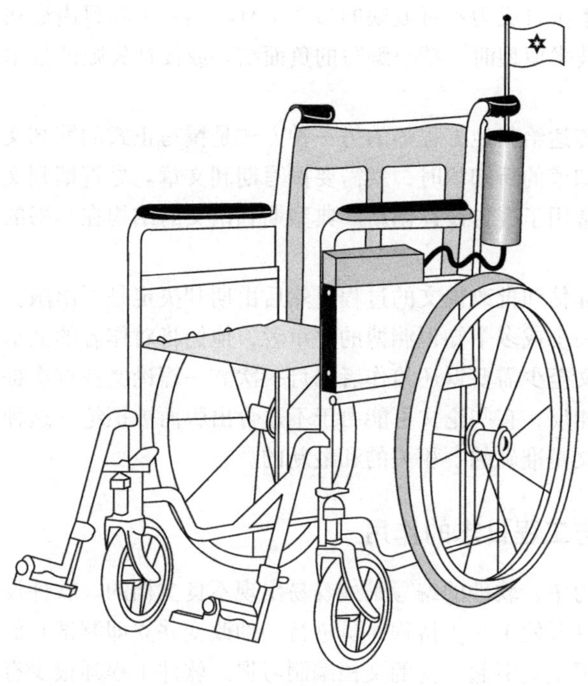

图 3-13 轮椅的可伸缩旗子的初步草图日志

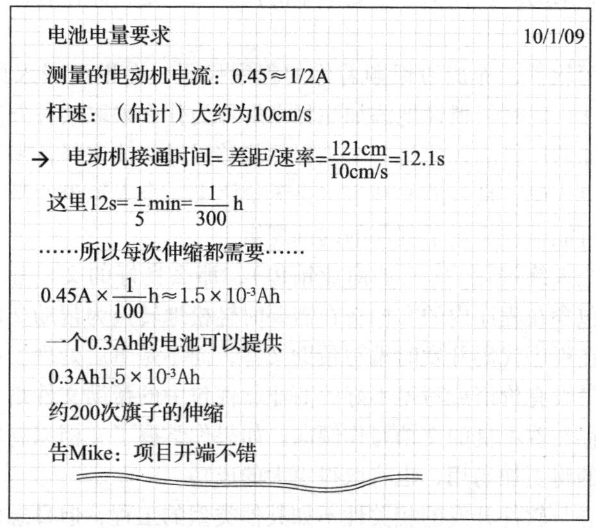

电池电量要求 10/1/09

测量的电动机电流：0.45 ≈ 1/2A

杆速：（估计）大约为10cm/s

→ 电动机接通时间= 差距/速率=$\frac{121\text{cm}}{10\text{cm/s}}$=12.1s

这里12s= $\frac{1}{5}$ min= $\frac{1}{300}$ h

……所以每次伸缩都需要……

$0.45\text{A}\times\frac{1}{100}\text{h}\approx1.5\times10^{-3}\text{Ah}$

一个0.3Ah的电池可以提供

$0.3\text{Ah}1.5\times10^{-3}\text{Ah}$

约200次旗子的伸缩

告Mike：项目开端不错

图 3-14 估计电池消耗的计算

3.3.5 技术报告

日志只表示良好文档跟踪的一个组件。在重要的项目里程碑上，工程师还通过撰写技术报告来沟通。报告可能包含背景材料、理论、数据、测试结果、计算、设计参数或制造尺寸。技术报告是构成公司技术数据库的支柱。报告通常以归档格式存储，每个报告都有自己的标题和目录号。技术报告的信息很容易从准确的、最新的日志中收集。当撰写公开专利、期刊论文或产品应用说明时，技术报告成为不可或缺的参考工具。当一个项目由最初不在场的工程师来承担，并重新审视一个技术原型时，精心编写的负面结果或设计失败的技术报告，可以节省大量的时间。

工程师将其想法传达给其他工程师的另一种方式是撰写正式的期刊文章。当工作结果中出现该领域工作的人不知道的新知识时，就需要撰写期刊文章。尽管期刊文章经常用来报告实验
117~118 和理论发现，但也经常用于报告设计创新。典型期刊论文的结构在本书的其他部分中有更详细的讨论。

同行评审是一种评估和批改论文的过程，然后由期刊决定是否出版。期刊的编辑通常将一份提交的论文发送给一个或多个知识渊博的评审者，他们将对作者的文章作出评论并给出问题列表。通常提交的论文至少需要返还给作者修订一次。一篇论文在首次提交时没有修改就被接收了是非常少见的。相反，有些论文可能由于不适合出版而被拒绝。这种同行评审方法确保最好的期刊上出现的论文是准确的、相关的和最新的。

3.3.6 软件文档与工程日志的作用

在所有的设计努力中，软件的编写是最容易出现不良文档的。软件设计修订的周期可以非常快，因为常用的软件开发工具支持程序员进行小的改变并立即测试它们的效果。这种快速开发方法对原型很好，但是会引起不良的文档编制习惯。软件工程师很少有时间停下来记录程序的流程，因为大多数暂停时间短暂且软件的修改非常频繁。因此，如果有的话，许多软件程序的文档是在完成之后添加的。软件工程中更困难的任务之一是在原作者没有留下任何注释的情况下，理解他的代码。

如果自己正在编写软件，养成习惯顺着你的程序代码，在里面嵌入详尽的文档，多多益善。当编写了一段特殊代码时习惯性地添加注释来解释为什么采取某种方法并解释对象名和程序变量的含义。你添加的注释应该使另一个工程师能够通过阅读注释行来完全理解或接管代码段。如果稍后需要修改代码，良好的文档也将是无价之宝。令人惊讶的是，程序员在短时间内放置一段程序后，他可能很快忘记了程序的内部逻辑。

如果程序是面向个人终端用户(例如商业销售)，那么良好的文档和真正有用的“帮助”文件是必不可少的。包含在程序内的文档将在需要时轻松地转换为帮助文件。顶尖软件开发人员使用的一个技巧是在程序代码开发时编写帮助文件，而不是事后处理。在修改程序代码的同时更改帮助文件。大量没有价值或写得不好的商业软件包中的帮助文件是工程师恶劣的文档习惯的产物，他们长期存在着不良的文档写作倾向。如果你掌握了文档编制软件的技能，你的软件产品比那些文档差的将更加易用，也将取得更大的成功。

虽然保存工程日志与软件开发的相关性不如其他类型的工程，但日志仍然起到了作用。在笔记本的页面上，可以概述程序的总体结构(例如，使用流程图)以及其各个模块之间的相互联系，可以描绘图形用户界面的草图，而无须编写实际的计算机代码，可以绘制关系数据库的
119 框图，也可以记下在软件中使用的变量列表。

职业成功之路

怎样一直保持良好的记录

如果想保存一个好的文档跟踪，在你身边随时携带一些日志本。当有一个想法需要记

录时，可以利用它们。购买一个适中的笔记本，将它很容易地放入你的背包。在前封皮内右侧夹一支笔。务必在封面上写上姓名和联系信息，以防丢失！一个小的、口袋大小的笔记本会更好。虽然由于笔记本尺寸较小，书写空间受到限制，但由于尺寸不大会更容易携带。然后你可以将这些较小的纸片装进全尺寸的日志本中。

练习

1. 参考图3-14中的日志计算。如果电动机需要2.1A，重新估算伸缩的次数。重写日志页。
2. 参考图3-14中的日志计算。如果电动机需要300mA，并且使用200AH电池(类似于铅酸汽车电池)，重新估算伸缩的次数。重写日志页。
3. 做一些互联网调查，鉴别伸缩天线的来源和供应商，用于如图3-13所示的系统中。在一张日志页中记录你的结果。
4. 对于图3-13所示的旗子系统，使用独立电池作为电源(而不是使用为轮椅供电的主电池)的优点和缺点是什么。写一个日志页记录想法。
5. 在模拟日志页上，概述营销伸缩式旗子的一些想法。包括其制造的成本估算。
6. 想象你是开发第一架飞机的莱特兄弟之一。想象一下从项目开始的典型日志页应该是怎样的。
7. 查看20世纪美国著名发明家Lee DeForest的历史。写出在他发明时可能记录的一个日志页。
8. 写出现代洗碗机发明者Josephine Cochran可能记录的一个日志页。
9. 想象电视的原始发明者Philo T. Farnsworth的发明过程是什么样子。绘制几个日志页来总结系统的工作原理。
10. 设计一些与个性化空中交通工具的开发相关的日志页。

3.3.7 日志的重要性：案例研究1

本案例涉及一个名为HeartTech的小型工程公司，这家公司主要研究人造心脏，从而为那些只能依赖心脏移植的病人提供永久的替代方案。 120

心脏系统的主要部件包括中央植入泵和一个电力传输系统。其中电子传输系统用于通过皮肤将电力从佩戴在身体外部的电池组传递到泵。电力传输系统的一个关键特性是没有穿透皮肤的导线，这对于心脏的长期功效是至关重要的，因为皮肤穿孔是感染的主要入口点并且需要持续的医疗监督。该设计能够提供给患者正常的、可移动的家居生活，而不是将患者束缚在控制台上。用于传输电能的系统，称为经皮能量传递装置或"TET"，是由两个同心磁性线圈组成的，一个植入皮下，另一个佩戴在皮肤外。(经皮的意思就是"穿过皮肤"。)HeartTech希望其工程师完全专注于开发心脏泵本身的艰巨任务，所以公司雇用了另一个生物医学工程公司WorldCorp设计能量传递装置。

经过大约4年的努力，WorldCorp仍然无法生产出符合HeartTech严格技术规范的TET。虽然WorldCorp声称正在融合一个解决方案，但HeartTech不相信一个令人满意的TET设备即将出现。面对即将来临的关键动物试验，这个试验将决定未来国家卫生研究院对整个心脏项目的资金支持，HeartTech决定切断其对WorldCorp TET的依赖。HeartTech CEO指示他的一个工程师，Maven博士，尽快开发一个自制的TET设备。Maven博士非常有能力，只用4个月的努力就成功地设计和测试了一个有效的TET设备，如图3-15所示。

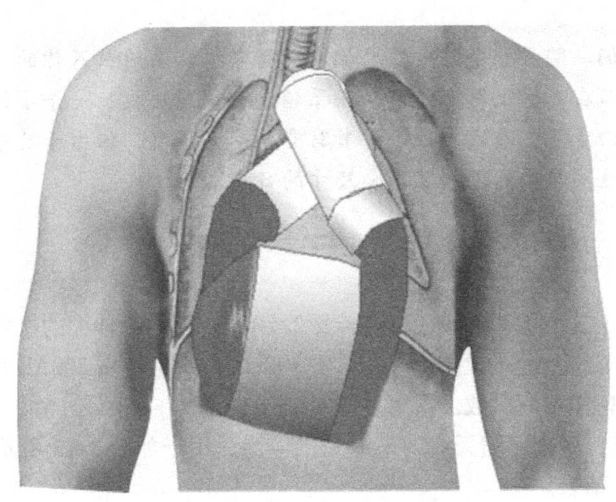

图3-15 HeartTech 人造心脏系统

这一开发成果导致 WorldCorp 的诉讼，WorldCorp 声称 HeartTech 如果没有窃取自己的秘密和技术，不可能在4个月的短短时间内开发出自己的 TET 设备。WorldCorp 声称，毕竟它的工程师已经在这个项目上工作了4年，并且刚刚开始整合一个可能的解决方案。HeartTech 工程师如何在短短的4个月内设计出卓越的 TET? HeartTech 反驳说，他的成功只是依赖其工程师的高超的能力，并且事实上，他已经采取了特别的预防措施，以确保没有从以前 WorldCorp 的设计成果中盗取任何东西。该诉讼案通过了法庭，最终，HeartTech 胜诉。陪审团认识到，HeartTech 的 TET 设计，与 WorldCorp 设备执行相同的基本经皮能量传递功能，但在设计和实施的所有细节方面完全不同。陪审团认为，HeartTech 设备使用的是不同的电路、材料、磁性结构和半导体组件。

在试验期间，HeartTech 辩护的一个关键点是 Maven 博士保存的日志。他的日志证明，HeartTech 设计了自己独立的 TET 版本。根据公司的日志政策以及健全的工程实践，Maven 博士一直仔细记录他的 TET 设计，已经保存了设计过程中出现的每个设计理念、原理图、电路布局和测试结果。他甚至记录了他在测试台上抽烟时想到的各种电路配置方案直到他设计出第一台能够工作的原型。他日志的每一页都标记了日期，每个涉及成功测试的实验室会议都由另一位 HeartTech 工程师签字。在试验期间，Maven 博士的日志的整页都被复制并投影在一个大屏幕上供陪审团查看。Maven 博士的日志在 HeartTech 的法律辩护成功中发挥了至关重要的作用。

虽然 Maven 博士在法庭展示的日志对审判结果至关重要，然而，在法庭审理的过程中并非毫无瑕疵。几页涉及1996年1月完成的工作的日志被错误地填写为1995年。在年份交替的时间段这是许多人都会犯的一个常见错误，Maven 博士没有想到，匆忙地写了年份的上一个月，十二月。WorldCorp 的律师迅速抓住这个错误，作为一个“可疑的”初步证据。他们声称 Maven 博士伪造了他的一部分日志，并伪造了设计取得的成果。最后，陪审团不相信，并意识到，Maven 博士的错误只不过是一个常见的日历错误。然而，这种看起来很小的缺陷使得 HeartTech 的案件在一段时间内处于危险之中。

3.3.8 日志的重要性：案例研究2

Green 和 Brown 在 HandCorp 工作，HandCorp 是一家制造电子信号手套的公司。这些手套适用于消防员、警察、急救医疗技师(EMT)和一些军事人员。在一些情况下(例如，在燃烧的建筑物内)，也许不可能看到或听到其他响应者。佩戴 HandCorp 手套的人可以通过做手势向其他用户的手套发送信号。因此，即使没有直接的眼神交流，也可以进行通信。

信号手套是在城市消防部门的要求下大约在两年内完成开发的。Green 开发了大多数传感器和处理电路，Brown 开发了手套的无线通信系统。

在开发阶段结束时，Green 和 Brown 决定退出 HandCorp 并开创自己的无线信号公司。与
HandCorp 的工作没有冲突，他们友好地与公司分道扬镳。然而，有人担心，在 Green 和 Brown 121~122
离开公司后，未来的 HandCorp 员工将失去已获得的技术知识和设计规格说明。

幸运的是，公司关于日志程序的政策是全面的且严格监督的。每个员工一旦被雇用，都必须签署一份非竞争性和不公开协议，其中包括关于日志的一部分：

保密和非竞争协议

此保密和不竞争协议是在________＊您＊________(“员工”)和马里兰州公司 HandCorp 及其子公司、合资企业和关联实体之间做出的。考虑到本文件，双方同意如下……

商业机密和保密信息

您已经充分理解为 HandCorp 工作将使您接触到公司的客户、潜在客户、供应商、商业机密和保密信息。您同意本节中的约定并认为它们是合理和必要的，以保护公司的合法商业利益及其客户、潜在客户和供应商关系……

返还保密信息和公司财产

您同意在您因任何原因终止工作后的 3 个自然日内返回所有的保密信息、商业机密、**工程日志**和记录(无论是电子的还是打印的)。在您拥有的任何计算机或其他电子设备上以电子形式保存信息和商业秘密的情况下，您同意不可撤销地删除所有此类信息，并在与公司终止雇佣关系的 3 个自然日内以书面形式确认删除事实，您也同意在 HandCorp 终止工作时必须归还您拥有的所有财产，包括(但不限于)与 HandCorp、其客户和其他公司和/或供应商的业务有关的所有文件、记录、磁带和其他媒体，以及任何全部或部分副本，无论是否由你准备，所有这些都是 HandCorp 的唯一和专有的财产。

职业成功之路

建立好的日志习惯

大多数人习惯于不加思考地遵循惯例。早晨醒来时，我们刷牙；吃饭时，我们本能地拿一个干净的盘子；进入汽车时，我们(希望)自动扣住安全带。作为工程师，在日志中写下东西的冲动应该像这些常见任务一样变为本能。与这些个人本能的动作相比，记笔记的技能不是工程师从小就训练的东西。开发“笔记本的本能”需要练习，它应该成为你日常工作的一部分。当个人计算机和因特网第一次出现时，大多数人没有想到电子邮件的新奇
性。对于手机短信也是如此。现在这些活动已经成为不可替代的日常生活习惯。随着不断 123
练习和时间的推移，我们建立了这些不自然的技能习惯。工程师的日志习惯也应该是这样。强迫自己在每次练习设计时养成记日志的习惯。随着时间的推移，它会变得像刷牙一样自然。

3.4 法律问题：知识产权、专利和商业机密

工程师只专注于技术问题是一种非常理想的工作状态。毕竟，工程专业的学生花费了大量的时间学习基础知识及其应用，以及许多实践技术技能。在工程课程中涉及的所有非技术课题中，可能最重要的是法律问题在设计过程中的作用。

法律问题和设计实践在项目管理中同等重要，其核心是专利保护问题。遍及全球的专利和许可证制度是知识产权保护体系的一部分，其目标在于保护新的想法、发明和新型的技术。专利制度源于对创新手段的鼓励，防止拥有大量资金的大公司吞并发明家的想法并垄断市场。虽然意图是好的，但专利制度已演变成令新手工程师最困惑的法规和实践的迷宫。出于这个原因，大多数大公司雇用律师以解决知识产权问题带来的困扰。如果在公司工作过程中提出了一个想法，常驻律师可能会指导完成专利申请的过程。该专利将分配给你的公司，而你将作为发明人。

法律问题与工程相交叉的另一个重要领域是产品责任问题。西方世界，特别是在美国，公司可能因为各种实际的或感觉到的产品缺陷所导致的伤害、财产损失或生命损失等问题被起诉。媒体也乐于向公众展示更加戏剧性的故事。但是仍有无数已经在民事法庭审判的案件并不为人所知。了解设计项目的管理如何影响产品责任问题是一项关键的工程技术。

本节介绍一些基本法律概念，侧重于工程与法律之间关系。虽然这里介绍的材料只是知识产权法的皮毛，但是它将介绍法律专业的专业术语，并帮助你在工程设计中建立法律意识。

3.4.1 专利

只要满足某些标准，可以为任何发明颁发专利。发明必须引入新的概念或做事的方式。产
124 品必须是可以实际生产的产品，并且必须在最初的专利申请之前已经付诸实践(即至少以原型形式生产)。此外，专利的主题不能只是预先存在想法的简单综合。

专利有效期为20年(在美国)，在此期间，发明人有唯一生产或授权专利的权利。专利许可是一种绑定发明人和公司的法律合同，该发明人可能不具有实际产生本发明的资源，而该公司具有资源并希望制造和销售本发明。在美国，专利由美国专利和商标局(USPTO，或简称“专利代理”)授予或颁发。该组织拥有一个公共网站(www. uspto. gov)，任何人都可以下载从1976年起的任何专利。更早期专利也可以从专利档案库中找到纸质复印件。另一个好的专利数据库是 google. com/patents。

3.4.2 专利术语

律师有自己的词汇来描述专利过程。先前技术的概念指的是在获得专利的发明时已存在的知识体。如果在一个或多个先前技术中描述了装置，则该装置不能被授予专利。本发明必须是可再现的，并且专利的语言必须充分清楚，确保本领域技术人员可以理解。本领域技术人员用于描述一个假设的个体，在发明时，他将熟悉本发明所适用的范围，并且具有在一般技术领域中工作的必需的教育。要获得专利，新发明必须通过显著性的和可预期性的测试。在法律术语中，如果现有技术的要素可以进行组合以产生本发明，并且如果本领域技术人员在专利申请时能够容易地将这些块放在一起，那么该想法是“显著的”。如果单个现有技术整体描述了本发明，则本发明是“可预期的”。这些测试是申请过程的一部分，简称为专利的审查历史。如果该发明在现有技术中被USPTO认为是显著的或可预期的，那么它是不能取得专利的。

关键术语

Documentation(文档)　Patent(专利)　Teamwork(团队合作)
Gantt chart(甘特图)　PERT chart(PERT 图)　Timeline(时间表)
Organizational chart(组织结构图)　Project management(项目管理)

问题

1. 建立一个简单的清单，用于建造后廊的露台。
2. 准备一个任务清单，用于调整自行车以获得所需的最佳性能。
3. 准备一个清单，帮助指导设计儿童安全座椅。 125
4. 想象你在一家设计太阳能电厂的公司工作。为公司创建组织结构图，并设计电力公司电网接口的甘特图。
5. 选择你熟悉的工程公司，为公司制定组织结构图。有关公司人员的信息通常可以在公司网站上找到。
6. 想象你希望创建自己的公司，为其他开发在线业务的人编写网站开发工具。创建一个组织结构图，概述需要填补的位置，以使公司启动。
7. 设计一种新型越野车，使用燃料电池代替内燃机作为其动力。制定该车的原型设计的时间表。
8. 制定时间表，完成滑雪缆车的设计。
9. 假设你被分配开发一台人力飞机的任务。制定完成这项任务的时间表。
10. 创建一个甘特图，完成太阳能车辆设计比赛 First Solar(www. frstsolar. com)的参赛原型车的设计。
11. 准备一个甘特图，设计一个 10 层的城市建筑的防火逃生通道。
12. 甘特图也许已经用于在加利福尼亚州旧金山建造金门大桥，自己画出一个建造过程的甘特图。
13. 制定甘特图以举办工程设计教育会议。考虑所有必要的安排，包括食物、交通、住宿和会议设施。
14. 创建一个甘特图，为一个小型家庭餐馆设计一个食品服务机器人。
15. 创建一个甘特图，用于设计一个有手指的假肢。
16. 构造一个“模糊的”甘特图，描述一个硬件商店库存管理的软件系统所需的设计开发任务。每个任务应包括一个误差估计(模糊的时间增量)，允许图上每个任务的提早或延迟完成。基于模糊估计，设计工作最长和最短的持续时间是多少？图表的垂直轴应指示软件开发人员，而不是单个设计任务。
17. 考虑前一个问题的模糊甘特图场景。构造一个无人侦察机的设计过程的模糊甘特图。
18. 你能创造一个用于创建地球的甘特图吗？图可以基于宗教、进化论或宇宙论的观点，只要你喜欢，任何一种都可以。
19. 调研建立一个 26 层商业级办公楼所需的步骤。然后构建一个用于设计和建造公共图书馆的 PERT 图。
20. 构建一个 PERT 图，用于国际空间站的设计。
21. 想象你领导一个工程师团队来设计一个沿海海港的防波堤。制定 PERT 图以完成此项目。考虑从基础研究和数据分析到最终建设的所有要素。确定图中的所有关键路径。

22. 考虑一个汽车设计竞赛的情况，其目标是将一个装满豆子的小袋子放入一个边长为10cm的方形孔中，这个孔嵌在一个边长3米的方形桌面上，第一个放入袋子的人获胜。为成功设计工作的竞争制定PERT图。识别图中的所有关键路径，然后调整分支中的时间分配，以便生成的项目可在6个月内完成。

126

23. 制订一个条件列表，在此条件下，使用甘特图进行时间管理比PERT图更加合理。然后为相反的情况做出类似的列表。
24. 检查图3-16中的PERT图。列出所有关键路径以及所有松弛时间的位置和持续时间。
25. 对于图3-16的PERT图(它描述了房屋的建造过程)，分配给完成整个设计任务的总时间是多少?
26. 对于图3-16的PERT图，标识所有不同的路径以及每条路径完成所需的时间。

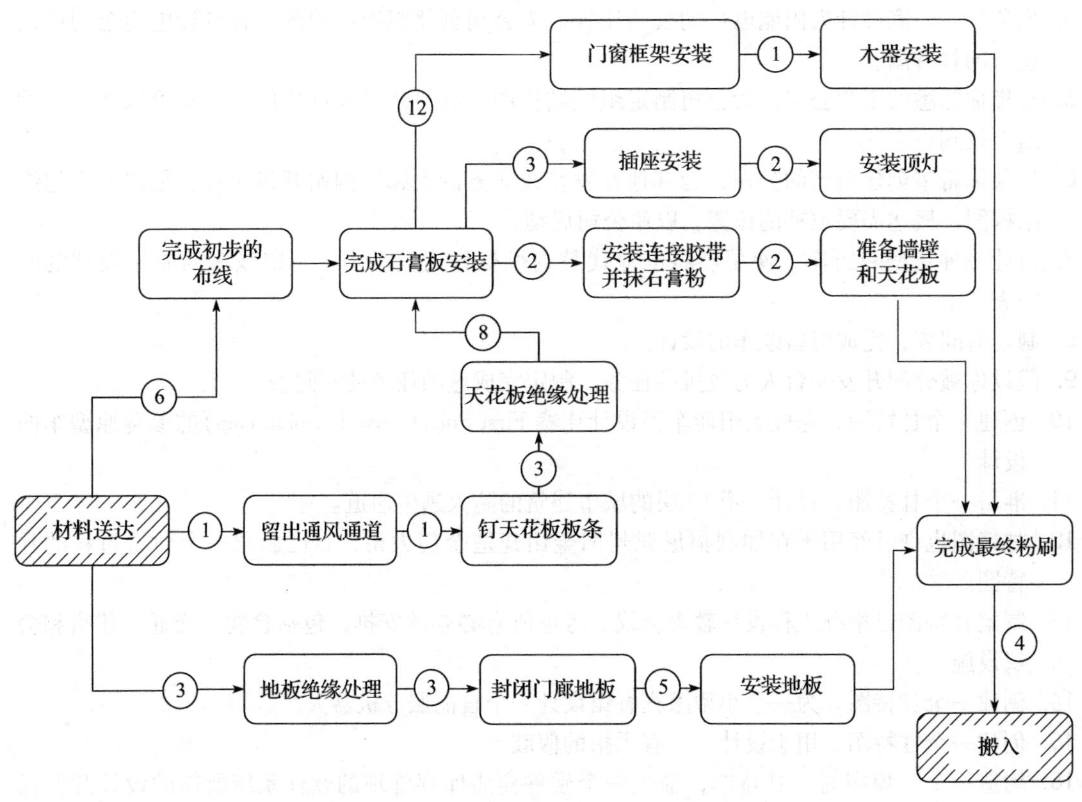

图3-16 问题24~问题26的PERT图

27. 制定一个连接北京到纽约市隧道设计的PERT图。
28. 概述一个自给自足的月球探测基地的PERT图。

127

29. 为规划大型聚会(如技术会议或婚礼)制定PERT图。
30. 开始保存课堂活动的日志。记录设计作业、发明和想法的草图和笔记。
31. 准备一个日志页，用于描述一辆卧式自行车的设计理念。
32. 准备一个日志页，描述普通电动剃刀的内部工作原理。
33. 开发一个日志记录，描述一个自动剥壳和存储花生的机器的设计过程。
34. 开发一个日志页，用于设计室内冰球场的冷却系统。
35. 假设你是电话的发明者Alexander Graham Bell，准备几个日志页，描述你的发明。
36. 想象你是Marie Curie，发现放射性元素镭的人。准备几个日志页，描述引起发现的活动。

37. 想象你是 Zephram Cockrane 博士，即《星际迷航》中的等离子体扭曲驱动的发明者。准备几个日志页，描述你的发明。
38. 想象你是 Elias Howe，第一个通过把针眼放在其尖端来完善缝纫机的发明者。今天这一创新使得线筒系统仍然用在现代的缝纫机中。准备几个日志页，描述你的发明及其初始测试的过程。
39. 为普通纸夹的发明者——挪威发明家 Johan Vaaler 重写几个日志页描述他的发明过程。(用英语写即可。)
40. 想象你是 Maven 博士，参与3.3.7节的 HeartTech 案例的工程师。准备几个日志页，描述经皮能量转移装置的基本操作概念。
41. 锅炉的发明主要归功于著名美国发明家 Benjamin Franklin。重新构建 Franklin 用于描述这一经典设计的日志页。
42. 第一个计算机化的电话系统是由 Erna Hoover 在20世纪50年代发明的。它的交换系统使用计算机来监视来电，并通过中央交换站调整它们的接受率。这个过程有助于消除系统过载问题。他的题为“Feedback Control Monitor for Stored Program Data Processing System”的美国专利(专利号3623007)是在美国授权的第一批软件专利之一。通过其号码查找该专利(例如，在 www. uspto. gov)，然后构建描述 Hoover 发明的核心的日志页。
43. 来自纽约的眼科医生 Patricia Bath 发明了一种治疗白内障的方法。该发明通过使用激光改善眼科手术的技术以提高准确性。查看美国专利号4744360并按照你的想象重建与 Bath 的发明相关的日志页。
44. 轧棉机由美国发明家 Eli Whitney 在大约1800年发明的。该发明对早期美国的经济史具有深远的影响。重建日志页，其中概述 Whitney 发明的基本特征和研发的过程。值得提的是，美国专利法在 Whitney 轧棉机工作时还处于起步阶段。 128
45. 著名女演员 Hedy Lamarr 也是无线通信的先驱。她帮助开发了一套秘密通信系统，发送方和接收方通过在不规则的时间间隔内改变无线电频率以实现安全通信。这种传输方法形成了一个不可破解的密码系统，能够防止分类消息被恶意侦听器拦截和解码。开发一个描述 Lamarr 发明核心的日志页。
46. Samuel F. B. Morse，19世纪30年代电报的发明者和发起世界上第一个“信息时代”的先驱，实际上当完成这个经典发明时，他是一个专业的艺术家，在法国学习后回家的长途旅行期间，他通过思考问题打发在海上航行的时间。他听到一段关于在欧洲正在进行的电力和磁力实验的对话，并花了大量时间来思考它们。回到美国时，他提出了关于电报的想法。绘制 Morse 在海上长途航行期间可能保存的日志页。
47. 第一个袖珍计算器由德克萨斯仪器公司的工程师 Jack Kilby 设计。查找这个发明人的历史，看看你是否可以为他重建一页或多页开发日志。
48. 想象你是 Bessie Blount，一个在第二次世界大战期间与受伤的士兵一起工作的理疗师。1951年，她获得了一个允许截肢者自助就餐设备的专利。该装置允许坐在轮椅上的人咬住管子以控制食物的输送。她后来发明了一种佩戴在病人颈部周围的相同类型的便携式设备。查看美国专利号2550554并构建几个与 Blount 发明相关的日志页。
49. Sarara Boone 在1892年获得了一个改进的烫衣板的专利。新的板子设计允许更好地熨烫袖子和女士的衣服。她的窄板是可翻转的，使其更容易熨烫袖子的两面。查找美国专利号473653并尝试重建 Boone 可能的日志页。
50. Augustus Jackson 是来自费城的糖果制造商，他创造了多种冰淇淋食谱，1832年前后他发明了一种改进的制造冰淇淋的方法。查找他的发明并重建一些日志页。

51. KevinWoolfolk 是美国专利号 5649503 中列出的发明人，他发明了带圆弧测定器的鼠笼和动物行为监测方法。本质上，本专利描述了一种改进的“仓鼠训练轮”，其中记录了宠物的里程或轮子的转数。查找美国专利号 5649503 并尝试重建 Woolfolk 的日志页。

52. Rachel Zimmerman 是一个软件程序的发明者，该程序用于帮助有沟通困难的人。当她 12 岁时，使用 Blissymbols 创建了她的软件程序。Blissymbols 是一套符号语言，用于脑瘫等残疾导致无说话能力的个体与他人的交流。构建一个日志页，概述程序的流程图。Rachel 可能也保存着自己的日志，尽管当时只有 12 岁(甚至在 12 岁时)。

53. 普通的汽车挡风玻璃刮水器是由 Mary Anderson 在 1905 年前后发明的。她在 1903 年获得了一个窗户清洁装置的专利。当她注意到路面上电车司机不得不打开他们的车窗，以便在雨中能够看到路面情况时，她开始构思自己的发明。为了帮助解决这个问题，她设想了一个摆动臂夹着橡胶条用于刮开雨水，该摆动臂是可以由驾驶员通过杠杆在车内部操作。起初，公众对她的发明持谨慎态度，认为会分散司机的注意力，但是在 15 年后，挡风玻璃
129~130 刮水器已经成为大多数车辆的标准配置。想象你是 Anderson 女士，描绘一些描述新发明的日志页。

第4章

Design Concepts for Engineers, Fifth Edition

工程工具

目标

在这一章中你将掌握以下内容：

- 了解“估计”在工程设计中的重要性。
- 检验工程原型的重要作用。
- 明白逆向工程在设计过程中的作用。
- 检验计算机在工程设计中的作用。
- 了解对于工程专业极为重要的因特网和多个软件程序。
- 了解什么时候使用计算机，什么时候不使用计算机。
- 讨论使用计算机进行分析、数据收集、仿真、计算机辅助设计的案例。

当你去找医生看病时，希望看到医生的诊断工具箱里包含听诊器、压舌板、血压带、反射锤和一个检查表。同样，当你的汽车需要修理时，你期望看到修理工有一系列手动和电动的工具、扳手、气动锤、钻头和螺丝刀。一个优秀的机修工可能手头还有一些常见的零件甚至原材料，以应付常见的维修任务。与这些专业人员一样，工程师在设计过程中也依靠各种常用工具来帮助完成许多方面的任务。虽然有些工程工具可以放在工具包中，例如计算器、机械铅笔和笔记本电脑，但还有一些工具被划为知识工具一类。知识工具定义为工程师在学校和工作当中学习到的实践经验和方法。这些工具可能是用于帮助工程师解决某类特定问题而设计开发的软件程序，也可能是用来建立测试设备或展示数据的惯用方法。本章将介绍一些对于工程师而言 131
非常重要的工具，包括知识、软件、过程管理工具等。

4.1 估计

工程和**估计**总是齐头并进。当考虑一个新的设计策略时，首先通过粗略计算重要的指标和参数来衡量其可行性是一个非常好的方法。通过简单的手动计算来测试这个策略的有效性，能够在详细设计开始之前有效地清除矛盾和障碍。这些计算不需要很复杂、很精确。现在学生都使用功能复杂的计算器，他们有时会认为数字位数越多就意味着答案更好或者更准确。然而在很多情况下，只需要信封背面那么大的地方当作演算纸，经过简单的手动计算(或者记录在工程师的笔记本上)，就足以证明设计策略的合理性。

例4.1

估计一个电池的功率通量

下面这个例子能够说明估计作为设计工具的重要作用。假设你的任务是为一个自动化处理的机器人设计电力输送系统，这个机器人是基于电池供电的。客户要求这个机器人能把桶抬离地面，把桶中的东西转储到位于地面0.5m的容器中，这个桶的重量忽略不计，但是桶中物品的质量大约为2.2kg。你的团队决定为动力系统(控制机器人位置移动的电动机和齿轮系统)和提升系统各自提供一组供电电池。这样，即使任何一个子系统的电池电量低，都不会影响另一个系统。因此，这次估计的主要任务是对提升系统使用的电池进行分析。

为了减少重量，你的团队想要使用尽可能小的电池。对于现有的电池技术，例如碱锰电池、镍金属氢化物电池、锂电池等，这些电池能够存储的能量与电池的物理尺寸成正比。因此，设计过程中的一个重要任务是估计将这个桶中的2.2kg的物品提高0.5m所需要的能量。每次提起桶所需要的能量乘以所需要提起的次数，就可以得知电池的大小了。

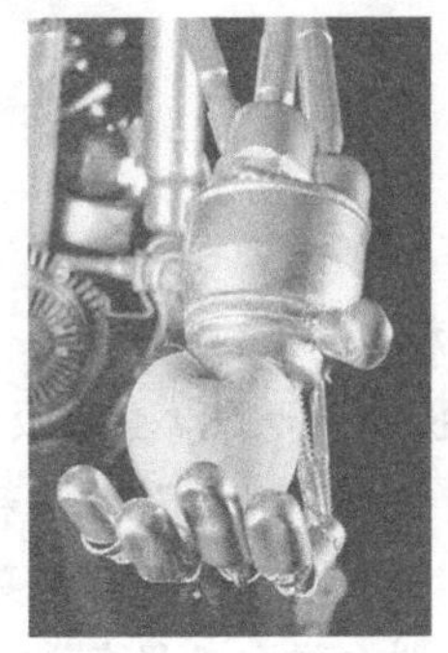

（图片由 Oliver Sved/Shutterstock 提供）

计算每次提起所需要的电池能量

在这次计算中，你必须考虑桶中物品重量的最大值。在最坏情况下（桶里的东西是满的），提起的物品质量是2.2kg，假设万有引力常数是10N/kg，那么提起过程需要克服的重力可以很容易计算出来：

132

$$F = mg = (2.2\text{kg})(10\text{N/kg}) = 22\text{N} \tag{4-1}$$

计算机械能 W 的公式也很简单，机械能又称为“功”（用 J 计算）。把桶中的物品提高 0.5m 所需做的功为：

$$W = Fy = (22\text{N})(0.5\text{m}) = 11\text{J} \tag{4-2}$$

从式(4-2)中得出，为了把物品从地面提高到接收者所在的高度，需要将11J的势能转移给桶。最终，这些势能需要由电池来提供，电动机的工作是将电池的电能转换成桶提升而增加的机械能。因此，电池中的能量等于提升桶所需要的机械能与其他电气和机械损耗的能量的总和。图4-1展示了系统的能量流关系图，这里，

功率(W) = 单位时间内的焦耳量

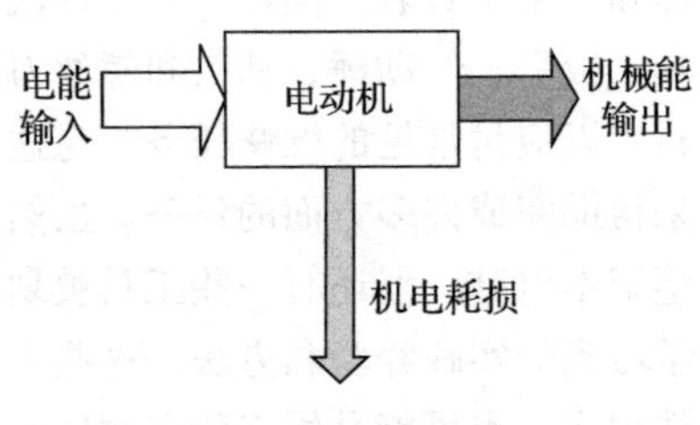

图4-1 能量流图

估计所需要的电功率

功率是单位时间内的能量（单位 J/s）。假设在此次估算中，提起桶需要给出22N的升力并持续10s，由此就可以估算出电池所需提供的功率 P，由提升桶而增加的机械能 W 除以提起桶所需要的时间间隔得到：

$$P = W \div \Delta T = 11\text{J} \div 10\text{s} = 1.1\text{W} \tag{4-3}$$

需要对这种估计过程的计算结果进行一些简单的检查以保证答案的合理性。为了与计算结果相比较，考虑家里使用的夜光灯。一个小浴室夜光灯的功率是4W，从经验来看这个灯即使一直亮着也不会变得很热。在这个设计中，电池每10s传递这个灯所需能量的1/4，系统应该不会产生太多的热量，那么这个答案应该是可信的。

估计电池的电流

系统的另一个重要参数是机器人将桶提高时消耗的电流。通过估计电流，就能够大致确定提升
133 机械使用的电子元件的容量，例如开关电路和晶体管等。电池给电动机提供的电功率至少等于提起重物所需要的机械功率加上电动机和传动系统（例如，齿轮、皮带、滑轮和轴承等）损耗的功率。忽略这些损耗，你可以得出一个简单的结论，把桶从地面提起的机械功率等于电池提供的电功率：

$$P_{\text{mech}} = P_{\text{elec}}$$

电池提供的电功率等于电压乘以输出的电流：

$$P_{\text{elec}} = VI \tag{4-4}$$

假设你尝试使用9V的标准电池(例如，烟雾探测器中使用的就是这种电池)为提升系统提供电功率。为了输出1.1W的功率，9V的电池需要提供的电流是：

$$I=\frac{P}{V}=\frac{1.1\text{W}}{9\text{V}}\approx 0.12\text{A}=120\text{mA} \tag{4-5}$$

此时，你应该在因特网上查找9V的标准电池所能够提供的电流是否超过120mA。经过调查你会发现，9V的标准电池仅可以在短时间内提供大约100mA的电流(1小时甚至更短的时间)。那么在你的设计中，这款电池基本上是在可行性的边缘。

仔细考虑……

回顾你的估计过程，你忽略了整个设计中的所有损耗，在实际系统中，从电功率转换为机械功率不可能是完美的。根据手册上的经验，一个设计优良的机电系统，它的功率转换效率也大概只能达到90%，而你只是在网上购买了廉价的电动机和零部件，转换效率只能更低。此外，估计转换得到的机械功率的利用率也只有60%，因为有一部分被齿轮和传动皮带的摩擦损耗了。因此，实际用来提升2.2kg物品的功率只有电池提供功率的50%。因此，要提起这个物品，电池需要传送240mA的电流，而不是120mA。

(图片由 Joe Belanger/Shutterstock 提供)

一个9V标准电池无法提供240mA的电流。作为替代方案，假设使用两块电池串联，那么就是18V，这个改变能够允许你把电流的估计值减少到60mA(参考式(4-5))，所以，实际所需的电流加上损失的电流，现在正好是120mA，这个值在每个电池所能承受的范围内。

这种重新估计的情况在工程中是很常见的。使用两块电池，电池的体积增加了一倍，存储的能量也就增加了一倍。另一个替代方法是，使用两个1.5V的D型电池(在手电筒中使用的电池)串联。在这种情况下，估计的值会变成： 134

$$I=\frac{P}{V}=\frac{1.1\text{W}}{3\text{V}}\approx 300\text{mA} \tag{4-6}$$

估计的电流值几乎是9V电池提供的电流的3倍(电压下降为1/3，然而V、I的乘积必须保持一致)，但对于D型电池的供电能力而言这并没有问题。一块标准的碱性电池可以提供500mA的电流，而电压几乎没有下降，因为它的体积和它存储的能量远远大于9V电池。

职业成功之路 135

随时准备着在必要的情况下调整你的结论

尽管花了很多时间和经历去做设计的选择，但是一个好的设计师知道什么时候去承认疏漏并改变最初的设计方案。在工程发展的历程中多次出现由于一个设计无法有效工作而被放弃的情况。举一个例子，很多大型城市都建有轻轨车辆(有轨电车)，工程师曾经设计了一种新型车门，把所有部件都放在车外面来增大电车内的空间。这种门就是一块完整而巨大(沉重的)金属板，依附在车的侧面，沿着车前进的方向滑动(就像一辆小型货车的侧门)。然而，在使用中发现，这个门经常被卡住，需要操作员下车用手关门。经过一些努力后，工程师最终完全放弃了这个设计，而用另一种方法代替，这就是现在大街上公共汽车使用的“手风琴”式车门。

例 4.2

估计要涂覆大型物体所需的涂料体积

下面用飞机制造业的例子来说明估计作为工程设计工具的重要性。假设你正在一个制造图 4-2 所示的这种小型飞机的公司中工作，制造部门的负责人认为，公司可以通过从液体涂料转变为静电干粉涂料来节省大量的资金。但是，静电干粉涂料需要在涂覆之后进行烘烤才能形成最终的成品涂层。更换新材料虽然能够节省材料成本，但需要增加购买新型喷涂设备的资产成本以及烘烤过程带来的能源成本。制造部门要求你来估计覆盖飞机所需的涂料总量，并以此做出是否更换材料的决策。在下面的讨论中列出了估计过程中涉及的主要步骤。

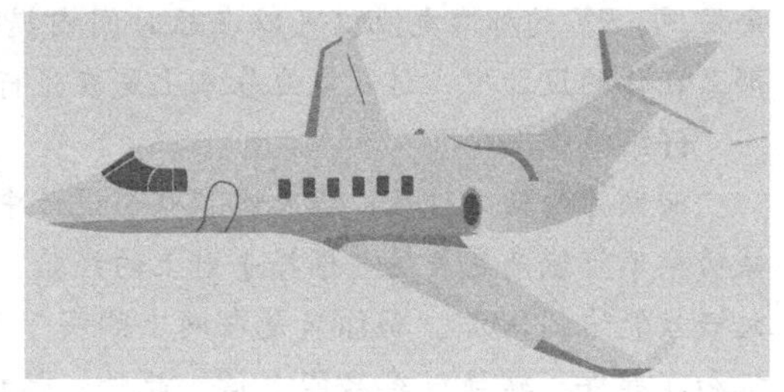

图 4-2　飞机机身的粗略草图

画出待喷涂表面的草图

第一步，画飞机机身的草图。图 4-3 给出了需要被涂刷的多个飞机部件的草图，其中最大的区域是机身和机翼，机舵和尾翼只需要很少部分的涂料。

估计每个部分的表面积

接下来，估计飞机每个部件的表面积。图 4-3 中提供了飞机各个部分的大概尺寸。例如，把机身建模成一个高 15m，直径为 3m 的圆柱体，我们得到它的面积是：

$$L \times \pi D = (15\text{m})(3.14)(3\text{m}) \approx 140\text{m}^2 \tag{4-7}$$

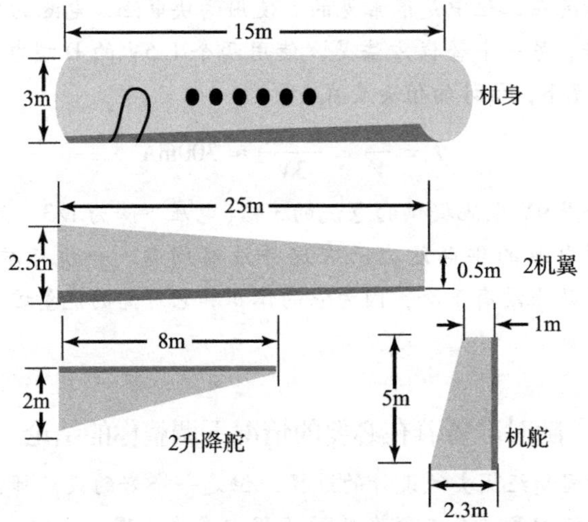

图 4-3　估算飞机机身部分的形状和尺寸

注意，不需要将 π 定义为 3.1416，也不需要得到的结果是 141.37(用计算器直接算出的数字)，因为这仅仅是一个估计值。我们不需要写小数点以后的数字，因为这个精确度是没有意义的。

两个机翼和机舵是梯形的，升降舵是三角形的，每个部件的尺寸如图 4-3 所示，三角形的面积等于$\frac{1}{2}$底×高，梯形的面积如式(4-8)所示。

$$A = \frac{(a+b)}{2}h \tag{4-8}$$

因此飞机每个部分的估计面积是：

两个机翼：$2 \times (2.5\text{m} + 0.5\text{m}) \times (25\text{m})/2 \approx 75\text{m}^2$

一个机舵：$(2.3\text{m} + 1\text{m}) \times (5\text{m})/2 \approx 8.3\text{m}^2$

两个升降舵：$2 \times (2\text{m}) \times (8\text{m})/2 = 16\text{m}^2$

下表是对飞机每个部分的面积进行汇总。为了估计方便，每个数据都只保留了两位有效数字，估计结果如下所示。

飞机各部分	估计的表面积(m^2)
机身	140
两翼	75
机舵	8
两个升降舵	16
总计	239

通过估算，可以得到飞机需要进行涂刷的面积是 240m^2。

与涂料的厚度相乘

接下来，我们估计所需的体积，体积等于飞机的表面积乘以漆皮的厚度㊀。平均漆皮的厚 136~137
度大概是 4mil，使用这个厚度，飞机所需要涂料的大概体积就可以计算出来：

$$\begin{aligned} \text{体积} &= \text{表面积} \times \text{厚度} = 240(\text{m}^2) \times 4(\text{mils}) \times 25 \times 10^{-6}(\text{m/mil}) \\ &= 0.02(\text{m}^3) \end{aligned} \tag{4-9}$$

1L 等于 0.001m^3，所以涂刷这个飞机需要 20L 油漆，或者是 5 加仑㊁。

练习

1. 计算将重 5kg 的桶提升到距离地面 1m 的高度所需要的能量。
2. 将例 4.1 中的 9V 标准电池替换成 4 个 1.5V AAA 电池，计算所需的电池功率。
3. 如果一个 6V 的电动机，允许通过的电流是 1A，并且它的转换效率是 85%，那么它可以产生多少机械功率?
4. 一个电动机的输出机械功率是 20W，它的转换效率为 60%，计算它产生多少内能?
5. 估计一根全新木制铅笔需要涂刷的油漆量。
6. 估计粉刷 10 英里公路的双黄线需要多少油漆。
7. 估计建造一个环绕华盛顿纪念碑的脚手架需要的木板的数量。

㊀ 厚度的常用单位是密耳(mil)，$1\text{mil} = 0.001$ 英寸 $\approx 0.025\text{mm} = 25 \times 10^{-6}\text{m}$。

㊁ 1 加仑≈3.785 升。

8. 对于一个有 4 间独立房间的建筑物，估算它的供水管道中存储的水的体积，并计算将这些水从 20℃(室温)烧到 80℃(淋浴水温)所需要的能量。这些能量的意义是什么？
9. 估计标准办公订书机装载夹中的订书钉数量。
10. 估计奥林匹克运动会的泳池需要多少加仑的水。
11. 估计涂刷一架波音 747 需要的涂料的体积。
12. 在 8.5 ×11 英尺的纸张上打印文件，要求字号为 10，单倍行距，页边距为 1 英寸，问打满
138 一张纸需要多少体积的油墨。
13. 估计煤气壁炉上的常燃的小火在 24h 中消耗的能量。
14. 调查全国人口对于外卖咖啡的平均消耗量，然后估计制作咖啡纸杯使用的纸的总量，这里假设咖啡店使用的都是纸杯而不是塑料杯。
15. 估计一个 2 小时时长的 DVD 的轨道长度。
16. 估计 $1m^2$ 毛毯中纤维的数量。
17. 估计一场 NBA 比赛中手接触篮球的次数。
18. 估计将一个保龄球下沉到 2km 深的海洋底部所需要的时间。
19. 估计一支普通圆珠笔能写多少内容。
20. 估计一支标准的记号笔能写多少内容。
21. 估计一个大型超市每年使用的垃圾袋数量。
22. 估计当汽车在加油站加油时，总计有多少汽油蒸发到空气中。假设这个加油站没有喷嘴蒸气回收系统。
23. 估计每年丢弃的牙刷的数量。
24. 估计全国人口每年使用卫生纸的重量。
25. 估计一个月中一个 1/4 美元的硬币被使用的次数。
26. 估计每天在全国各地的汽车由于在十字路口等待而耗用的汽油量总合。
27. 如果数据中心每天有 1 万台服务器工作，估计每周消耗的电力成本。
28. 估计使数据中心的 1 万台服务器冷却下来需要的水的体积。
29. 估计在“Google”中进行一次互联网上的搜索而产生的数据中心冷却用水量。
30. 估算铺设 1mile(或 km)的 4 车道高速公路所需要的柏油的体积。
31. 估计一盒 1.2b(约 0.5kg)的麦圈里有多少颗麦圈(例如，Cheerios 牌麦圈)。
32. 估计 1.2b 的麦圈盒子的体积。
33. 估计制作 100 万张信用卡所需要的塑料的重量(用千克计算)。
34. 估计在美国大陆使用 U 盘的数量。
35. 估计床头的电子闹钟全程开启(24 小时 ×7 天)使用的电量。
36. 估计当室外温度为 320℉(0℃)时，将第一层面积为 1000 英尺(ft)的公寓加热到 680℉(20℃)，需要多少热量。
37. 估计在你的正常生活中，一天中你用手指打出的字符的数量。
139 38. 估计空中客车 320 爬升到 30000ft 的巡航高度所需要的能量。
39. 估算一个盛满玉米种子的筒仓的重量，假设这个筒仓高 100ft，宽 10ft，玉米的质量密度是 $0.9gm/cm^3$。
40. 估算一年中的任何一天使用的曲别针的数量(只计算用于夹一摞纸的情况)。
41. 估算一天中某个给定时刻正在飞行的飞机中乘客的数量。

4.2 数字处理

4.2.1 国际单位制

虽然美国大部分制造公司仍然使用英制单位(例如，英里、英寸、英尺、英镑)，但是世界各地的其他国家(包括英国在内)主要使用国际单位制(SI)。国际单位制最初仅仅被使用在科学研究上(SI 来自于法语 Le Système International d'Unités)，后来逐渐成为世界通用的测量系统。1960 年在欧洲第 11 届计量大会上建立了**国际单位制(SI)**并发布了一些相关的使用规则。

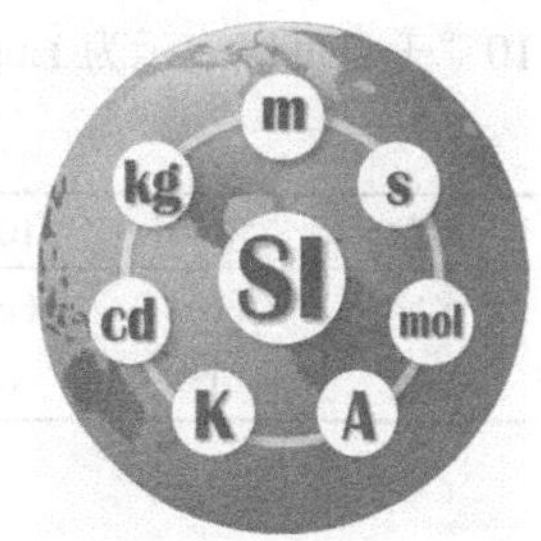

(图片由美国国家标准及技术研究所(NIST)提供)

在国际单位制中，长度用米(m)来计算，质量用千克(kg)来计算，时间用秒(s)来计算。其他一些标准单位有：安培(A，电流)、开尔文(K，温度)、摩尔(mol，物质的量)、坎德拉(cd，发光强度)。其他一些量，如表面积、体积、速度、压强、密度等，用这 7 个基本国际单位组合描述。在美国国家标准技术研究所可以找到完整的国际标准单位制以及它的规则，网址是：physics. nist. gov/cuu。

国际单位制中规定了关于符号、标点、大小写的使用规则。每一个单位都有标准的缩写，表 4-1 中列出了一些常用的单位缩写。单位的缩写一般使用小写字母，除非以人的名字命名的单位名称，为了纪念这个人，规定第一个首字母大写(例如，Pa、W、Hz)。单位缩写的后面不要带句号，除非它出现在句子的末尾。

表 4-1　一些常见国际单位制缩写①

单位	缩写	测量名称	发明者
米	m	长度	
千克	kg	质量	
秒	s	时间	
安培	A	电流	Andre-MarieAmpere(1775—1836)
居里	C	放射性	Marie Curie(1867—1934)
摄氏度	℃	温度	Anders Celsius(1701—1744)
法拉	F	电容	Michael Faraday(1791—1867)
赫兹	Hz	频率	Heinrich Hertz(1857—1894)
焦耳	J	能量	James Joule(1818—1889)
开	K	绝对温度	William Thomson, 1st Baron Kelvin(1824—1907)
流明	lm	光强度	
奈培②	Np	电压(或电流)放缩比例的自然对数	John Napier(1550—1617)
牛顿	N	力	Sir Isaac Newton(1642—1727)
欧姆	Ω	电阻	Georg Ohm(1789—1854)
帕斯卡	Pa	压强	Blaise Pascal(1623—1662)
伏特	V	电压	Alessandro Volta(1745—1827)
瓦特	W	功率	James Watt(1736—1819)

①如果一个单位是以人的名字命名的，那么它的缩写是首字母大写，全拼是小写字母。

②不是国际标准制单位，但经常出现在列表中。

当要表示的数字远大于或小于国际单位制的标准单位数量时，可以采用给单位增加10的倍数的方法来调整其表示的范围，这些倍数的变化可以用单位的前缀字母表示，表4-2中列出了一些常用的单位前缀字母。如果这个倍数大于10^3，前缀字母通常为大写。(表4-2中列出了工程师常用的单位前缀，这些单位前缀的范围从10^{12}到10^{-12}。)需要注意的是，在国际标准单位制中，千克是一个自身带有前缀的基本单位，而质量的基本单位是克而不是千克。例如，10^{-6}千克可以表示为1mg(1毫克)，而不是表示为1μkg(1微千克)。

表4-2 国际单位制中以10为底的幂

因数	10^{12}	10^{9}	10^{6}	10^{3}	10^{-2}	10^{-3}	10^{-6}	10^{-9}	10^{-12}
名字	太(tera)	吉(giga)	兆(mega)	千(kilo)	厘(centi)	毫(milli)	微(micro)	纳(nano)	皮(pico)
前缀	T	G	M	k	c	m	μ	n	p

4.2.2 单位一致

当处理方程式时，计算单位的正确与否是检查计算结果是否正确的一个好的方法。如果单位不正确，可能你在计算过程中已经出现了错误。这种检查方法有时称为**单位一致性检查**。

这种检查很容易执行，只需要保证参与计算的每一个数字都是使用国际标准制单位表示的。例如，假设我们计算圆筒形储罐的体积，我们使用的公式是：$V=\pi r^2 h$。如果$r=20\text{cm}$，$h=40\text{cm}$，那么计算的结果是：

$$\text{体积} = \pi(0.2\text{m}^2)(0.4\text{m}) = 0.05\text{m}^3 \tag{4-10}$$

等号左边是体积，单位是m^3，等号右边是相乘的3个量值，它们的单位都是m，所以结果的单位是米的立方，正好就是我们熟知的体积单位，等号两边的单位应该是相匹配的。

同样，假设我们计算一个物体在已知时间内下落的距离，这个物体受引力影响垂直下落，公式是$y=-1/2gt^2+v_0t$，其中引力常数$g=9.8\text{m/s}^2$，v_0是初始速度，单位是m/s，t是时间单位。应用这个公式，我们能计算出，一个炮弹以初速度$v_0=10\text{m/s}$，飞行时间$t=2\text{s}$，它运行的距离是：

140~141

$$y = -\frac{1}{2}(9.8\text{m/s}^2)(2\text{s})^2 + (10\text{m/s})(2\text{s}) = -19.6\text{m} + 20\text{m} = 0.4\text{m} \tag{4-11}$$

式(4-11)左边的每一项的单位都与长度有关，第一项是$(\text{m/s}^2)\times\text{s}^2=\text{m}$，第二项是$(\text{m/s})\times\text{s}=\text{m}$，式(4-11)右边的答案的单位也是m，因此式(4-11)两边的国际单位制是相同的，由此可以验证等式是正确的，没有错误。

4.2.3 有效数字

当你在工程中使用数字时，你必须考虑数字的**有效数字**。有效数字是除了前导的数字0以外的非零数字。数字只能用最低有效位数来确定它的精确度。一个数字的有效数字表示用它参与计算时能够得到的精准结果的最低数位。

例如，数字128.1、0.50和5.4，它们的精度分别是±0.1、±0.01和±0.1，第一个数字有四位有效数字，而第二、第三个数字只有两位有效数字。如果一个数字在小数点的右侧以零为末尾，那么这些零也算是有效数位，因此5.400意味着5.4±0.001(有4位有效数字。——译者注)。

第1位有效数字
第3位有效数字
0.0254
第2位有效数字

在两个或两个以上数字的计算中，使用参与计算的最低精度来表示结果的精度。例如，乘法和除法运算：127×0.50÷5.3，通过计算器得到的数字是 11.98113。但是，因为 0.50 和 5.3 只有两个有效数位，所以考虑到计算的精度，将结果四舍五入等于 12，这也只是有两个有效数位。注意，如果数字是 5 或大于 5，那么结果向上取值；如果数字小于 5，那么结果向下舍入。

职业成功之路 142

正确使用计算器的方法

典型的计算器或**电子制表软件**至少有 8 位有效位数用于计算，但并不是计算器显示的数字都有意义。作为工程师，你必须清楚地知道你用来计算的数值的有效数字位数，然后适当地丢弃一些计算器或者制表软件输出的多余数字。请记住，如果这些数值不代表有效数字，那么它是没有意义的。你需要养成一个削减多余尾数的习惯。大多数计算器和制表软件允许你限制数字小数点后的有效位数，并且自动进行舍入计算来得出结果。借助这些工具，可以把你的结果控制在最佳精度范围内，而不是过多的数字位数。提供一个正确的、数字位数得当的答案，能够体现出你在理解有效数字的重要性方面的专业素养。

4.2.4 尺寸和公差

现在的技术图纸往往使用 Solidworks、AutoCad、ProEngineer 等专业软件制作。当数字被应用在技术图纸中时，你就会明白有效数字的意义。这些软件程序通常是用来设计实际的物品并最终用于加工制作的。制作出的物品不会像物理模型一样精准，因为机床无法做到完美裁剪。一个裁剪工具在加工的过程中只能在指定位置的附近徘徊，同时温度、湿度的改变，或者加工过程中由于震动造成工作路径的偏差，都会对加工精度造成影响。其他制造方法，例如铸造法、喷射造型法和 3D 打印机都会有部分尺寸是不确定的。无论使用手工绘图或者软件绘图，都会在每个维度都标出公差，公差表示制作者对于成品所能接受的最大误差值。一般来说，如果要制造有严格公差要求的零件，那么就需要昂贵的加工或制造设备以及更多的时间，因为材料的裁剪、三维印刷层，或者制造步骤都必须进行得很慢。这些成品需要的费用大大提高。作为一个设计师，你必须清楚地知道哪一个维度上的精度更加重要，为此产生的额外费用是否是有价值的。

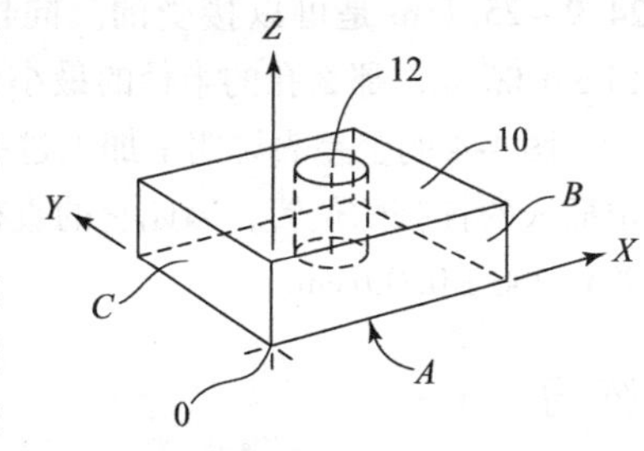

假设你的团队接到一个任务，为飞机设计机翼。你的设计工作是为第 1 版原型设计一个连接件，这是一个图 4-4 所示的带安装孔的金属板。这个工作对于简易的手工加工工具有些复杂，所以你决定使用机床制作。这个工作需要 CAD 工具（计算机辅助设计软件，如 Solidworks）和特定的机械工具，包括计算机控制铣床。你必须注意的问题是每一部分的制作精度。初期工作是制作一个能够在风洞中的空气动力性能测试的简易模型，你的团队需要一 143
个能够快速生产的近似机翼模型。然后，在最后的生产中，你要求制造商使用更多的加工时间来更加接近你指定的尺寸。这个过程中，工程师、机械师、制造商就是通过图纸上的数值符号进行沟通的。

注意图 4-4 中标注的不同尺寸上的公差。通过与机械师交流，对于每一块金属板尺寸的偏差，我们称为**公差**，这是可以接受的。这些图上的数字对于看到公差表的机械师而言，是很有意义的。对于这个特定的加工工作，这个孔直径的数值的有效数字位数最多，表示这是一个非常关键的尺寸。例如，这个支撑板的长度是 25cm，那么这个数字可以是 25.0、25.00、

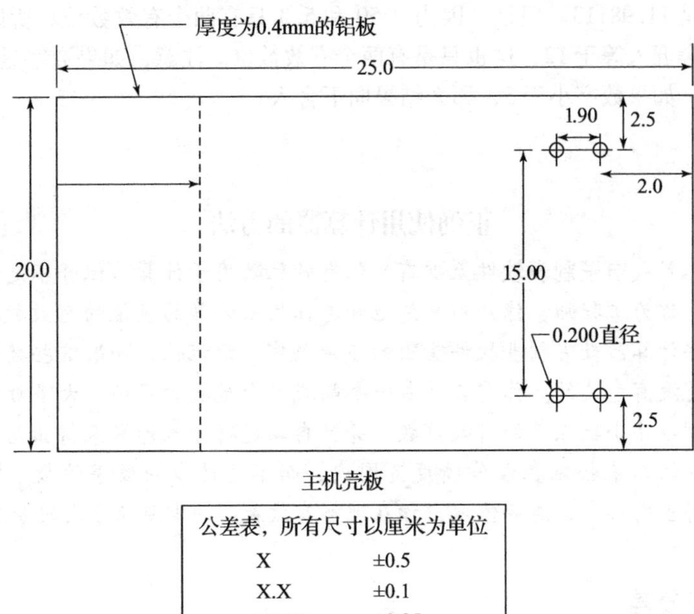

公差表，所有尺寸以厘米为单位	
X	±0.5
X.X	±0.1
X.XX	±0.05
X.XXX	±0.001

图4-4　支撑板的尺寸和公差表

25.000，尽管这些数字相等，但是对于机械师而言，它们的意义是不同的。通过公差表，数字25.0，小数点后有一位数字，将被机械师理解为25±0.1cm。一个完工的支撑板的长度范围是24.9~25.1cm是可以接受的。同样，孔的半径是15.00cm，通过查询公差表，加工公差是15±0.05cm，那么孔的半径的最小到最大范围应该是14.95~15.05cm。

图4-4的公差表说明了加工过程中要求最严格的是孔的直径。孔在这个零件中的目的是固定插入的针脚的位置，因此它的直径数值精确到了小数点后3位，这意味着一个严格的加工公
144 差0.200±0.001cm。

练习

1. 参考图4-4公差表，按规定的要求计算以下数值的最小和最大实际值：21.0cm，8.75cm，10cm，2.375cm，0.003cm。
2. 使用正确的有效数位计算以下算式的值：(4.5+8.2)×91.0÷12.1。
3. 计算下面算式的值：3.00+54.0+174+250使用正确的有效数字位数给出答案。
4. 计算下列整数的和：3+54+174+250这次结果的有效数字变成了什么？
5. 参考图4-4的公差表，重新调整下列数值，让它们的尺寸精度在±1mm之内：5.1cm，954cm，573cm，15mm。
6. 如果规定各个边的尺寸精度在±1mil(±0.001in)之内，那么一个1in正方形，两个边夹角的最小值是多少？
7. 一个边长为5cm的等边三角形允许的公差是±0.2cm，那么它的角的公差是多少？
8. 三角形的3个边长是3cm×4cm×5cm，允许偏差是±1mm。
   a. 如果边长是准确的，那么这个三角形的三个角分别是多少度？
   b. 每个角的正负公差范围是多少？

9. 使用一般五金店售卖的卷尺来测量物体，产生的公差是多少？
10. 假设你要在一个厚度为3in的混凝土阳台上制作一个10ft×12ft的木质框架，你希望找到一个几何中心来制作一个喂鸟的横杆。你计划通过拉两对角线的交叉点，找到正中心的准确位置，如果对角线的长度公差是0.5in，那么这个孔偏离实际的中心有多远？
11. 典型的简易计算器在计算过程中显示8个有效数字，请设计3个能够充分利用这种数据精度的应用场景？（如果你很富有，用来计算你个人所得税可能就是一种场景）
12. 假设弧度值θ的值精度范围是10^n，计算$\sin\theta$的误差百分比，n是整数并且范围是$-4<n<0$。
13. 假设使用3D打印机制作图4-4中的模型。如果要求制造厚度是0.50cm，并且不考虑尺寸的公差，需要多少材料？如果所有尺寸都是最大允许公差，最多需要多少材料？计算过程中忽略孔所造成的材料削减。
14. 一个圆柱形的转轴，直径是1cm，需要用它穿过一个直径几乎相同的孔。如果转轴和孔的间隙能够涂抹10mil的油膜，那么转轴和孔的准确尺寸是多少？允许的公差是多少？ 145

4.3 图的类型

大多数工科学生都熟悉广泛使用在代数和微积分中的x-y图。x-y图是一种复合图，能传递各种信息。例如，图4-5a显示了对于不同的入射光强度，光伏太阳能电池的输出电流和输出电压是不同的。同样，图4-5b描绘了一天当中中央处理器的使用百分比与时间的函数关系。这些曲线图中的坐标都是线性的，也就是说，在坐标轴上的每一个刻度表示的数值是相等的。

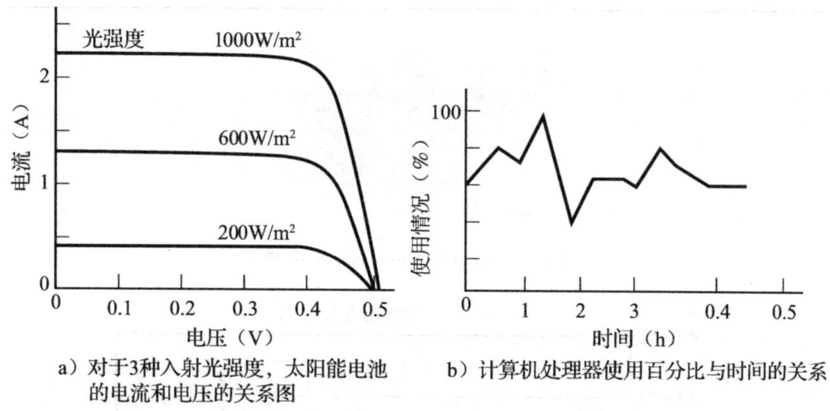

a）对于3种入射光强度，太阳能电池的电流和电压的关系图

b）计算机处理器使用百分比与时间的关系

图4-5 具有简单线性关系的x-y图的示例

很多时候，简单的x-y图不足以描述工作所需的数值信息，这种情况下，工程师会选择其他类型的图，包括半对数(semilog)图、双对数(log-log)图、极坐标(polar)图、三维图和直方图。接下来对每种类型的图做一个简短的介绍。

4.3.1 半对数图

如果数字的范围从一个量级扩大到几个量级，那么可以使用半对数图。例如，在生物技术方面，在营养培养基中细胞发展的近似形式类似于下式

$$n = n_0 e^{at/T} \tag{4-12}$$

这里，t是时间，单位是h；n是细胞密度，单位是每立方厘米的细胞个数；n_0是当$t=0$时的细胞密度；a是增长常数；T是特征时间常数，单位是h。假设你绘制24小时细胞密度的生长曲线。

实验开始时只有一个单细胞，设定 $a=1.2$，$T=1\text{h}$。表4-3中列出了从式(4-12)中得到的结果。

图4-6中展示了以表4-3的前两列为参数画出的曲线。如你所见，方程指数的依赖关系使得随着时间的推移细胞密度急速上升，只有20小时以后数据的对应值才能从图上读到有意义的数据。从这个图中，我们看到 n 的值扩展超过了12个数量级。因此，尽管 x-y 图描绘了细胞生长的指数性质，但用户很难从图中得出有意义的定量数据，特别是对于刚开始时段对应的数值。

表4-3 细胞密度与时间的关系

时间(h)	细胞密度(m^3)	细胞密度对数
0	1. E +00	0. 00
2	1. E +01	1. 04
4	1. E +02	2. 08
6	1. E +03	3. 13
8	1. E +04	4. 17
10	2. E +05	5. 21
12	2. E +06	6. 25
14	2. E +07	7. 30
16	2. E +08	8. 34
18	2. E +09	9. 38
20	3. E +10	10. 42
22	3. E +11	11. 47
24	3. E +12	2. 51

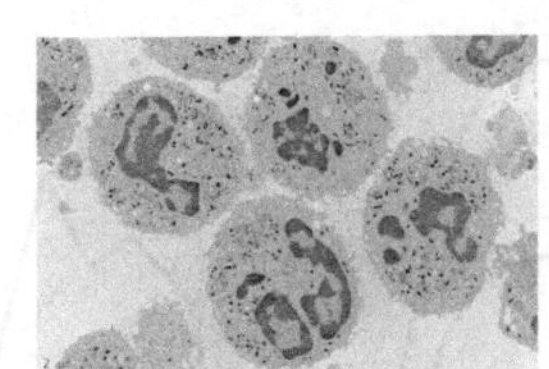

（图片由 Dlumen/Shutterstock 提供）

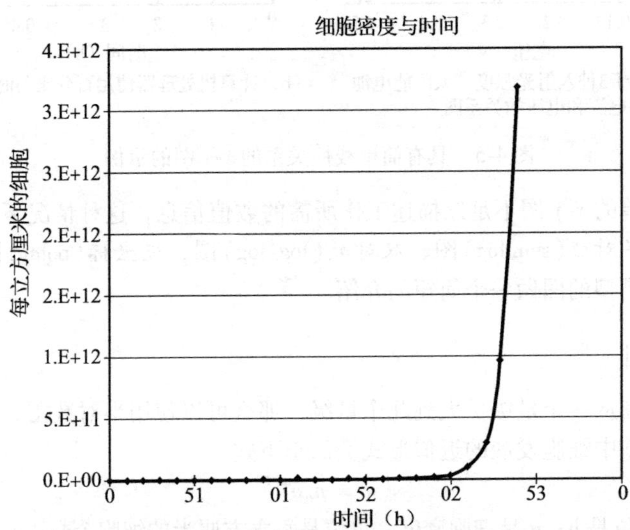

图4-6 细胞密度与时间的关系图。图的两个轴都是线性的

为了进行比较，图 4-7 中也是这个方程式的曲线，不同的是，这次的纵坐标是细胞密度以 10 为底的对数。换句话说，细胞密度是用对数级表示的，纵坐标上每上升一个刻度表示细胞密度提升了 100 倍。因此，这样可以把表 4-3 中的所有数据都画到图上了，而且这个图中可以清晰地看到 24 小时中的每一个时间点对应的细胞密度。

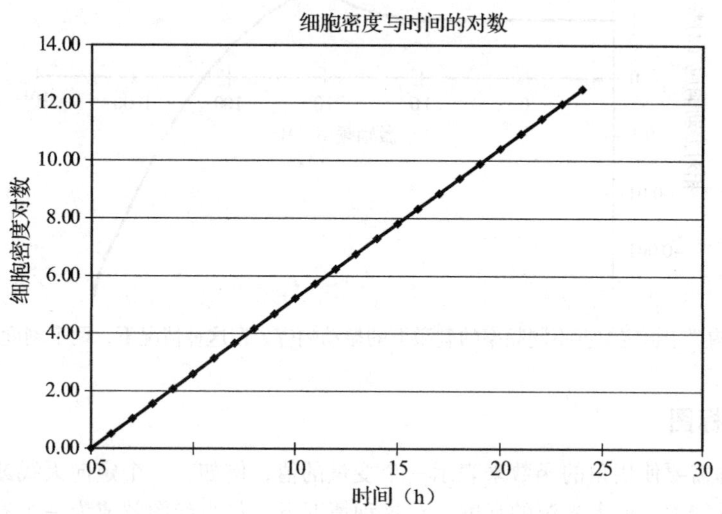

图 4-7　在半对数图上绘制表 4-3 中的数据点。因为细胞密度随时间呈指数增长，所以纵轴使用对数可以描述更多的点

纵坐标称为对数级的，因为纸上画的坐标轴的每一个刻度（例如，每一厘米一个刻度）表示数据的对数值的变化。因为在这种坐标系中，只有一个坐标轴是对数级的，另一个坐标轴还是线性的，所以这种曲线图称为半对数图。

需要说明的是，对数坐标实际上表示一个按比例计算的相对值，因此必须按照某个参考值进行归一化。在图 4-7 中，参考值是 $n=1$（单个细胞培养），数值计算的比例是 10 的幂次。最初的单细胞的对数值是 0。同样，$n=10$ 的对数值是 1.0。当 $n=100$ 时，这个数的对数值是 2.0；当 $n=10\,000$ 时，这个数的对数值是 4.0。

在表示数据时，如果数据在横轴上扩展多个数量级，也可以使用半对数图。用发动机推力的函数来描述高速飞机的速度就是一个例子。因为空气动力阻力随速度的增加而增加，因此速度越快需要的发动机功率也越大。将速度和推力的对数画在一张曲线图上可能会比较合适。

4.3.2　双对数图

有时工程师需要用曲线展示相关的两个变量都扩展到了多个数量级，在这种情况下，可以使用**双对数图**。在双对数图中，水平轴和垂直轴都使用对数级坐标。双对数图可以用来表示事物在不同频率刺激下的物理反应（术语“频率”指的是 1 秒内刺激行为周期发生的次数）。如图 4-8 所示，对被测结构施加正弦振动时，测试结构的位移振幅与振动频率的关系。需要说明的是，在这张图中无论激励频率怎么变化，施加的正弦力的大小始终是相同的。利用双对数图，工程师可以表示大范围的位移振幅和振动频率之间的关系。146~148

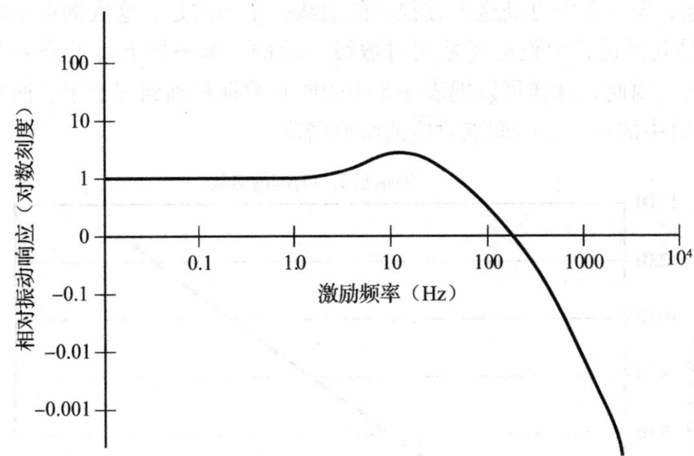

图4-8 测试结构置于恒定幅度不同频率的刺激下的振动响应。在这种情况下，两个刻度最好表示为对数

4.3.3 极坐标图

有时工程师需要使用角的函数来表示一个变量的值，例如，一个定向天线或麦克风的敏感性，人耳的听觉能力，或者光源的强度。在这种情况下，*极坐标图*就成为一个有价值的工程工具。极坐标图的坐标变量是径向值 r 和角度 θ，而不是一般的变量 x 和 y，其中曲线上的点表示特定的角度 θ 与这个点到中心的距离 r。

图4-9是一个极坐标的例子，该图表示*八木天线*(Yagi receiving antenna)从不同角度接收无线电波信号时的敏感度。我们假设从各个角度传来的无线电波的强度是相同的。从天线收到的信号将传送到接收电路中，将无线电波转换成声音或数字信息。这个天线最敏感的角度是0°、+90°和−90°。相反，天线的两个*盲点*，或者说，敏感度为零的角度值，是+34°和−34°。从图中也可以看到，这两个角度所对应的点的径向值滑向了0。

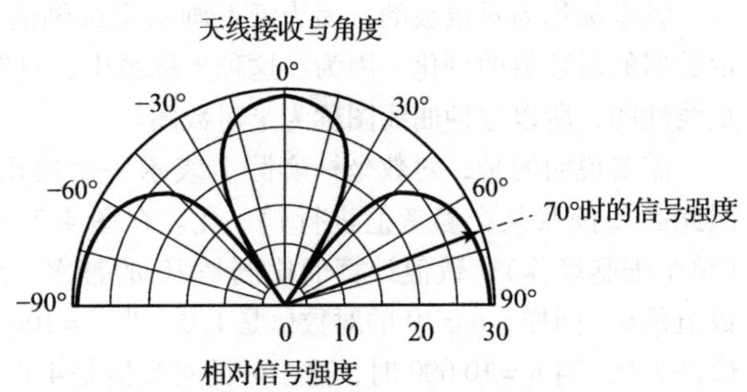

图4-9 天线模式的极坐标图。源自原点的向量的长度表示在给定角度 θ 处接收的强度

有时，在 r 轴上表示的数据的范围可以扩展到好几个数量级。在这种情况下，使用对数径向(log-radial)图来描述数据比较合适。在对数径向图中，从中心到图上一点的距离表示数据值的对数。图4-10是一个对数径向图的例子，这个图表示“爆米花”型麦克风(一种高定向型麦克风)在不同角度上的反应，其中径向坐标是*分贝*(dB)，由下式定义。

$$\text{dB} = 20\log_{10}M \tag{4-13}$$

这里，M 表示传入常量声压值时麦克风所产生的输出电压的值

4.3.4 三维图形

有时二维图形不能充分表示工程数据。当给定的输出数据是两个输入数据的函数时，可以使用三维曲线(x-y-z)。但是，纸和计算机屏幕都是二维的，因此需要使用特殊的技巧来绘制

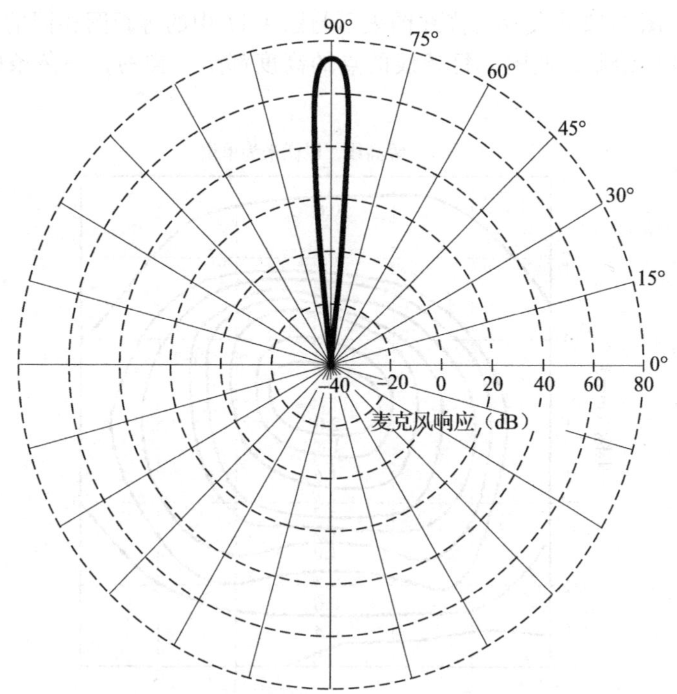

图 4-10　在极坐标图上绘制的高度定向的“爆米花”麦克风的响应曲线图，其中径向刻度是对数。在这种情况下，选择以分贝(dB)为单位。每增加 20dB 相当于乘以 10

两个变量的函数。在很多情况下，在图 4-11 中使用等距线是一个不错的选择。该图表示在一个微机械的表面上，深度与 x-y 平面坐标的函数关系。这个样品的厚度，表示为相对于“地平面”的高度。在这个图中，显示为 x-y 平面上的一个像山丘一样的平面的高度。图 4-11 中的曲线是借助一个干涉测量光学扫描仪得到的，垂直方向上的单位是微米(μm)。 149~150

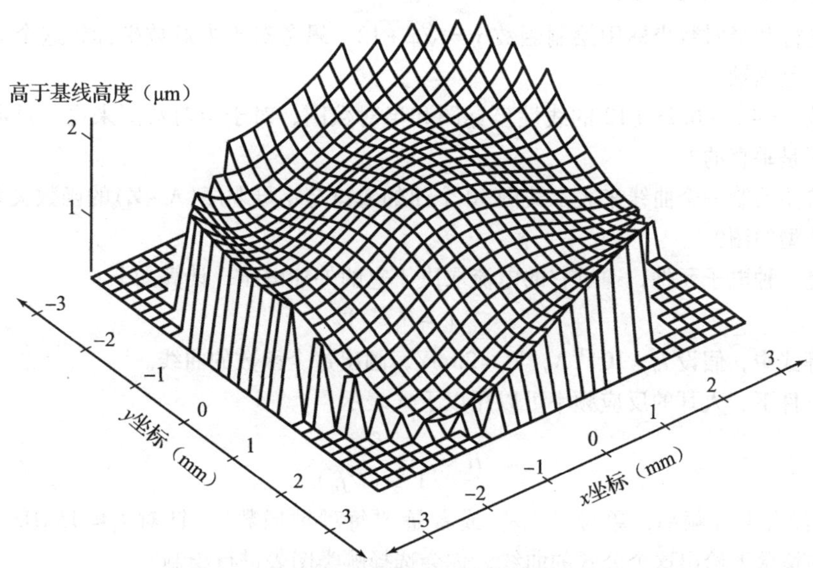

图 4-11　在 x-y 平面上的半导体表面的深度函数的等距图

如果 z 的值随着 x-y 的变化而剧烈变化，那么可以考虑使用平面等高线图。在等高线图中，将 z 值相同的点连接成一条曲线(有时也称为等压线)，曲面的陡峭程度与相邻等压线之间的距离成正比。图4-12中使用等高线图表示与图4-11中的等距图相同的内容。使用等高线最多的地方是地图绘制，地图上每条线的点的高度都是一样的，一条条的线表示目标区域的高度。

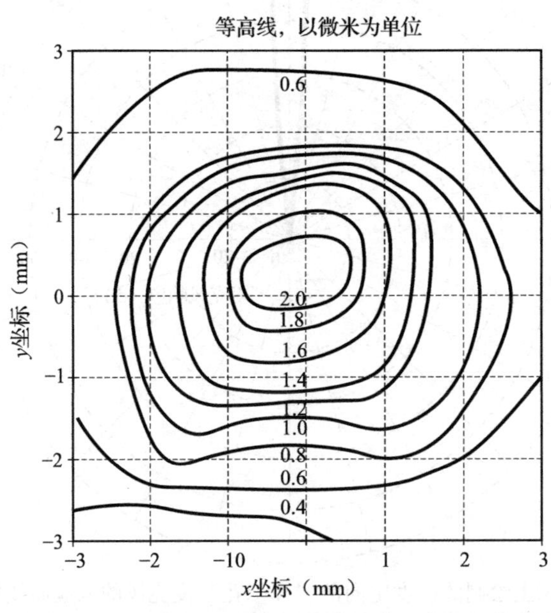

151 图4-12 图4-11的等高线图

练习

1. 绘制一个圆的面积与圆的半径之间的函数关系图，半径的范围是0m < r < 1m。线性 $x-y$ 图和半对数图哪一个更合适？
2. 在线性坐标和半对数坐标中绘制函数 $y=\sqrt[3]{x+12}$。思考对于半对数坐标，这个对数轴应该是横轴还是纵轴？
3. 绘制函数 $y=4x^3+6.2x+12$ 的线性坐标图和半对数图，对于半对数图来说，对数轴应该是水平的还是垂直的？
4. 假设你希望绘制一个曲线来表示美国50个州的人口与字母顺序(A ~ Z)的函数关系，你会使用哪种类型的图？
5. 二极管是一种电子元件，通过它的电流取决于它的外加电压，计算如下：
$$i = I_0 e^{v}/V_T \tag{4-14}$$
在这个等式中，假设 $I_0=10^{-12}$A，$V_T=25$mV，画出这个函数的曲线。
6. 在一定条件下，人耳的反应频率可以用以下式表示：
$$H = \frac{f/f_0}{1+(f/f_0)^2} \tag{4-15}$$
这里，f代表声音频率，单位是Hz，或者是"每秒钟周数"。针对 $f_0=15$kHz，1Hz < f < 100kH的情况下给出这个公式的曲线，你会选择哪类图表进行绘制？
7. 整数的斐波那契数列有以下规则：数列的第一个数字是0，第二个数字是1，然后每一个数字的后续数字等于这个数字与它的前一个数的和，因此这个序列值是：0，1，1，2，3，5，8……画出序列中的前50个数字与数字所占序号的关系图。你会选择绘制哪种系列的图？

8. 假设你在内布拉斯加州的奥马哈，大概是美国的地理中心，画出以下城市的人口与该城市的罗盘角的函数关系：

布朗斯维尔	得梅因	奥林匹亚
比尤特	底特律	奥兰多
芝加哥	梅萨	普罗维登斯
克利夫兰	明尼阿波里斯	圣地亚哥
代顿	莫比尔	旧金山

9. 许多物理现象都可以表示为一个方程：$x=N_0(1-e^{-t/T})$，这个方程有时称为一个"指数上升"，尽管这个函数中指数上的参数是一个负值，但是随着时间的推移，x 值上升并不断接近 N_0的值。画出这个方程的曲线，假定 $N_0=100$，$T=5$。使用哪种类型的图最合适？ 152
10. 从美国国家数据浮标中心(www. ndbc. noaa. gov)中查询浮标 41112 测得的风力数据值，什么类型的图示更适合表示过去一周风力数据与时间的关系？
11. 某款手机天线的输出功率可以表示为：

$$P = 2P_0\sin(2\pi\cos\theta)$$

其中 P_0是在不考虑天线的输出功率与夹角的关系时，手机的基础输出功率。在极坐标系中画出 p 和 θ 的函数关系曲线。
12. 画一条曲线图来描述在太阳系中每一个行星的直径与它们各自围绕太阳公转的半径的函数关系。
13. 使用恰当的半对数图来描述曲线方程：$y=K(1-e^{-x/x_0})$，这里，$K=12.2$，$x_0=0.01$。
14. 绘制人均消费的天然气量与纬度的函数关系曲线，你可以通过网络搜索来获取这些数据。
15. 绘制人均消费盐的数量与国家的函数关系曲线，你可以通过网络搜索来获取这些数据。
16. 绘制某个特定身高的人口数量与国家人口的平均身高的函数关系曲线，你可以通过网络搜索来获取这些数据。
17. 寻找一条繁忙的街道，绘制一天内每分钟通过的汽车数量与时间的函数关系曲线。
18. 绘制一个平板电脑的存储容量(以 GB 为单位)与所对应的价格的函数关系曲线。
19. 找到至少 10 辆车的信息，绘制汽车的耗油量与汽车价格的对应关系曲线。
20. 假设你在使用 0.5mm 直径的电线绕线圈，这个线圈的内径是 1cm，如果线圈有多层，每层绕有 50 圈，绘制使用的线的长度与层数的函数关系曲线。

4.4 原型设计

无论设计什么，开始时都需要仔细规划。从头脑风暴阶段到随后的设计周期的迭代，远见总是比事后醒悟更有价值。在项目的早期阶段，设计师通常依赖估计、绘制草图、近似和其他一些验证设计可行性的测试工具来解决问题。如果合适，下一阶段将进入计算机模拟阶段。从某种程度来说，在这个设计阶段中，应该构造出第一代可以工作的原型。**原型**是成品的实物模型，体现了产品的所有显著特点，但省略了不必要的元素。例如，一个精致的外观或者一些不关键的基本操作等。原型基本用在所有的工程行业中。例如，图 4-13 展示了一个火星多功能建造车的原型概念，这是美国国家航空航天局的未来 EOS 火星开发项目的一部分。这样一个概念模型可以帮助工程师在地球上识别出设计缺陷，在送上火星之前找到问题。 153

图4-13　一个火星多功能建造车的原型概念，这是美国国家航空航天局的未来EOS火星开发项目的一部分(图片由Jan Kaliciak/Shutterstock提供)

产品的原型可以采用很多种方式。如果产品是电子的，它的模型通常建立在一个临时的面包板(breadboard)上。在面包板上，工程师可以将各种电子元器件连接在一起组成电路，例如，电阻、电容、晶体管和集成电路等。在面包板上可以快速地更改和调整电路，从而可以不断地对设计方案进行功能测试，这是设计过程中非常关键的环节。图4-14就是一个利用面包板进行试验的例子。

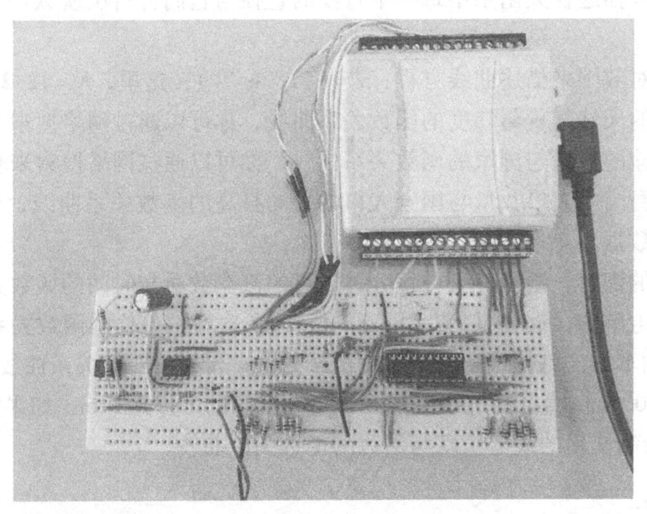

图4-14　电子面包板上布局良好的电路

生产机械产品同样需要使用易于修改的原型模型。机械产品可以选择容易加工制作的材料来生产一个版本，这个版本只是用于测试和评估，不会像成品一样耐用并具有视觉吸引力。一个机器人手臂，最终会以不锈钢材质制作，但是为了初步测试零件兼容性和总体性能，可能会使用木材或者铝来制作一个初步原型。木材和铝很容易钻孔和制作，并且也更容易找到，但是在实际应用中不如不锈钢或者钛更耐用。机械原型也可用木条、绳子、角铁和其他相似结构的材料来制作。图4-15是一个机械原型的例子，显示了一个临时安装的测试太阳能电池板的原型，这个原型中的木条上有很多的孔，用于快速建造，并能够适应设计周期的修订阶段的调整要求。这个基板由木材建造，但是在最后的设计版本将用铝梁代替。

图 4-15　由角铁棒、胶合板和塑料防护网制成的临时太阳能测试安装的结构

另一个物理原型的例子是图 4-16 所示的球窝式人工髋关节。在开发阶段，这个设备使用铝和聚乙烯制作，这些都是很容易加工的材料，用于检测其运动范围，或者开发大规模生产使用的设备。准备植入人体的成品则是由医用外科级钛和成本比聚乙烯高 10 倍的高强度聚合物制成。

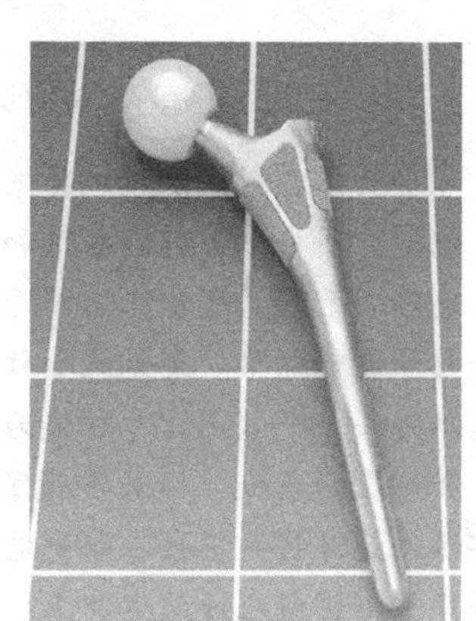

图 4-16　球窝式人工髋关节。成品由昂贵的钛制成。在开发过程中，初始原型可能由铝或不锈钢制成（图片由 NASA 提供）

工程师和建筑师设计大型结构，例如建筑物、桥、水坝，会遇到其他工程师没有遇到的障碍。为了测试，建立一个全尺寸的原型模型是不实际的，这将需要高昂的成本。例如，测试一幢高楼的框架，由于这幢楼可能在偏远的沙漠位 154~155 置，需要测试它在倒塌之前所能经受的最大持续风速，这样的原型建造成本是无法接受的。工程师制造大型结构的产品在原型阶段使用比例模型来验证他们的设计。在比例模型上通过实验观测结果，然后依据维度相似性来推断全尺寸模型的工作状态。结构稳定性、风荷载和大规模运动等测试项都可以依据比例做出相应缩小，测试后采集的数据再放大后用于推断全尺寸结构。在测试模型的空气动力效应方面，风洞被广泛使用。振动、燃烧和波动现象在缩小模型上的测试效果并不太好，因为这些测试产生的效果是相对固定的，并不会因为原型尺寸按比例的缩小而变化。（正是因为这样，在电影场景中使用船的缩小模型拍摄海上场景或者大型建筑物的模型来拍摄燃烧场景才不会看起来不真实。）

软件模块也需要经历一个原型阶段。通常情况下，一个软件程序的核心部分（软件程序中的承担功能和逻辑的部分）是被提供给用户访问的图形界面（GUI）所包围。软件工程师通常在写 GUI 之前使用很长时间来编写和测试程序的内核部分。

例 4.3

电子原型

在前一节的讨论中，原型设计阶段帮助设计师查找设计缺陷，发现最初计划和评估阶段没

有意识到的问题。下面的场景展示了细致的原型设计在工程设计中的重要性。在下面这个场景中，蒂娜(Tina)、蒂姆(Tim)和塔利(Tally)三个人正在测试他们在多学科项目课程中设计的心率监视器的原型。他们的目标是设计一种设备，可以测量跑步者的心率并且把数据通过无线接口传送给教练。这个设备也可以用作医学诊断工具来动态监测心脏病人的心率。蒂娜，电子工程专业，主要负责心脏监测传感器。蒂姆，机械工程专业，设计监视器的外壳和用来将传感器绑在跑步者心脏部位的带子。塔利，计算机工程师，设计**微处理器**系统来测量心率和设计无线连接线路，将数据传送到基站。一个整体系统的草图，如图4-17所示。

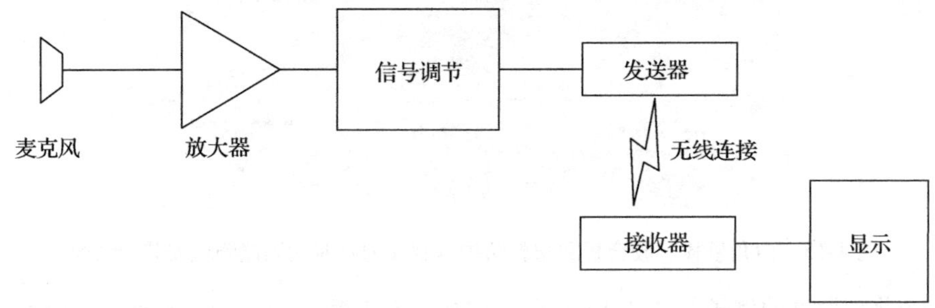

图4-17　将跑步者的数据传送到轨道旁基站的心脏监视器的框图

学生们正在测试麦克风传感器。这个传感器最终将被慢跑者戴在身上。他们计划先把蒂娜的电路和蒂姆的绑带部分做到完美，再与塔利的计时电路、无线电路和基站等进行组合。蒂娜的系统包括麦克风、放大器和信号调节电路。麦克风和放大器将人类的心跳作为模拟信号，而调节电路将每一个心跳信号转换为数字脉冲，发送到塔利设计的测量系统中。蒂娜在面包板上临时搭建了监测电路。在原型的最终版本确定后，这些器件最终将被焊接在印刷电路板上，并且放置在蒂姆的防磨损的软塑料壳上，穿戴在慢跑者身上。

塔利自愿做系统的测试者，学生利用蒂姆的绑带在塔利身上安装了一个麦克风。塔利站在原地不动，同时蒂娜通过示波器观察放大器的输出信号。信号跟踪的结果如图4-18所示。学生认识到这个波形图是人类心跳的标准信号。蒂娜把示波器连接到输出信号调节电路，得到的脉冲如图4-19所示。通过测量每两个脉冲之间的水平分隔距离，学生估算出塔利的心跳为每分钟60次左右。

接下来，蒂娜让塔利原地慢跑，示波器上的脉冲信号显示如图4-20所示，脉冲不再是等间距的，这意味着统计到的心率已经是极其不稳定的了。但是塔利感觉很好，心脏没有不舒服，当塔利被要求停止时，脉冲返回等间距的特征。学生排除了任何导致心率不稳定的健康问题，那么哪里出错了呢？蒂娜问自己，她让塔利恢复原地慢跑，但是同样的事情发生了，脉冲信号变得不稳定并且间隔不均匀了。

经过一些简单的思考之后，学生怀疑麦克风的连接线坏了。他们来回抖动麦克风线，但是脉冲模式没有变化。塔利再次开始慢跑，脉冲信号再次不稳定。

蒂姆检查原型的放大器输出与信号调节电路的连接点。因为塔利正在休息，所以脉冲信号也变得正常，如图4-18所示，条件信号显示如图4-19所示。

汤姆建议说：“用不规则的步调慢跑试试看，我来检查一些东西。”塔利开始嘻哈式慢跑，此时追踪的信号波形如图4-21所示。

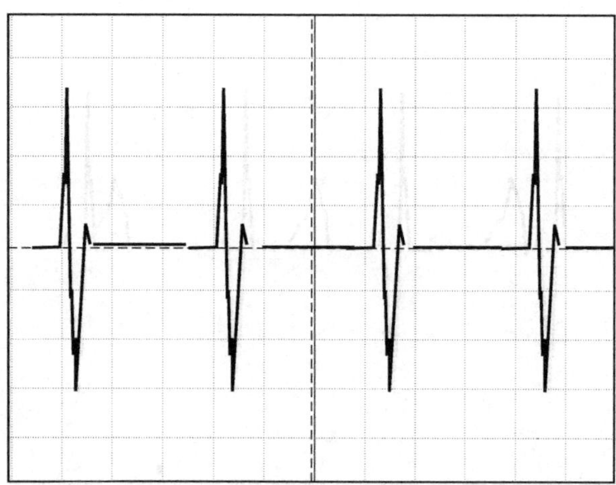

图 4-18　图 4-17 的放大器部分的输出。波形类似于人类心跳声音的图形

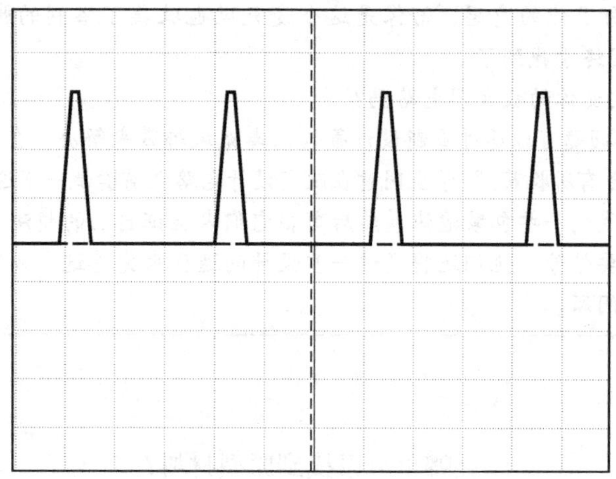

图 4-19　响应图 4-18 中信号的图 4-17 的信号调节电路的输出。每分钟的脉冲数由心率决定

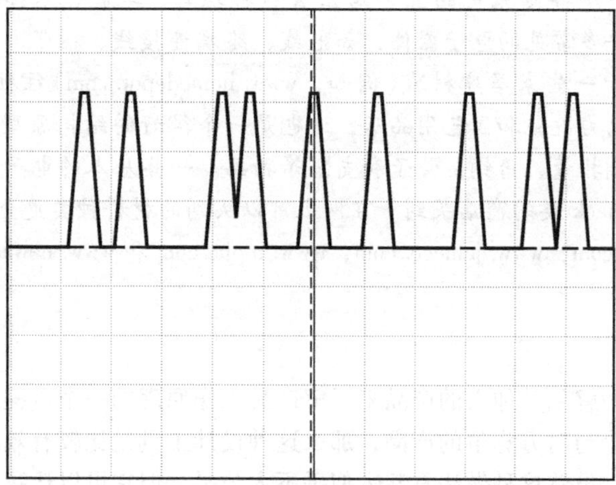

图 4-20　跑步者原地慢跑时信号调节电路的输出。信号显示不规则，表示系统出现问题

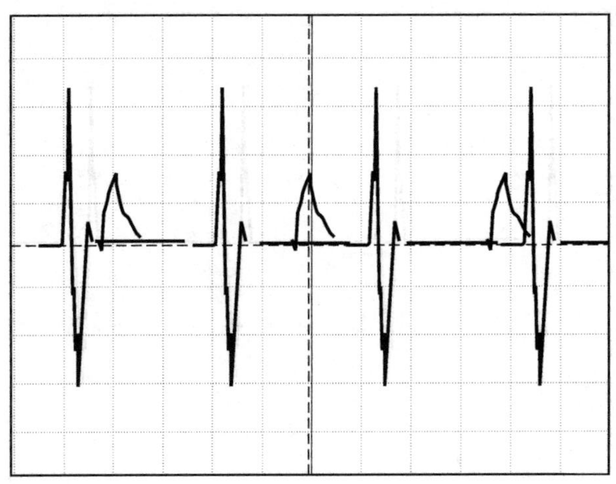

图 4-21 跑步者原地慢跑时放大后的麦克风信号。学生发现轨迹的多余部分与跑步者的脚步声音相对应

蒂娜说："我明白了你的意思，好像是这个麦克风也收集了塔利的脚拍打在地面上的声音。"奇怪波形的秘密终于找到了。

塔利问："你能改变你的放大器电路吗?"

蒂娜回答："这个问题可以通过重新设计蒂姆的麦克风绑带来解决。在塔利的胸部增加一些软垫和隔音泡沫可能会有所收获。"学生同意在改变设计电路之前尝试一下这个廉价的解决方案。

他们在实验室里找到一些包装泡沫，然后剪裁它们来验证自己的想法。添加泡沫大大减少了在示波器上的不必要信号。他们还将通过一些设计的迭代来完善这个方案，但是他们似乎解决了刚才这个特定的问题。

职业成功之路

在哪里可以找到原型材料?

创建原型所需的材料可以在很多地方找到。如果构造机械结构，你当地的五金店是一个很不错的去处。一个备货充足的五金店出售各种螺母、螺栓、木棒、木钉、扣件、弹簧、铰链和支架。许多常见的电子器件，如电线、终端连接线、磁带、套接字和开关也能在当地五金店买到。一些家居建材城(例如，www. homedepot. com)往往配有大型五金店、木工作坊、管道、电力设施和园艺用品店，这也是一个很好的结构原型材料的采购地，可以买到如胶合板、捆扎带、角钢、管子和支架等物品。一些基本的电子元件和电路实验板可以在当地 Radio Shack 类的商店买到。在网上可以买到的材料种类更全，价格更低，网址包括：www. digikey. com，www. jameco. com，www. mpja. com 和 www. newark. com 等。

4.5 逆向工程

逆向工程是工程师解剖其他人的产品来了解产品工作原理的一个过程。如果你的目标是使用自己的技术创造一个与对方竞争的产品，那么这种设计工具是比较有效的。全世界的公司都在定期实施逆向工程，虽然这种做法看起来似乎不太公平，但它可以让我们了解并刻意回避竞争对手使用的方法，是避免专利侵权和其他法律问题的有效手段。对于自己公司的产品，逆向工程也是一个好方法，能够让你了解在产品操作说明书介绍不充分或者丢失的情况下用户是如何使用产品的。

逆向工程的一个常用方法就是把产品拆开。设备被完全拆卸后将揭示其组件的细节，以及它们为了设备正常运行的交互方式。例如，图4-22展示了一个杠杆驱动的门栓锁的拆解图。 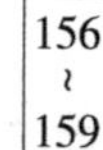

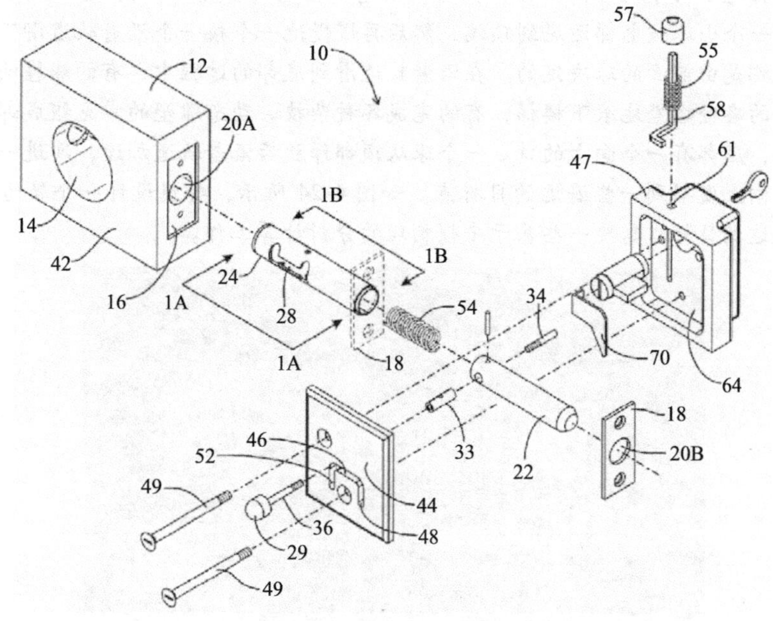

图4-22 杠杆驱动的门栓锁的分解装配图(美国专利8001813)

在软件开发领域，在网络上写网页时甚至鼓励使用逆向工程。所有主要的Web浏览器提供了一种方法来查看和破译超文本标记语言(HTML)的代码(HTML是用于存储和编码已下载到计算机中的网页的一种程序语言)。这种做法促进了开放的信息交流环境，是因特网自形成以来的标志之一。与此相反，已经用高级编程语言编写的软件，如C、C++、Java、MATLAB、Mathematica、MathCAD、或者Python，对它们进行逆向工程就比较困难，特别是，如果该软件的文档写得很差时，情况就更糟。软件程序中的大量执行路径和复杂逻辑连接会使读者感到很困惑，难以理解程序是如何运行的。

4.6 计算机分析

当设计师第一次设计产品时，他们经常建立简化的原型来验证其基本工作原理。许多情况下，在建立工作原型之前只需要简单地手动计算就好了。然而，在有些时候，验证一个设计概念的可行性需要使用非常复杂的计算。而计算机可以成为这一验证过程的重要组成部分。**模拟**是计算机的一个重要功能。无论设计桥梁还是设计电子电路，都有许多软件程序可以帮助设计师模拟设计过程。流行的仿真程序包括：PSpice(电气及电子电路)、COMSOL(基本物理原理仿真)、Pro-Engineer和Solidworks(实体建模)、Simulink(工程系统分析)和FEMLAB(结构和现场分析)。很多数学软件工具，如MATLAB、Mathcad和Mathematica等，在分析工程问题时也是非常有用的。在接下来的例子中，我们使用模拟仿真来辅助动态雕塑(kinetic sculpture)的设计。分析的步骤中使用了MATLAB编程语言。虽然这个例子选择了这个具体的软件环境，但方法是通用的，并且可以用任何计算机语言或者能进行数值计算的软件程序实现。 160

例4.4

计算一个移动对象的轨迹

这个例子描述了用于设计博物馆和机场的动态雕塑的计算过程。图4-23展示了这种机器的一个例子。一个小球被电梯运送到顶端，然后再慢慢地一个接一个沿着轨道滑下来。一个球滑过哪条轨道都是由前面的球决定的。在沿着轨道滑到底部的过程中，有的球撞响铃铛，有的翻转杠杆，有的咯噔咯噔地滚下楼梯，有的完成各种杂技。动态雕塑的常见组成部分是一个向下倾斜的轨道，底部有一个向上的口。一个球从顶部释放后沿着轨道加速，冲进一个可调节的发射管，然后向上发射到一些遥远的目标点。如图4-24所示，要想设计一个轨道和发射管控制小球准确地达到目标，需要一些基于牛顿物理的分析计算工作。

图4-23 动态雕塑。沿着一条路径，一只球落在一个红木盒子里，产生了一个冲击噪声

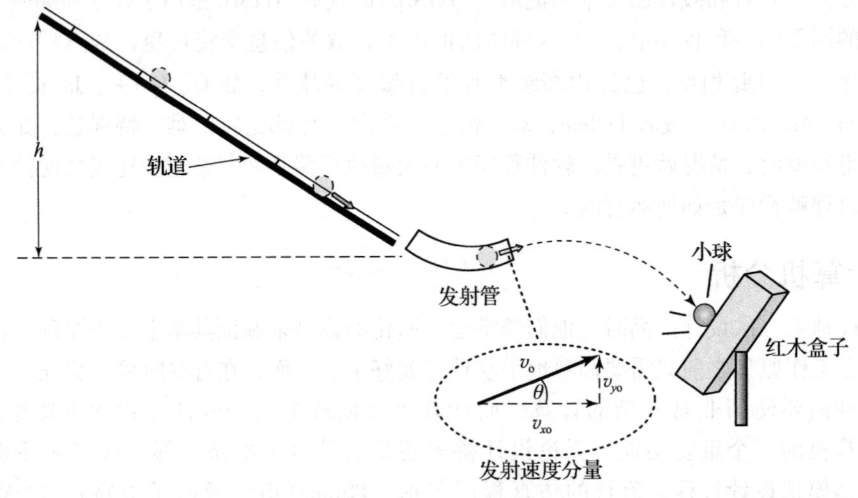

图4-24 设计一个轨道和发射管，需要一些分析才能使球准确地达到目标

典型的动态雕塑可能有多个这样的小球发射轨道。下面例子展示了如何利用计算来确保每一个球从特定的发射轨道出发后一定能到达一个目标“红木盒子”（一个木制的音乐乐器，当敲击时发出中空的声音）。发射轨道的末端与目标之间的距离是雕像设计师设计的参数之一。一旦为红木盒子选择了一个位置，设计师必须确定正确的轨道角度、轨道长度和发射角，以确保小球能击中目标。然后，在轨道原型上对这些设计好的参数进行测试后，才能将它们应用到

完工的雕塑中去。

图4-25展示了这个测试系统，它包括一个固定长度的发射轨道，尾部连接了一个灵活的发射管，以及一个允许轨道设置为不同角度的支架。通过改变发射点的位置可以模拟各种轨道的长度。

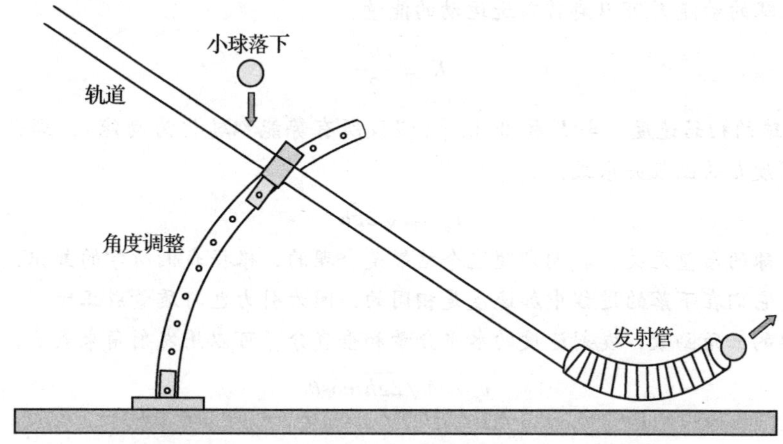

图4-25　一个固定长度的发射轨道，尾部连接了一个灵活的发射管，以及一个允许轨道被设置为不同角度的支架

在一个雕塑的某个部分中，红木盒子放置在40cm以外高出发射点20cm的地方。有一个球，它的直径5cm，质量135g。假设不计空气阻力，那么这个球一旦被释放，将在重力作用下沿着轨道向下滑行，并在发射后遵循抛物线轨迹运动。轨道长度、下滑的倾角和发射角的选择都成为整体设计的一部分。

利用计算机可以很容易地计算出球的轨迹。假设轨道中球的初始速度是$\boldsymbol{v}_0$，小球被释放后的运动方程遵循牛顿第二定律：

$$\boldsymbol{F} = m\boldsymbol{a} \tag{4-16}$$

这里，$\boldsymbol{F}$是这个球的总受力，$\boldsymbol{a}$是一个球的加速度。在某种程度上，空气阻力不计，$\boldsymbol{F}$只是小球受到的重力，这个力仅在y方向产生作用。

使用微积分对牛顿定律的x和y分量进行积分，产生

$$x = x_0 + v_{x_0}t \tag{4-17}$$

和

$$y = y_0 + v_{y_0}t - \frac{gt^2}{2} \tag{4-18}$$

这里，x_0和y_0是在$t=0$时小球的位置，v_{x_0}和v_{y_0}是小球的初始速度的x和y分量。引力常数是$g=9.8\text{m/s}^2$，$-gt^2/2$描述的是在重力作用下小球下落在y方向的结果。注意，重力不影响x的值。一旦球被发射出来，那么球的水平速度就不会再改变了，只有球的高度受动力的影响。

假设$t=0$时小球离开发射管，在出口处的速度是由在轨道顶部时球的势能W所决定的：

$$W = mgh \tag{4-19}$$

这里，m是球的质量，单位是kg。mg是球的重力，h是相对于发射点所在平面的垂直高度。式(4-19)可以通过微积分推导出来，计算过程是这样的，在y方向上受到的力$F_y = -mg$，产生总势能或功，将小球提高到高度h：

$$W = -\int F_y \mathrm{d}y = mgh \tag{4-20}$$

当球滚下时，势能转化为小球移动和旋转的动能，只有前者决定球的轨迹。旋转的能量也

来自于小球的势能，但是没有完全转换成前进的动能。

虽然最准确的分析是将旋转的能量也计入在内，但在这次讨论中，我们假设摩擦和球的旋转所消耗的能量都可以忽略不计。

在发射时球的动能 K 可以看作前进运动的能量：

$$K = \frac{mv_0^2}{2} \tag{4-21}$$

这里，v_0是小球的初始速度。令 K 和 W 相等(假设所有势能都转化为动能)，那么可以得出一个 v_0与初始高度 h 的函数关系式：

$$v_0 = \sqrt{2gh} \tag{4-22}$$

注意 v_0与球的质量无关。我们期望这个结果是合理的，根据我们所学的知识，无论物体的质量是多少，它们在下落的过程中加速度是相同的，因为引力也与质量成正比。

使用简单的三角函数，发射速度的水平分量和垂直分量可以用发射角来表示，如下所示：

161~163

$$v_{x_0} = \sqrt{2gh}\cos\theta \tag{4-23}$$

和

$$v_{y_0} = \sqrt{2gh}\sin\theta \tag{4-24}$$

这里，θ 是球在发射管道的发射角。使用式(4-17)、式(4-18)、式(4-23)和式(4-24)，可以用闭合代数形式计算轨迹，寻找小球飞进红木盒子中的正确轨迹。

另一种寻找球的降落点的方法是，使用计算机画出球的运动轨迹，然后不断改变轨道各种参数的值来观察小球是否进入盒子。虽然第二种方法不能提供直接计算的准确答案，但它具有视觉吸引力，设计师允许这样实验，并且这个过程非常适合在计算机上实现。

例 4.5

使用 MATLAB 绘制轨迹

MATLAB 是一个通用的和综合的编程环境，尤其适合解决工程问题。它在语法上类似于 C 语言，同时也提供了一些简单的命令，可以使程序员能够非常容易地绘制曲线、统计数据、操作矩阵、观察变量、解决系统的线性问题和微积分问题。MATLAB 的强大在于它能够方便地对大规模的数据进行处理、绘制和图形化。在开始学习 MATLAB 时，你可以阅读一些参考书籍[⊖]。

下面展示了一种基于 MATLAB 的代码实现。该项目第一步输出信息提示用户输入管道的长度、管道的发射角和红木盒子相对于发射管出口的位置。然后计算球的初始高度和出口速度的 x 分量和 y 分量，绘制球的轨迹。轨迹是通过使用 while 循环语句实现的，在每一次循环中为 t 增加一个小时段 dt，并重新计算 x 和 y 的值。只要 x 和 y 在解空间的边界范围内，循环就一直进行。这个解空间范围定义为 $-0.5\text{m} < x < 0.5\text{m}$ 和 $-0.5\text{m} < y < 0.5\text{m}$。在每一个循环结束时，这个程序绘制$(x, y)$的轨迹图，从最近计算$(x, y)$的位置扩展到最新计算的位置。通过观察就能发现沿着轨迹球是否能准确地击中盒子。

在不断实验和试错的过程中，最终能够找到发射角的最佳值 θ、轨道长度的最佳值 L 和发射倾角 α。图 4-26 展示了一条发射轨迹，它的参数是：$L = 0.51\text{m}$，$h = 0.33\text{m}$，$\alpha = 40°$，$\theta =$

⊖ Attaway, *S. MATLAB*: *A Practical Introduction to Programming and Problem Solving*, 3rd *Ed.* Burlington, MA: Elsevier, Inc, 2013. Gilat, *A. MATLAB*: *An Introduction with Applications.* New York: John Wiley and Sons, 2014.

61°。目标盒子放置在相对发射位置 $x=0.4\text{m}$ 和 $y=0.2\text{m}$ 的地方。这个解决方案的各个参数值是通过反复实验得到的。

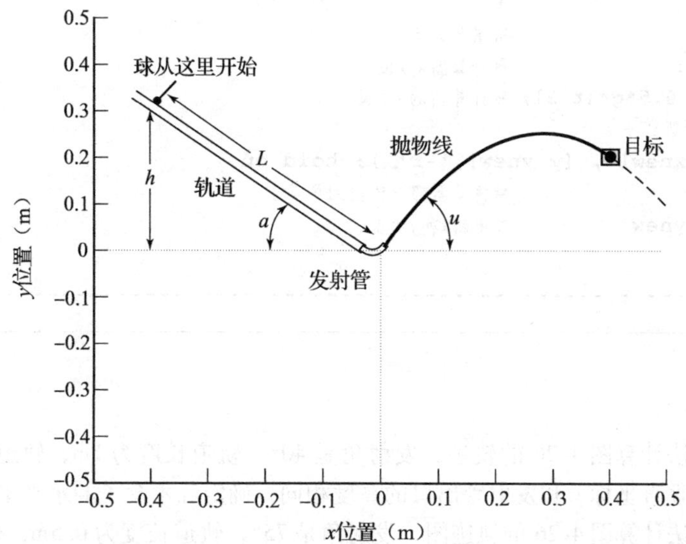

图4-26　小球的抛物线轨迹和着陆点。这一特定模拟的参数为 $L=0.51\text{m}$，$h=0.33\text{m}$，$\alpha=40°$，$\theta=61°$。目标放置在相对于发射点 $x=0.4\text{m}$ 和 $y=0.2\text{m}$ 的位置

```
%%%%%          MATLAB程序代码          %%%%%%%%
%%%%% 计算球在轨道上向下运动的轨迹，并以特定的发射角离开弹性发射管
%%%%% 假设发射点在（x, y）并设置参数
xT=input('ENTER Target x-position in meters: ');
yT=input('ENTER Target y-position in meters: ');
L=input ('ENTER length of ball travel distance down track, in
meters: ');
alpha=input('ENTER Angle OF TRACK INCLINATION in DEGREES: ');
alpha=alpha*pi/180;     %将角度转换为弧度
theta=input('ENTER Angle OF LAUNCH in DEGREES: ');
theta=theta*pi/180;     %将角度转换为弧度
h=L*sin(alpha);         %相对于y = 0计算起点的高度
                        %
vo=sqrt(2*g*h);         %计算发射时的球速度
                        %
vox=vo*cos(theta);      %计算发射时x分量的速度
voy=vo*sin(theta);      %计算发射时y分量的速度
g=9.8;                  %重力加速度m / s ^ 2
%准备计算和绘图
%设置用于在屏幕上绘制图形的轴线
close                   %关闭所有以前打开的图形
S=0.5;                  %任意轴宽
axis([-S S -S S]); hold
plot(xT,yT,'ob')        %在屏幕上绘制目标点
line([-L*cos(alpha) 0], [h 0])
                        %绘制轨道
line([-L*cos(alpha)+0.01 0.01], [h+0.01 0.01]) %draw the track
xo=0.001; x=xo          %设置x的初始值
yo=0.001; y=yo          %设置y的初始值
t=0;                    %初始时间为0
dt=0.1*L/vo;            %设置时间增量
```

```
%------------------------------------------------------------
while (x0)              %计算直到轨迹超出界限
                        %
t=t+dt;                 %增加时间
xnew=vox*t;             %计算新的x位置
ynew=voy*t-0.5*g*(t^2); %计算新的y位置
%绘制轨迹的最新部分
plot ( [x xnew] , [y ynew],'-r' ); hold on
drawnow;                %将最新部分输出到屏幕上
x=xnew; y=ynew          %更新x和y的值
end
%------------------------------------------------------------
```

练习

1. 使用分析计算法计算图4-26的轨迹，发射角是40°，轨道长度为1m，轨道倾角为40°。如果红木盒子的垂直坐标 y 和发射管出口的高度相同，确定红木盒子的水平坐标 x。
2. 使用分析计算法计算图4-26的轨迹图，发射角是75°，轨道长度为0.5m，轨道倾角为40°。如果红木盒子的水平坐标 x 距离发射管出口25cm，确定红木盒子的垂直坐标 y。
3. 将例4.4的程序输入到计算机中，并用MATLAB运行（这个代码可以在 http://people.bu.edu/mnh.design 找到）。将红木盒子放在（25cm，-10cm）的位置，确定如果球击中目标所需要的发射角。
4. 在例4.5中，计算当发射角是多少时能使球移动的水平距离最远？假设只考虑 $y>0$ 时的轨迹。
5. 在例4.5中，如果目标位于发射管末端下方20cm处，发射角为多少时能使球移动的水平距离最远？
6. 画出程序流程图，计算当网球运动员击球后，球离开球拍后的移动轨迹。
7. 画出程序流程图，计算氦气球在海平面释放后的移动高度。
8. 画出程序流程图，计算弹珠台游戏的弹球从顶部落下，通过错综复杂障碍物的移动轨迹。

以下问题涉及一个弹性装置，遵循以下拉力-形变方程：$F=-kx$。

164~166 9. 如果弹簧的恢复力是1kN/m，已经拉伸了1cm，计算弹簧中存储的势能。
10. 计算将一个100g的弹丸通过橡皮筋拉伸10cm后射出时的初始速度，橡皮筋的弹性常数是50N/m并遵循的公式是 $F=-kx$。
11. 假设弹簧的恢复力是500N/cm，弹簧被压缩10cm，计算弹簧中存储的势能。把一个250g的乒乓球放在弹簧上，压缩的弹簧释放后将乒乓球推出的初始速度是多少？
12. 弹簧的弹性常数100N/m。(a)使用多大的力能将弹簧延长5cm？(b)使用弹簧按照发射角为30°，它的着陆点在哪儿？

职业成功之路

计算机在社会中的角色

计算机已经成为人们生活中的一部分，很难想象没有计算机的生活。计算机应用在众多领域——科学、工程、商务、商业、政府、教育、金融、医学、航空电子、社会服务等。任何一个你能想象到的领域都有计算机的参与，即使在娱乐领域也有应用。人们经常针对计算机带来的便利和其对人类关系的影响等问题争论不休。（短信聊天是否比电话交谈更好？在线购买和去商店购买哪个更好？)但是在工程设计领域中，计算机是不可或缺的。和大多数人一样，工程师使用计算机进行沟通、信息检索、数据处理、文字处理、收发电子邮件和浏览网页。但是，对于工程师来说，计算机的特殊价值在于它的计算速度非常快。计算机可以用来执行各种数值计算，各种商业软件能够提供仿真、电子表格和图形等重要的功能来帮助工程师决策。从机械部件到复杂的电子电路，从建筑框架的压力负载到火箭发射的理论预测，都可以借助计算机完成。计算机的可用性和软件工具的丰富性帮助工程师大大提高了在学科建设上的“生产力”。 167

（图片由美国国家公园管理局提供）

例 4.6

使用计算机进行数值迭代的方法

在过去的十年中，微机电系统(MEMS)越来越重要。MEMS 设备是指微型机器，它由硅、金属和其他材料组成，使用的制造工具多借鉴自集成电路制造工艺，如光刻、掩模、沉积和蚀刻等。MEMS 装置已经逐渐成为主流的工程解决方案。例如，部署在汽车安全气囊上的传感器使用的就是 MEMS 的加速度计，尺寸只有 $1mm^2$。智能手机中的位置传感器也是 MEMS 装置。

表面微加工(surface micromachining)是制造 MEMS 装置的技术之一。表面微加工所涉及的基本步骤如图 4-27 所示。在硅衬底层上再形成一层多晶硅和氧化物的薄膜，并最终通过这层薄膜建立所需要的机械结构。在制作过程中，氧化膜用作牺牲层，它在制造过程中支撑多晶硅层，但它在制造的最后步骤中被去除。这种加工方式类似于古代建筑中拱的制作方法。沙子用来支撑石头块形成拱形，当石块可以支撑自己时，再将沙子拆除，只留下拱形结构。

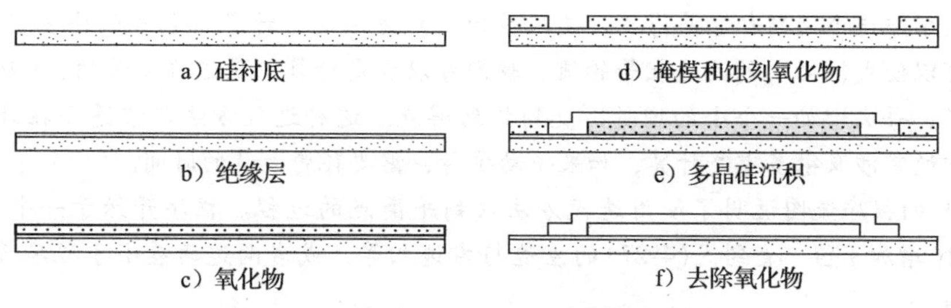

图 4-27 简单 MEMS 执行器的制造顺序

a)从硅晶片称底开始　b)沉积氧化硅绝缘层
c)沉积较厚的一层二氧化硅(氧化物)　d)使用光刻和掩模技术对氧化物进行绘制和蚀刻
e)沉积一层多晶硅用于形成执行器　f)去除氧化物，在执行器和基板之间留下空隙

图 4-28 展示了一个应用广泛的简单 MEMS 装置。该双悬臂执行器由支撑在两端的桥和坐落在底部的固定活化电极组成。图 4-28 展示了一个侧视图。从顶部向下看，这座桥是一个矩形。桥位于绝缘层和硅衬底的顶部。当在桥梁和基板之间施加电压时，静电引力的吸引力导致桥梁向基底隆起。这个运动是一个非常有用的功能。例如，偏转桥可以打开和关闭阀门、改变反射光的方向、使用泵抽水，或者在小型微混合室中混合化学品。MEMS 的设计师必须知道应用于桥梁的形变程度与电压之间的关系。对于一个给定的应用电压 V，静电力 F_e 近似满足下式：

$$F_e = \frac{\varepsilon_0 A V^2}{2(g - y)^2} \tag{4-25}$$

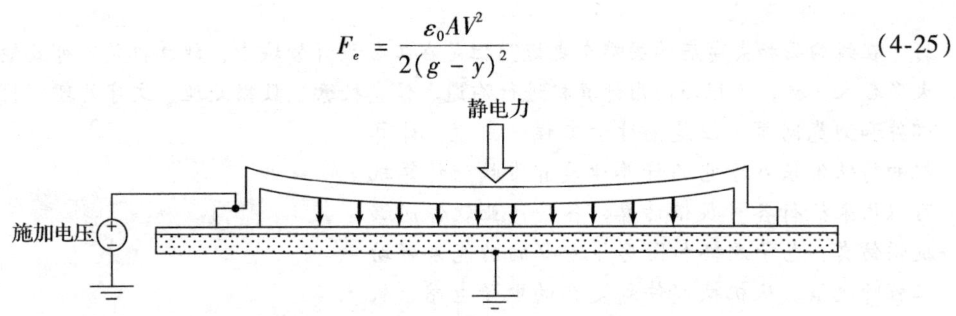

图4-28 在执行器和基板之间施加电压会导致执行器桥的变形。这种机械运动可以用于移动其他设备、改变反射光的方向、泵送液体和气体，或者在微观层面上执行其他操作

这里，y是向下的形变，A是从顶部看桥的面积，g是桥梁在零偏转时与电极之间的差距。空气中的介电常数是8.85×10^{-12}F/m(法拉/米)。注意，静电力随着形变的增大而增大，直到$y = g$时(即间距为零时)变成无穷大。由于力随着形变的增加而增大，所以当某次电压过大时，弹性材料的机械恢复力无法抵消施加电压产生的形变力时，就会导致桥梁完全崩塌。恢复力与桥梁形变成正比，可以用下式表示：

$$F_m = -ky \tag{4-26}$$

这个力是类似于橡皮筋或者弹簧，随着形变按比例增加。在图4-28的MEMS设备中，当施加电压时，机械恢复力阻止桥完全崩塌。随着形变的增加，恢复力也增加，当达到某一个形变值时，机械力等于静电力，就不会再形变了。MEMS设计师对这个平衡点非常感兴趣，因为它决定了对于给定电压，桥的形变程度。

形变平衡点可以通过理论计算得到。令式(4-25)中描述的静电力与式(4-26)中描述的机械力相等，可以推导出以下三次方程：

$$ky = \frac{\varepsilon_0 A V^2}{2(g - y)^2} \tag{4-27}$$

手动求解这个力的平衡方程是很困难的。(你可以尝试一下！)然而，在计算机上使用数值迭代的方式求解这个问题却容易得多。使用数值迭代方法时，计算机会尝试许多不同的y值，直到找到可以使式(4-27)的两边相等的值。我们可以设定计算机是这样工作的：y从一个非常小的值开始，每次增加一个小的增量，直到找到解点。这种迭代方法非常适合在计算机上实现，因为它通常涉及很多重复计算，如果手动执行，需要耗费大量的时间。

图4-29的程序流图说明了使用迭代方法找到平衡点的过程。程序开始于一个小的y值，然后通过dy增加y值，直到式(4-27)的左边与右边相等，或者两边的差小于程序员设置的一个很小的值。

168~169 图4-30中的每一个小圆圈，都是按照表4-4中的参数设置的，根据给定的电压计算的结果。作为对比，图中的曲线是完整的分析解。这条曲线是通过求解式(4-27)得到的，解出足够多的满足式(4-27)的y和v的数值，把这些数据点标注在图上，然后绘制出整个曲线。

表4-4 用于例4.7的MEMS仿真的参数

符号	参数	值
k	恢复力	30N/m
s	正方形执行器的边长	250μm
g	零电压间隙	5μm
y	桥梁偏转	$0 < y < 5$μm
dy	循环中的偏转量递增值	0.05μm

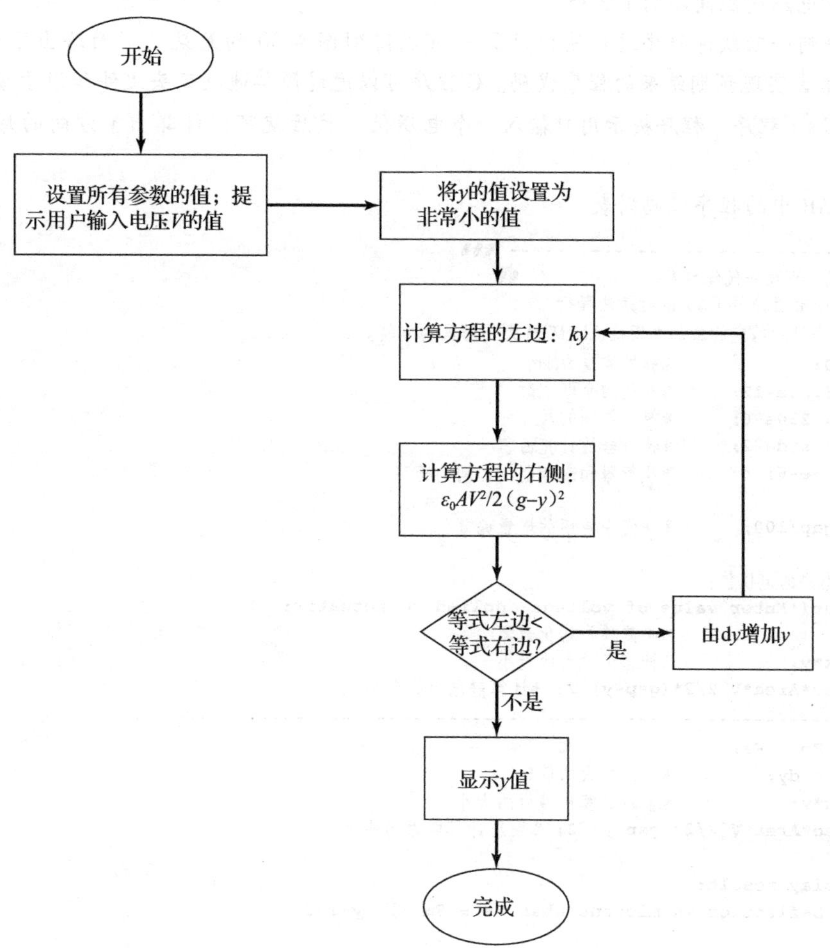

图4-29　式(4-27)的迭代方法的流程图

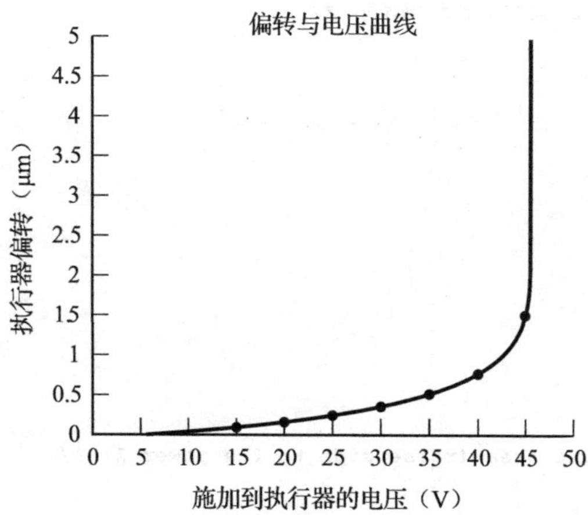

图4-30　由图4-29的模拟产生的电压曲线偏转

电压一旦高于45V，恢复力不能够抵消静电力，形变将变得“无限大”（即，桥梁坍塌到底部的电极）。在MEMS系统中，这种现象称为跳跃失稳(snap-through)。跳跃失稳通常发生在形变到达零电压间隙间距的1/3处。

使用任何一款软件程序进行迭代计算都可以得到图4-30的结果。下面给出了使用MATLAB和C语言实现预期结果的程序代码。C程序可以通过简单地改变头文件和用于读写变量的函数变成C++程序。程序提示用户输入一个电压值，然后就可以计算出y方向的形变并显示结果。

MATLAB中的程序代码列表

```
%%% ----------------------------- %%%
170~171 %%% MATLAB程序代码列表          %%
% 前面带有百分号(%)的行是注释行
% 该程序针对给定的施加电压检测MEMS桥式制动器的偏转。
k = 30;              %弹性恢复力N/m
eo = 8.85e-12;       %空气的介电常数
side = 250e-6;       %执行器侧的尺寸
Area = side^2;       %执行器的计算面积
gap = 5e-6;          %执行器和激活电极之间的距离

dy = gap/100;        %迭代中使用的增量偏差

%提示用户的电压值:
V=input('Enter value of voltage applied to actuator: ')
y=0;                 %将偏移初始化为零
Fm = k*y;            %计算机械力的大小
Fe = eo*Area*V^2/2*(gap-y)^2; %计算静电力的大小
%-----------------------------------------------------------
172 while Fm < Fe;
y = y + dy;          %尝试稍大的偏转
Fm = k*y;            %重新计算机械力的大小
Fe = eo*Area*V^2/2*(gap-y)^2; %重新计算电力场的大小
end
% Display result:
disp('Deflection in microns when Fe = Fm:'), y*1e6


/*-------------------------------------------------------*/
/*      C程序代码列表        */
/* 用于模拟MEMS执行器位置与电压曲线的程序  */
#include
#include
int main() {
int k = 30;
float eo = 8.85e-12,
side = 250e-6,
area,
gap = 5e-6,
dy;
float v,
y,
Fm,
Fe;
/*Square "side" to get area (raise side to the power 2) */
area = pow(side,2);
dy = gap/100;
/* Prompt user for value of voltage */
cout << "Enter value of voltage applied to actuator: ";
cin >> v;
y = 0;
```

```
Fm = k * y;
Fe = (eo * area * pow(v,2)) / pow(gap y,2);
while(Fm < Fe) {
y = y + dy;
Fm = k * y;
Fe = (eo * area * pow(v, 2)) / pow(gap y, 2);
}
cout << "Deflection in microns when Fe=Fm: " << y*1e6 << endl;
return 0;
}
/*-----------------------------------------------------------*/
```

职业成功之路

无用输入，无用输出

对于工程师而言，计算机是一个不可或缺的工具，因为它计算的速度要远快于人类。它能很好地存储和检索数据、产生图形图像等。但是，计算机是无法思考的。计算机应该用来提高工程师的能力，而不是取代他们。计算机忠实地执行程序代码，但无法判断结果的价值，需要靠工程师为计算机提供有意义的相关信息。如果你编写计算机程序来计算一座桥的钢结构的重量，程序能够做得完美无缺，但是它却不会告诉你这座桥的设计方案是否可行，压力和拉力的等式程序是否正确，或者是否应该建造这座桥。只有具有丰富经验和良好判断力的工程师才可以做这些决定。

一台计算机计算的数据由于程序错误而没有意义时，或者当运行过程中输入的数据有错误时，计算机就运行在一个“无用输入，无用输出”（GIGO）的模式中。“无用输入，无用输出”指的是错误的输入数据或者错误的程序代码导致计算正确但输出结果毫无意义。为了避免GIGO情况的出现，可以对程序进行简单的测试，通常可以用一个很容易手动计算出来的结果或显而易见的简单数据进行验证。如果计算机可以为多个简单问题输出正确的答案，那么说明程序编写可能是正确的，可以用于处理更复杂的问题。

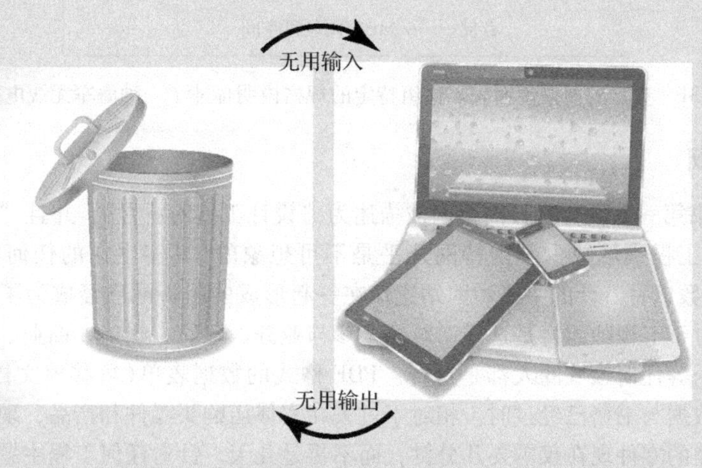

（图片由Vectomart/Shutterstock和Welf Aaron/Shutterstock提供）

4.7 规格说明表

设计工作的进展从最初的头脑风暴开始，通过设计周期中的多次迭代，最终收敛在一个可
173 能的原型。到了这个时候，设计师对于产品细节有了一定程度的信心。在原型评估的过程中，产品的细节信息可能总结在一页纸篇幅的产品**规格说明表**中。产品规格说明表的内容广泛，涉及不同的学科。图4-31展示了一个规格说明表的样例，描述了船只和渔船上使用的海军无线电接收机的部分规格说明，主要信息包括产品的尺寸，以及它的供电连接、天线需求和处理器频率。图4-32展示了一个完全不同的产品的规格说明表，描述了一种蛋白质色谱净化装置。可以看到，在这个例子中包含了与前一个规格说明表截然不同的信息。一般来说，规格说明表中的内容和格式都是由设计师决定的。规格说明表必须传达一个用户需要确定产品是否适合于一个给定应用程序所使用的所有信息。只要满足了这个要求，规格说明表的目的就达到了。

海军接收机规格

尺寸……1.49in×5.42in×8.47in

电源要求……10～30V的直流电压

系统连接器……D25，RS232数据和电源

天线连接器……TNCF

海军天线规格说明

尺寸……直径3in，高度3.5in

安装……标准海军用1~14极安装座

增益与阻抗……36db，50ohm

天线连接器……SMAF

海军软件需求

操作系统……微软 Windows 98、2000、NT、XP

处理器……300MHz或更高

内存……128MB RAM

存储……60MB空闲硬盘空间

图4-31 典型的规格说明表。这组特定的规格说明描述了一种海军无线电接收机

4.8 因特网

1999年本书第一次发行时，因特网被描述为“设计工具的新秀”，并且“迅速受到大众的喜爱”。今天，工程领域缺少了因特网几乎是不可想象的(其实生活的任何方面都是这种情况)。事实上，数以百万计的主机和网站连接在一起形成的因特网已经成为了一个至关重要的工具，不仅仅对于工程师而言是这样，对每个参与业务、政府、媒体、商业、科学、政治、艺术、教育和娱乐等任何领域的人都是这样。PDF格式的数据表单(可移植文档格式)的广泛使用使印刷版的数据与书籍已经过时。相对于过去在实体店购买零件和产品，现在在网上购买更容易。寻找古怪的零件现在仅需要几分钟，而不再是几天。针对任何工程主题，只要做一个简
174~175 单的网络搜索，就会找到多到读不完的信息。任何工程师寻求特定类型产品信息的第一步可能就是因特网。

BD TALON BD TALON BD TALON BD TALON

		Superflow	Cellthru②	离心柱
批/重力流	是	是	是	否
快速蛋白液相色谱(FPLC)	否	是	是	否
范围	分析性制备	分析性制备生产	制备	分析
容量(蛋白 mg/吸收剂 ml)	5~10	5~14	5~10	2~4
模型类型	6%交联琼脂糖	6%交联琼脂糖	4%交联琼脂糖	6%琼脂糖
珠滴大小，μm	45~165	60~160	300~500	45~165
最大线性流量(cm/h)	75~150	3000	800	不适用
最大体积流量(ml/min)	0.5	50	13	不适用
建议体积流量①(ml / min)	0.3	1.0~5.0	1.0~5.0	0.3
最大压力	2.8psi 0.2bar 0.02Mpa	140psi 10bar 0.97Mpa	9psi 0.62bar 0.06Mpa	不适用
pH 稳定性	2~14(<2h) 3~14(<24h)	2~14(<2h) 3~14(<24h)	2~14(<2h) 3~14(<24h)	2~8.5(<2h) 2~7.5(<24h)
蛋白质排除限制，D	$\gg 4\times10^7$	4×10^6	2×10^7	不适用
供应方式	50%的悬浮液保存在 20% 的乙醇中，预充 CO^{2+}离子	50%的悬浮液保存在 20% 的乙醇中，预充 CO^{2+}离子	50%的悬浮液保存在 20% 的乙醇中，预充 CO^{2+}离子	50%的悬浮液保存在 20% 的乙醇中，预充 CO^{2+}离子，封装在圆柱中
存储条件	冷吨或 4℃ 不要冻结	冷吨或 4℃ 不要冻结	冷吨或 4℃ 不要冻结	冷吨或 4℃ 不要冻结

①在 5×1cm HD(高和直径)柱上测定。
②Superflow 和 CellThru 是异养生物分离有限公司的商标。

图 4-32 蛋白质色谱法净化装置的规格说明表

职业成功之路

我在因特网上看到的肯定是真的

全面介绍因特网超出了本书的范畴(对于大多数学生来说也是没有必要的)，但是讨论在工程设计中何时应该使用因特网却是本书应该回答的问题。当你从因特网上获取有关项目工程的信息时，要确保它的来源是可靠的。不能因为信息在网上发布了，就认为它一定是准确的。来自有信誉的企业网站和机构的信息最有可能是可靠的。从个人网页、学生项目网站、业余出版社、独立信息提供者、博客和其他主流来源以外的途径得到的信息是值得怀疑的。在没有因特网时，在技术社区传播谣言和错误信息需要大量的时间，而现在却只需要几分钟。一个网站的信息经常被复制到另一个网站上，导致错误信息不断传播。虽然因特网提供了即时获取信息的能力，但也消除了传统印刷媒体作为过滤器的重要功能。

网页是廉价的，因此几乎所有人都可以生产。在网络之前，只有实力强大的公司可以向公众传播消息。在印刷时代，技术信息更注重合法性，而现在，很难辨别多个信息来源获得的信息是否真的有价值。因此，请谨慎的选择网络信息的来源。

另一个需要注意的是，万维网(World Wide Web)自20世纪90年代初以来一直存在。它的增长是爆炸性的，但是它能提供的特定主题的信息只有在其归档后才能找到。大多数的工程数据和知识在因特网出现之前就已经存在。信息的真正来源，是数以百万计的书籍、报告，以及世界图书馆中的期刊，因特网只是优化了这些内容的呈现方式。虽然因特网和它的搜索工具是设计项目中的重要信息来源，但它们不是唯一的来源。

练习

1. 使用网络浏览器的搜索功能来搜索术语“石油平台”，记录搜索结果的数目。现在，通过添加关键词以限定搜索的范围，关键词依次如下：“照片”“北方”“海上”“终端”。确定在每次添加限定关键词后，获得多少个搜索结果。
2. 使用浏览器的搜索功能来搜索术语“抛绳炮”，记录搜索结果的数目。现在，增加关键词，缩小搜索范围。关键词如下：“照片”“历史”“救援”和“再次定制”。确定在添加关键词
176 的过程中，获得多少个搜索结果。
3. 使用浏览器的搜索功能来搜索“空间站”，记录搜索结果的数量。现在，添加关键词，缩小搜索范围。关键词如下：“照片”“美国国家航空航天局”“俄罗斯”和“航天飞机”。确定每次通过关键词限制获得了多少个搜索结果?
4. 使用因特网寻找一个1994年丰田凯美瑞的轮毂罩的替换件。这是一个很难寻找的物品，声明有库存的供应商有多少个?
5. 因特网可以是一个有价值的技术新闻的来源。尽你所能查找关于“全人工心脏”这一主题的信息。找出是什么突出的特性使得这项发明优于所有先前设计的类似设备。
6. 利用因特网查找关于“红色马车夫”(red Coachman)鱼饵的信息。具体来说，为了达到最佳的制作效果，推荐使用什么类型的搅拌方式?
7. 因特网可以是信息的来源，也可以是误报的来源。搜索包含以下主题的信息，并寻找两个相互矛盾的观点。
   a. 人造甜味剂和心理健康之间有联系吗?
   b. 测量静电电荷衰减时使用摩擦起电的方法还是电晕的方法?
   c. 防御冬季飞蛾最好的措施是什么?
   d. 灵活的中型散装容器可以在不接地线的情况下安全使用吗?
   e. 轻轨列车车辆的车轮之间的最大容许公差间隔是多少?
   f. 楼梯的踏板比率(楼梯的水平踏板与竖板的比例。——译者注)的推荐值是多少?
   g. 瓶装水的瓶子可以用来反复装水吗?
   h. 电力线路和人的健康有联系吗?
   i. 当打开瓶子时，在瓶子边上轻敲可以防止瓶里的苏打水发泡吗?
   j. 每年平均每人吞下多少只蜘蛛?
   k. 在铁轨上放置一分钱硬币会导致列车脱轨吗?

4.9 电子表格在工程设计中的应用

电子表格是一个可编程的表格程序，每个单元格可以包含文本、固定数值数据，或者一个能够根据表格中的其他数值计算自身值的计算公式。最受欢迎的电子表格程序一直是 Microsoft Excel。其他类型的电子表格程序也经常使用，例如，Lotus、Corel、Open Office、Google Docs（在线版）、Polaris 等 10 余款软件。选择使用哪款软件完全是由个人决定的，可能是基于可用性、成本和易用性等。工程师在设计过程中的任何阶段都可能使用电子表格，例如用于计算、 177 分析结果、计划预算、跟踪零件列表和模拟等。当问题非常复杂并且有很多相关变量时，电子表格就显得非常有用。通过在电子表格中编程来对一个复杂问题建模，工程师可以看到改变一个变量对整个系统造成的影响。接下来的两个例子说明了电子表格在工程设计中的重要作用。每种电子表格软件基本都能满足需求，但主流使用的还是典型的商业电子表格软件。

例 4.7

计算质心

这个例子描述了学生 Freeda 和 Froda 参加由电气与电子工程师协会(IEEE)赞助的“迷宫鼠”竞技比赛的工程活动的一个阶段。竞赛的目标是设计一个独立的、电池供电的微型车，它可以自己找到迷宫的出口，然后尽可能快速地穿过它。（进入 www. ieee. org，并且搜索“Micro-Mouse”就可以找到相关信息。）因为迷宫鼠必须以很高的速度多次转弯，所以一个关键问题就是设计各个零部件的位置并分析它们的物理位置对车辆的平衡造成的影响。学生认为质心位于前后轮轴之间才是迷宫鼠的最佳设计方案。他们的模拟过程说明如果质心向前偏离得太多，将会导致后轮动力不足而影响前进速度。相反，如果质心向后太多，电动机和齿轮可能引起迷宫鼠前面抬起，并且暂时失去转向能力。学生现在必须确定迷宫鼠的各种组件的安装位置。这些组件的物理位置将决定车的质心的位置。

Freeda 为每个组件称量质量并记录在她的日志中，如图 4-33 所示。她也画出了一个关于车的局部组件的一个草图，如图 4-34 所示。她按照理论分析计算出空车底盘的质心（所有组件

2/2/15
车辆零件的测量

项目	在平衡秤上测量 质量（g）	建议位置
机壳	1000	定义中心线
楔形框架	400	–7cm
电池	120	+8
开关	10	+5
电动机	200	–7
齿轮箱	50	–10
发射管	15	–12

图 4-33 展示了微型鼠主要零件质量的日志页

都没有安装的情况)，并发现质心在两轴中间的中点后面约7cm处。

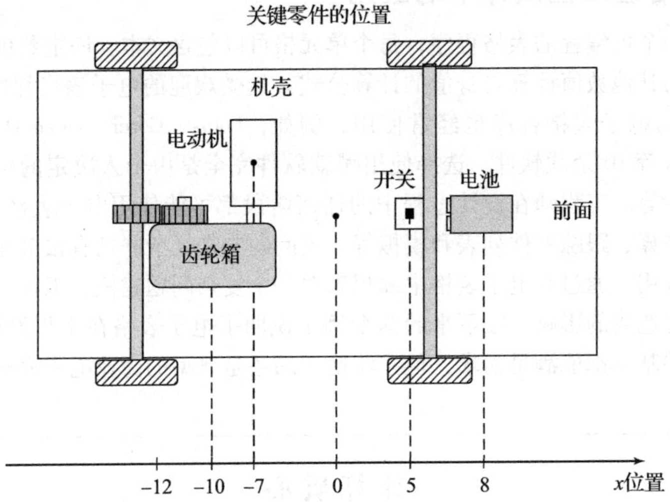

关键零件的位置

机壳

电动机

开关 电池

前面

齿轮箱

−12 −10 −7 0 5 8 x位置

图4-34 微型鼠零件的可能布局

Froda的下一步工作是确定车底盘上的各个组件的具体位置。她使用电子表格来计算整个车的中心，如表4-5所示，在电子表格中包含所有组件的信息和计算公式。(注意，表4-5中显示了电子表格中每个单元格的内容，并不是Froda的电脑中的显示。)下面主要讨论x轴方向上的质心，类似的分析也可以应用在y轴方向的质心计算上。

表4-5 计算质心的电子表格中的单元格条目

	A	B	C	D
1	零件名称	质量 m(gm)	位置 x(cm)	加矩 m(gm-cm)
2	机壳	1000	0	= B2 × C2
3	楔形框架	400	−7	= B3 × C3
4	电池	120	8	= B4 × C4
5	开关	10	5	= B5 × C5
6	电动机	200	−7	= B6 × C6
7	齿轮箱	50	−10	= B7 × C7
8	发射管	15	−12	= B8 × C8
9	总的质量	= SUM(B2: B8)		
10	总的力矩			= SUM(D2: D8)
11	质心结果	= D10/B9		

每个组件的x值代表它自身的质心相对于框架质心的位置。框架的质心位于两轴中点0cm处。因此，第n个零件的力矩M_n等于第n部分的位移乘以它的质量：

$$M_n = x_n \times m_n \tag{4-28}$$

整个车辆的x方向的相对质心x_{CM}的位置等于每一个已安装零件的力矩的总和除以质量总和：

$$x_{CM} = \frac{\sum M_n}{\sum m_n} \tag{4-29}$$

表4-6展示了Froda的电子表格在她的电脑屏幕上的输出信息。通过计算表明，该车的质

心位于 $x\approx -2.16$ 处(电子表格中的质心结果处)，或者在轴支架的几何中心后约 2cm 处。学生在之前对力的计算结果表明质心在车的几何中心的 1cm 之内。

表 4-6 表 4-5 的电子表格的屏幕输出

	A	B	C	D
1	零件名称	质量 m(gm)	位置 x(cm)	力矩 m(gm-cm)
2	机壳	1000	0	0
3	楔形框架	400	-7	-2800
4	电池	120	8	960
5	开关	10	5	50
6	发动机	200	-7	-1400
7	齿轮箱	50	-10	-500
8	发射管	15	-12	-180
9	总的质量	1795		
10	总的力矩			3870
11	质心结果		2.16	

学生们讨论了其他的组件安装方案。Freeda 在电子表格中修改了电池的位置来模拟电池的移动。因为电池可以通过任意长度的电线与发动机连接，所以改变电池的位置是很容易实施的。然而，通过修改发现，即使将电池向前移动到最远 15cm 处，也只能使质心前进到 -1.7cm 178~180
的地方。

Froda 建议在车的中心与前轴之间增加一个平衡物。她在电子表格中插入一个新行，并输入平衡物的数据，如表 4-7 所示。学生尝试不同的位置和平衡物的质量，电子表格可以随着他们的修改立即输出质心的位置变化。竞赛规则要求包括电池在内迷宫鼠的总质量不能超过 2kg。电子表格让学生看到平衡物可以增加的质量极限。表 4-7 显示的计算结果是在车中心的前方 10cm 处放置了一个 200g 的平衡物，此时质心转移到中心 -0.96cm 处，落在目标范围 1cm 的边缘处，此时车的总重量变成 1995g，低于竞赛规则的 2kg。Freeda 和 Froda 决定使用这组数据，因为它与质量的上限还保持了一个小的安全距离。这个小距离允许在竞赛过程中增加小的螺母、螺栓、胶水或者胶带等小零件。

表 4-7 修改的电子表格的屏幕输出

	A	B	C	D
1	零件名称	质量 m(gm)	位置 x(cm)	力矩 m(gm-cm)
2	机壳	1000	0	0
3	楔形框架	400	-7	-2800
4	电池	120	8	960
5	开关	10	5	50
6	发动机	200	-7	-1400
7	齿轮箱	50	-10	-500
8	发射管	15	-12	-180
9	**平衡物**	**200**	**10**	**2000**
10	总的质量	1995		
11	总的力矩		—	1870
12	质心结果		-0.94	

例 4.8

用电子表格跟踪成本

电子表格也可以帮助 Freeda 和 Froda 跟踪迷宫鼠的总成本。他们获得的项目资金在 100 美元以内，包括电池。如果他们想对购买的物品进行报销，那么需要向学生活动办公室提交成本单。Froda 已经建立了一个电子表格来记录这些成本。表 4-8 展示了电子表格在屏幕上的输出。

表 4-8 成本跟踪电子表格。单位价格列显示每个物品的单价，扩展列的值是产品的数量乘以单件价格

A	B	C	D	E
1	项目	数量	单位成本 $	扩展 $
2	机壳	1	12.50	12.50
3	楔形框架	1	15.00	15.00
4	电池	12	2.19	26.28
5	开关	3	2.29	6.87
6	电动机	1	3.49	3.49
7	齿轮箱	1	5.99	5.99
8	发射管	1	0.67	0.67
9	平衡物	1	0.85	0.85
10	橡皮筋	12	0.04	0.48
11	6-32 螺丝	24	0.06	1.44
12	6-32 螺母	24	0.05	1.20
13	6-32 垫圈	24	0.02	0.48
14	两部分环氧树脂	1	2.29	2.29
15	车轮	4	1.59	6.36
16	线轴	1	2.49	2.49
17	胶带	1	2.59	2.59
18	金属支架	6	1.19	7.14
19	螺钉	1	0.99	0.99
20	蝶型螺母	2	0.25	0.50
21	总计			$97.61

（图片由 Coprid/Shutterstock 提供）

“单位价格”列显示每个物品的单价，“数量”列显示车上的不同类型零件的使用数目，“扩展”列的值是产品的数量乘以单件价格，显示每个类型组件的总成本。这一列的最底部的值是上面所有行的总和，也就是总成本。车辆的每个部分增加成本，学生都会把它们更新到电子表格中。如果总成本超过 100 美元，他们可以尝试在设计允许的范围内去掉一部分零件，例如去掉额外的螺母和螺栓，直到在总成本的范围内。起初，他们预备了 16 个电池供比赛当天使用，但是这样总成本超出 100 美元。通过电子表格的使用，他们能够清楚地定位错误细节，把预留电池减少到 12 个，总成本控制在 100 美元以内。

练习

1. 在电子表格软件中验证表4-6中的数据和结果。
2. 假设一组物品按照下面的方式在 x-y 平面上摆放，试找出这组物品的质心（每个对象的 x-y 坐标用括号中的数字表示）：对象1：1.2kg(0.2m，0.4m)；对象2：3.3kg(1.3m，2.3m)；对象3：0.9kg(0.8m，0.4m)；对象4：0.2kg(0m，1.7m)。
3. 按照公开发布的数据，寻找人口数最多的20个城市，依据人口数量大致算出国家的“质量 181~182
重心”。
4. 使用最近一次美国大选公布的结果，确定美国的政治“重心”。换言之，寻找自由和保守观点能够相互平衡的地缘政治中心。
5. 使用电子表格记录你一个星期的支出。然后尝试对你的现金支出流做出一些改变，使你的预算支出削减5%。
6. 编写一个电子表格来准确计算你自己的平均绩点(GPA)。看看你的结果与官方成绩单一致吗？使用你的数据来规划你最终的毕业绩点。如果要达到你的学分绩点目标，在未来的课程中你的成绩应该达到多少？
7. 写一个电子表格来计算过去一个星期中一个四口之家的平均用电量。这里需要记录一系列典型家用电器的用电负荷值以及使用的周期。（记录这些电器使用时间在一周中所占的比例）
8. 使用电子表格计算你整套行头的成本，包括你衣柜里的所有东西和首饰。
9. 以本垒为参考点，使用电子表格近似计算一个9人棒球队的质心，假设每一个球员都站在投球之前的位置。
10. 使用电子表格估计一个空客A320的表面积。根据这一信息，计算涂一层底漆所需要的油漆体积。

例4.9

再次分析MEMS执行机构

例4.7中讨论了使用计算机迭代方法的解决方案，并且给出了MATLAB和C语言程序的实现。在表4-9中，使用Excel电子表格软件的公式也解决了这个问题。表中展示了 $V=35$V 的情况。第一列中的每个单元格代表 y 的测试值，每一行的值都比上一行增加了 dy，dy 的值放在单元格B6中。当在其他位置的公式中使用单元格的值作为变量时，Excel软件使用“美元”符号作为标识，这个单元格的值写作“B6”，而不是简单的行-栏标识B6。这确保了当任何引用B6的单元格将内容复制到另一个单元格时，B6的值会被保留下来，如果没有美元符号的标注，单元格坐标B和6会在复制的过程中自动增加。对于表格中B列的其他元素，美元符号的含义基本相同，用于固定所引用的单元格。

表4-9中的第二列和第三列分别包含式(4-27)左边和右边计算的值。第四列的值叫作差值，表示第二列和第三列的差。我们寻找差值为0的行，也就是说，当 y 为何值时，机械力 F_m 与静电力 F_e 相等。它的实际结果如表4-10所示。在电子表格中，没有一个 y 值使得差值为0，
但是当 $y\approx0.5\mu$m 和 $y\approx0.75\mu$m 时结果是正确的。因为第四列的差值在这两行之间从负值变成 183
了正值。

表 4-9　例 4.9 的 MEMS 执行器问题的解决方案

	A	B	C	D	E	F	G
1	电压：	35	电压编码	第一列	第二列	第三列	第四列
2	k	30		y	F_m	F_e	区别
3	间隙	=5×10^(-6)	1	0	= $B $2 × D3	= $B $7 × $B $5 × $B $1^2/($B $3 - D3)^2	= E3 - F3
4	加长	=250×10^(-6)	= C3 + 1	= D3 + $B $6	= $B $2 × D4	= $B $7 × $B $5 × $B $1^2/($B $3 - D4)^2	= E4 - F4
5	范围	=(A4)^2	= C4 + 1	= D4 + $B $6	= $B $2 × D5	= $B $7 × $B $5 × $B $1^2/($B $3 - D5)^2	= E5 - F5
6	dy	= B3/20	= C5 + 1	= D5 + $B $6	= $B $2 × D6	= $B $7 × $B $5 × $B $1^2/($B $3 - D6)^2	= E6 - F6
7	ε0	=8.85×10^(-12)	= C6 + 1	= D6 + $B $6	= $B $2 × D7	= $B $7 × $B $5 × $B $1^2/($B $3 - D7)^2	= E7 - F7
8			= C7 + 1	= D7 + $B $6	= $B $2 × D8	= $B $7 × $B $5 × $B $1^2/($B $3 - D8)^2	= E8 - F8
9			= C8 + 1	= D8 + $B $6	= $B $2 × D9	= $B $7 × $B $5 × $B $1^2/($B $3 - D9)^2	= E9 - F9
10			= C9 + 1	= D9 + $B $6	= $B $2 × D10	= $B $7 × $B $5 × $B $1^2/($B $3 - D10)^2	= E10 - F10
11			= C10 + 1	= D10 + $B $6	= $B $2 × D11	= $B $7 × $B $5 × $B $1^2/($B $3 - D11)^2	= E11 - F11
12			= C11 + 1	= D11 + $B $6	= $B $2 × D12	= $B $7 × $B $5 × $B $1^2/($B $3 - D12)^2	= E12 - F12
13			= C12 + 1	= D12 + $B $6	= $B $2 × D13	= $B $7 × $B $5 × $B $1^2/($B $3 - D13)^2	= E13 - F13
14			= C13 + 1	= D13 + $B $6	= $B $2 × D14	= $B $7 × $B $5 × $B $1^2/($B $3 - D14)^2	= E14 - F14

表4-10 表4-9的电子表格的输出。基于y值在(5)和(6)之间的解决方案

	A	B	C	D	E	F	G	H
1	电压	35	电压编码	第一列	第二列	第三列	第四列	
2	k	60		y	F_m	F_e	区别	
3	间隙	5.00E-06	1	0	0.00E01	2.71E-05	−2.71E-05	
4	边长	2.50E-04	2	2.50E-07	1.50E-05	3.00E-05	−1.50E-05	
5	范围	6.25E-08	3	5.00E-07	3.00E-05	3.35E-05	−3.46E-06	←解决方案
6	dy	2.50E-07	4	7.50E-07	4.50E-05	3.75E-05	7.49E-06	←范围
7	ε_0	8.85E-12	5	1.00E-06	6.00E-05	4.23E-05	1.77E-05	
8			6	1.25E-06	7.50E-05	4.82E-05	2.68E-05	
9			7	1.50E-06	9.00E-05	5.53E-05	3.47E-05	
10			8	1.75E-06	1.05E-04	6.41E-05	4.09E-05	
11			9	2.00E-06	1.20E-04	7.53E-05	4.47E-05	
12			10	2.25E-06	1.35E-04	8.96E-05	4.54E-05	
13			11	2.50E-06	1.50E-04	1.08E-04	4.16E-05	
14			12	2.75E-06	1.65E-04	1.34E-04	3.12E-05	

表4-11表示了第二个电子表格与第一个表相同，除了y的上下边界值选择为0.50μm和0.61μm，增量dy减少到0.01μm，差不多是表4-8中的dy的1/10。第二个表格的结果表示，实际的平衡点在$y\approx0.5$μm和$y\approx0.58$μm之间。如果需要更精确的答案，设置新的上下边界值，并且将增量dy的值缩小得更小。

表4-11 扩展表4-10的电子表格。从表4-10和较小的dy的值(3)开始

	A	B	C	D	E	F	G	H
1	电压:	35	电压编码	第一列	第二列	第三列	第四列	
2	k	30		y	F_m	F_e	区别	
3	间隙	5.00E-06	1	5.00E-07	3.00E-05	3.35E-05	−3.46E-06	
4	边长	2.50E-04	2	5.10E-07	3.06E-05	3.36E-05	−3.01E-06	
5	范围	6.25E-08	3	5.20E-07	3.12E-05	3.38E-05	−2.56E-06	
6	dy	1.00E-08	4	5.30E-07	3.18E-05	3.39E-05	−2.11E-06	
7	ε_0	8.85E-12	5	5.40E-07	3.24E-05	3.41E-05	−1.66E-06	
8			6	5.50E-07	3.30E-05	3.42E-05	−1.22E-06	
9			7	5.60E-07	3.36E-05	3.44E-05	−7.71E-07	
10			8	5.70E-07	3.42E-05	3.45E-05	−3.26E-07	←解决方案
11			9	5.80E-07	3.48E-05	3.47E-05	1.17E-07	←范围
12			10	5.90E-07	3.54E-05	3.48E-05	5.60E-07	
13			11	6.00E-07	3.60E-05	3.50E-05	1.00E-06	
14			12	6.10E-07	3.66E-05	3.52E-05	1.44E-06	

184～185

4.10 实体模型与计算机辅助制图

当一个工作的最终目的是产生一个实体产品时，在估计和制作草图后必须画出实体模型的正式图纸。正式图纸是设计工程师和技术人员、制造商、销售专家、客户和其他个人之间沟通

的关键。图纸文档在设计过程的不同阶段可能以不同的形式出现。这些形式包括等距视图、正射投影、分解图和实体模型等。每一种形式的图纸都有特定的设计需要。

制作工程图纸的方法已经使用了很多年。在计算机出现之前，所有工程师和技术人员都使用手工绘图(有时称为“技术绘图”)。制图课程在高中和大学是很常见的，所有工程专业学生都拥有一套完整的绘图工具。一套典型的工程绘图工具包括丁字尺、三角尺、自动铅笔、橡皮、墨水笔和绘图模板。在学校中学习到的制图技能在工作场所中马上就会用到，手工制图是大多数工程公司的主流活动。在任何工程公司，整个房间都应该是制图桌和围着桌子忙碌工作的工程师。

现在，计算机几乎取代了手工制图。就像打字机取代了手工书写，文字处理器取代了手动打字机，大量的计算机辅助设计(CAD)工具取代了工程师手工绘图的技能。流行的计算机辅助设计软件包包括 SolidWorks、ProEngineer 和 AutoCAD，这些软件大量应用在设计公司中。本节主要讲解使用计算机辅助设计工具来制作工程图纸的关键步骤。

4.10.1 为什么要画工程图

我们来分析图 4-35 所示的底盘工程图。这次讨论不关注这个设计的最终用途，这个物体可能在例 4.7 的计算机 MicroMouse 竞赛中，这里不做分析。请对比详细工程图纸和以下的制造指令：

> 这个板应该使用 0.4mm 厚的铝锭板制成一个长 25mm、宽 20mm 的长方形，它应该有 4 个孔。第一个孔应该距离右边那条 20mm 长的边 2.0mm，距离上边那条 25mm 长的边 2.5mm。第二个孔应该位于第一个孔的左边 1.9mm 处。这个尺寸允许公差为 0.1mm。两个孔的直径都是 0.2mm，允许公差为 0.001mm。在板的另一个角落钻两个相同尺寸的孔，距离原来这两个孔 15mm，距离下面那条 25mm 长的边 2.5mm。

对于大多数人来说，图 4-35 传递的信息比上面写下的制造指令更简洁。人类大脑是一个极其有效的图像处理器。图纸传出的信息总是超过文字。人类对图像的偏爱可以概括为那句著名的谚语：“一图胜千言。”

4.10.2 图纸的类型

如上所述，被广泛接受的工程图纸有多种形式，包括草图、等角摄影、正射投影、分解图和实体模型。每一种应用在工程设计过程中的图都有特定的用途。在创意阶段，草图是非常有用的。通过在纸上快速地画东西，设计师能够快速地把设计理念传递给其他团队成员。恰到好处的手绘草图能够成为产生想法的催化剂。手绘草图也是把思维过程记录到工程日志的重要媒介。

当确定追求一个特定的设计理念时，需要用到更正式的图纸。图 4-36 显示了一个简单零件等距视图。等距视图是一种三维模型图的绘制方法，实际上平行的对象在图中被画成平行的直线。等距视图不同于艺术和广告图形中的透视图。在透视图中，平行线汇聚到一个很远距离之外的“消失点”(或者“尽头”)。等距视图在进行透视投影时会对被绘制的物体有一个稍微的扭曲。但是，如果被绘制的物体很小且距离很短，那么产生的差异也很小。例如，图 4-36 的等距视图与它等价的透视图几乎没什么差异。但如果被绘制的物品是一个狭长的盒子，如图 4-37 所示，那么等距视图和透视图的差异就非常明显。等距视图的优点是比透视图绘制起来更容易。此外，与正交投影视图相比，等距视图提供了一个对象的“鸟瞰视图”，可以使被描绘物体的很多特征一目了然。

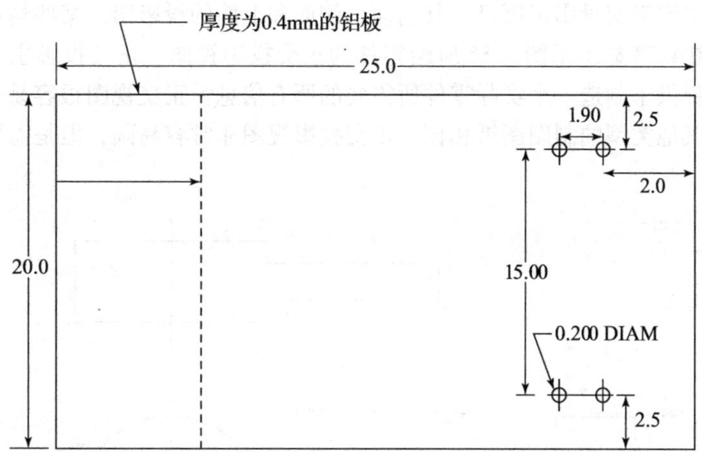

主机壳板

公差表	
所有尺寸以厘米为单位	
X	□0.5
X.X	□0.1
X.XX	□0.05
X.XXX	□0.001

图 4-35 绘制底盘图，用于送给机械师加工

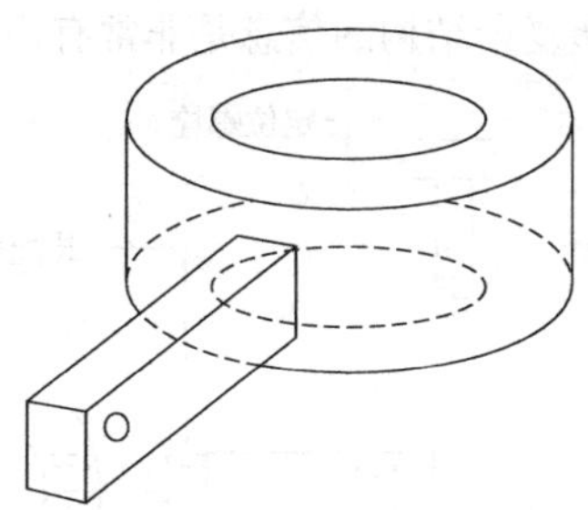

图 4-36 带有矩形签条和过孔的圆柱形轴环的等距视图

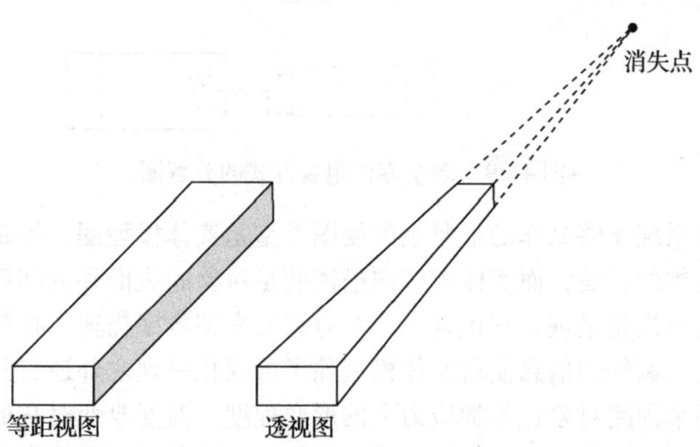

图 4-37 狭长盒子的等距视图和透视图。在等距视图中，物理对象上的所有平行线在页面上彼此平行绘制。在透视图中，物理对象上的平行线的延伸部分在某个遥远的消失点相交

一个物体的二维正交投影视图显示其前面、侧面和上面的投影图。某些情况下，需要给出4个面的视图。图4-38显示了图4-36所绘零件的正交投影视图。正交投影主要是给机械师使用的，这种图纸提供了制造一个实际零件所需要的所有信息。正交视图很容易传达尺寸、公差和加工细节。与其他类型的制图图纸相比，正交投影视图非常容易画，但是需要看图的人有更强的理解能力。

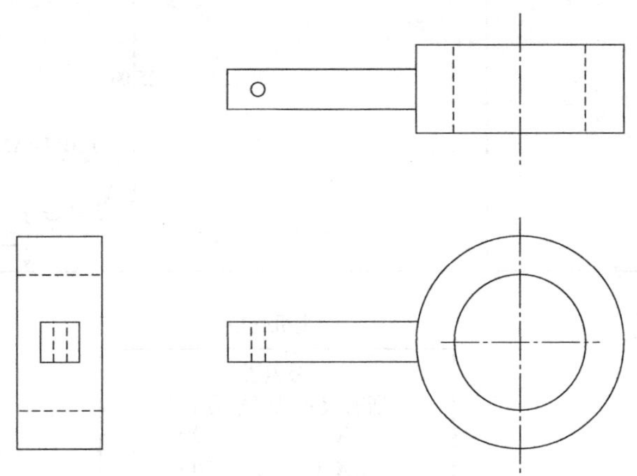

图4-38　图4-36零件的正交投影视图

分解图或者装配图用来描述如何将多个部分进行组装以形成一个整体的过程。虚线表示连接或安装的方法。图4-39显示了如何将图4-36中的零件与其他相关部件进行组装。虽然分解图有时非常难画，但它们对于传递复杂结构的信息是非常有用的。

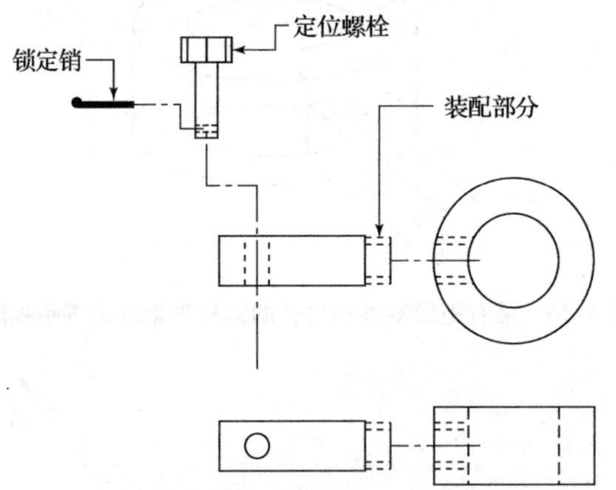

图4-39　多个零件组装方式的分解图

计算机辅助设计系统能够制作的最复杂的绘图类型是**实体模型图**。等距视图和正交投影图描述的仅仅是一个物体的表面，而实体模型图描述的是对象的表面和内部细节信息。实体模型远不止是一个简单的可视化呈现，它包含了一个对象的完整数字描述、材料特性以及其内部和外部的尺寸信息。这些额外的信息使得实体模型除了可视化呈现之外还有其他重要的用途。例如，实体模型可以用来预测对象在外加应力下的形变程度、温度改变对它的影响，以及它与系统中其他部分的交互。用计算机图形学和相关动画技术渲染零件的实体模型对于工程而言是一个非常重要的技术进步。实体模型允许用户观察设计目标的隐藏特征，同时还能旋转着从不同的角度进行观察。

实体模型的核心技术是一种称为有限元分析（Finite Element Analysis，FEA）的计算方法，在这种方法中，目标对象用大量相互关联的单元表示，这些单元也叫作“元素”。有限元分析跟踪每个单元之间的相互作用，计算每个单元对于内部和外部刺激的反应。流行的计算机辅助设计工具，如 Solidworks、AutoCad 和 ProEngineer，都在零件和对象实体模型处理中使用有限元分析计算技术。

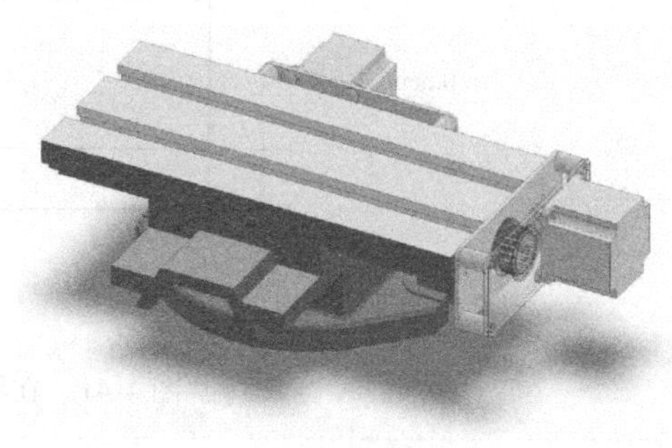

当把一个设计对象在 CAD 软件中渲染成一个实体模型后，这个模型在生产过程中将发挥非常重要的作用。由计算机控制的很多复杂的加工工具（例如，车床和铣床），可以直接根据实体模型制造出设计的零件。这类加工机器使用的语言称为计算机数值控制技术（Computer Numeric Control，CNC）（又称数控技术）。有了数控系统，工程师可以在计算机屏幕上设计零件，然后把它的数控代码
直接发送到计算机控制的加工机器上，使用金属、塑料或者其他加工材料完成制造。另一种使 186~189
用实体模型直接制造物品的方法称为快速原型法。在这项技术中，使用激光束在很薄的塑料树脂或纸上画出目标原型的横截面部分，然后把横截面一层一层地叠加，最终组装出零件的 3D 原型。

例 4.10

制作一个简单的零件

这个例子说明了绘制图 4-36 和图 4-38 所示的零件的实体模型所需的步骤。下面总结了绘制实体模型图的通用方法的步骤，在使用某个特定的 CAD 工具时，例如 ProEngineer 或者 Solid-Woeks，操作过程是非常相似的。

第一步 打开一个新的绘画屏幕。从 CAD 软件中的文件下拉菜单栏中选择 NEW（新建文件）。一个可绘画的空白部分出现在屏幕上。

第二步 画出主要的截面图（见图 4-40）。使用鼠标和键盘，在屏幕上画出零件的基本截面部分。即使零件在 3 个维度都有不同的细节特征，这个阶段只画一个主要的截面视图（如俯视图）。在后面的阶段，可以自动生成其他视图。这个最初的截面图也可以包括一些加工特性。例如，图 4-40 中的零件需要在中间打一个孔，在截面图上标出孔的位置和尺寸。在这个步骤中，也可以设定转角和弯曲的半径。这一步有时是很有必要的，因为使用固体材料加工的过程中不可能制造出完美的角（因此需通过圆弧设计转角。——译者注）。

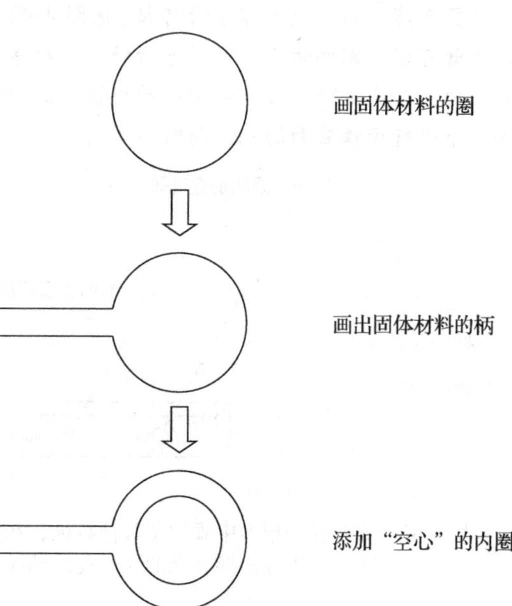

图 4-40 在计算机屏幕上绘制的图 4-36 中零件的主横截面

第三步 在图上标注尺寸(见图4-41)。对于零件的主要部分(例如，直线、圆和弧)，在屏幕上选中它们，并标定尺寸数据，同时选择单位(例如，毫米、厘米、英寸等)。这一步也为构成零件的其他直线和曲线提供了参考基准。

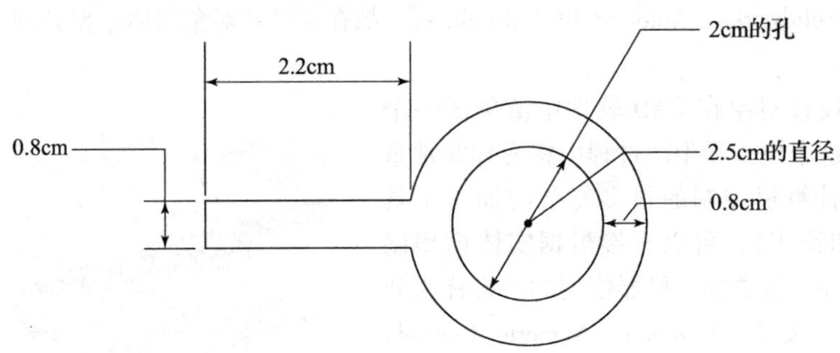

图4-41 在横截面草图中添加尺寸

第四步 延伸截面图(见图4-42)。将上一步中定义和标注的尺寸的截面在垂直于绘图平面的方向上延伸，或者"拉伸"，形成一个三维零件。圆拉伸形成圆柱体，而矩形拉伸形成长方体。本例中的截面图的延伸效果如图4-42所示，产生一个中心有一个空洞的圆柱体并带着一个长方形的附属物，这个附属物称为"签条"(tab)。

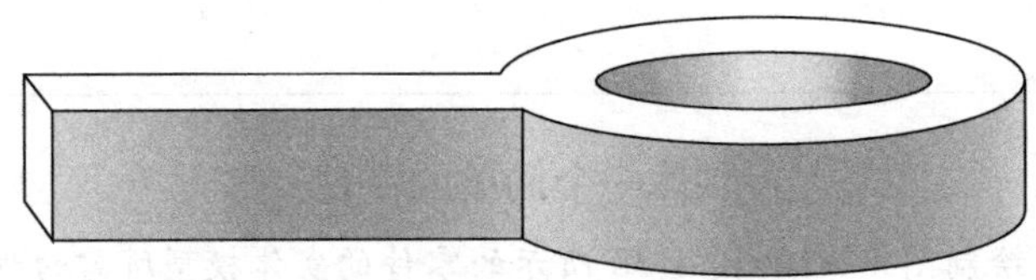

图4-42 将横截面延伸成实体模型

第五步 添加延伸部分的特征(见图4-43)。一旦横截面被延伸成一个三维实体模型，设计师就可以从零件的3个角度进行操作。很多不是主要截面的特征，包括垂直过孔、材料切割和圆角，在这个阶段可以在适当的视图中添加到对象中。在这个例子中，需要为矩形的签条增加一个平行于横截面的孔，同时签条的顶部和底部的表面需要削减一部分。

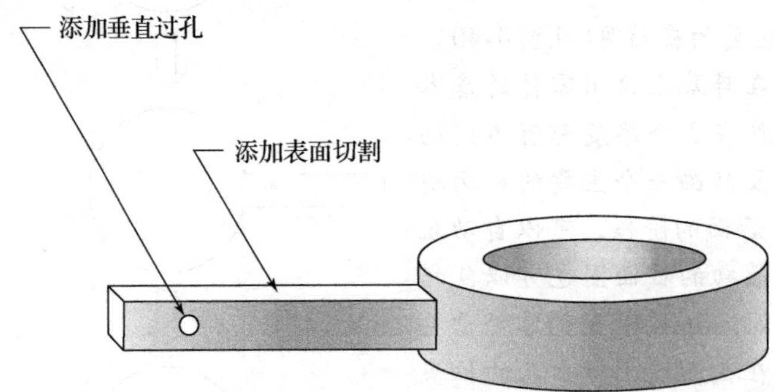

图4-43 在延伸的模型中添加了其他特征，在第一次延伸过程中没有创建这些特征。此次添加了一个贯穿矩形签条的孔，孔的轴线平行于横截面并修整该签条顶面和底面

第六步 保存文件以便将来使用、打印文件。零件的实体模型已经渲染完成，可以打印在纸上或者以电子的形式给其他工程师查看。另外，可以将它传送到数控设备机床或者快速原型机中用于计算机控制的产品制造。

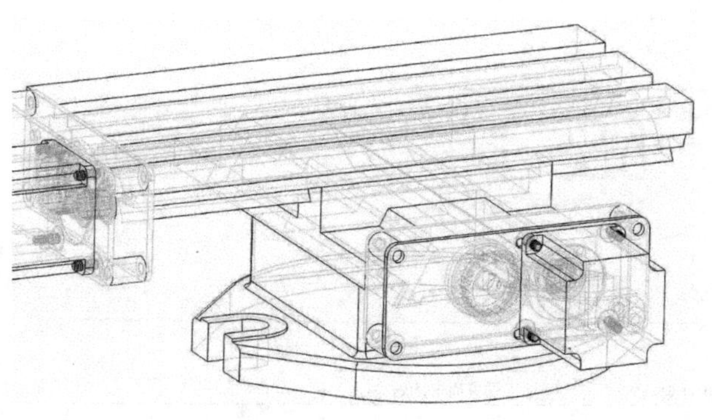

4.11 系统仿真

有时工程师必须为系统的动态行为建立模型，换言之，就是模拟系统内的各部分在一段时间内的相互作用。动态分析与有限元分析不同，ProEngineer 和 SolidWorks 等设计工具中提供的有限元分析功能只是把系统的各部分利用框图呈现出来，而动态分析在此基础上还需要建模对象的物理性质，如密度和弹性等。系统仿真不仅对于分析机械设计类的实际物体非常有用，而 190～192 且对于分析交通系统、制造过程，甚至金融系统等无形实体也非常有效。仿真工具适合描述那些在数学上可以用微分方程表示的系统，即变量的值取决于自己的微分，或者其他变量的微分。例如，一个简单的钟摆或吉他弦都能用微分方程表示。

Simulink 是一个流行的动态系统仿真工具，它是运行在 Matlab 中的一个组件。程序员使用 Simulink 软件画出待仿真系统的动态框图，然后由程序确定系统的微分方程并将它们输入 Matlab，用 Matlab 完成方程的求解和显示。像这种一个程序的运行结果供另一个程序使用的分层式的软件设计方法是软件工程中常用的技术手段。

例 4.11

节温器控制

以下示例来源于 Simulink 学生版的使用说明书中的一个例子。这些框图比 Simulink 实际使用中的软件模型更加通用化，这里只是用它们来解释所涉及的概念。假设你要为一个使用火炉加热的小房子设计恒温控制系统，因为建筑具有热存储能力，即当火炉熄灭时它会持续热一会儿，而当火炉再次燃烧时它需要一段时间才热，所以火炉和建筑物组合构成一个动态系统。系统的变量包括预期温度(设定在温控器上的值)和实际的室内温度。程序判断两个温度之间的差异，如果 $T_{\text{actual}} < T_{\text{thermostat}}$ 就打开开关，火炉产生热量，提高室内温度，但是有一个时间延迟 T_1(有时称为时间常数)。与此同时，无论火炉的状态是什么，热量总是不断地从建筑物中向外散发，散发的热量与室内和室外的温差成正比。调节向外散发的热量的时间常数是 T_2。

图 4-44 描述了该系统的框图。图 4-45 展示了 Simulink 模拟的结果，模型的参数是 $T_{\text{thermostat}} \approx 68$°F，$T_{\text{outdoor}} \approx 32$°F，$T_1 \approx 4$min，$T_2 \approx 12$min。从曲线中可以看出，温度在缓慢下降，直到 T_{actual} 低于 $T_{\text{thermostat}}$。这时火炉会被点燃以升高室温，直到 $T_{\text{actual}} \approx T_{\text{thermostat}}$。注意，火炉关闭后建筑物内的温度还会持续上升一段时间。这种现象是由于系统的非零时间延迟(nonzero time delays)造成的。虽然温控器已经检测出 T_{actual} 达到了 $T_{\text{thermostat}}$，但是热量控制系统的延迟会使得更多的热量从火炉散发到建筑物中。

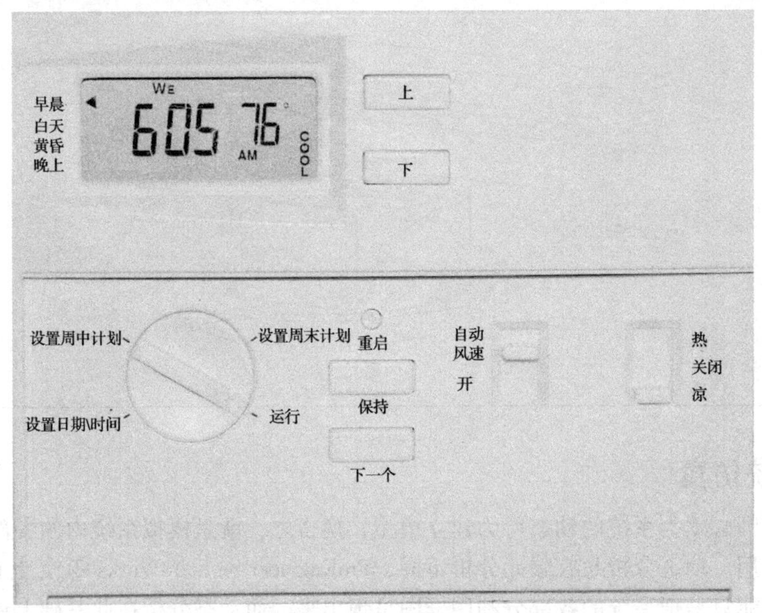

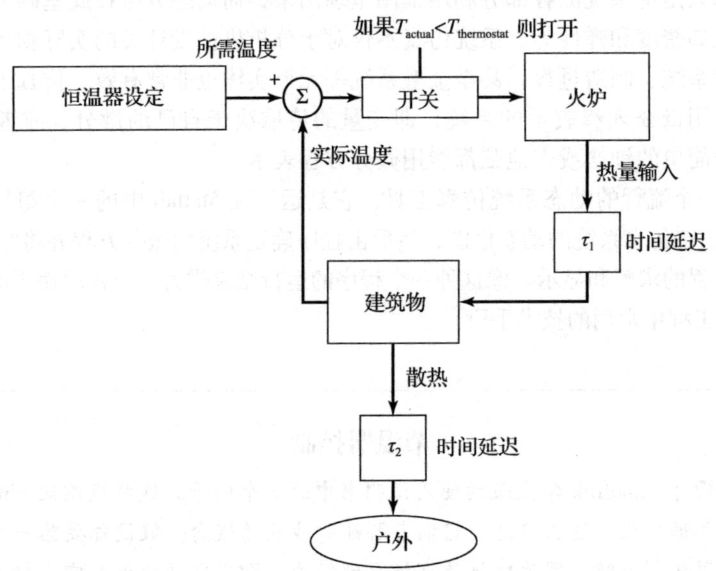

图 4-44 描述建筑物及其火炉动态系统的框图

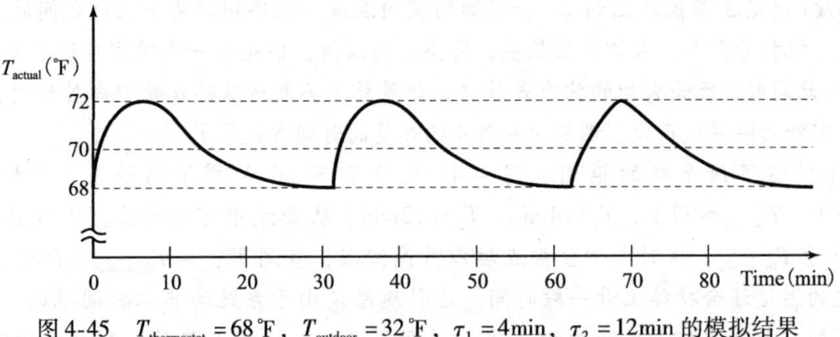

图 4-45 $T_{thermostat}=68$°F，$T_{outdoor}=32$°F，$\tau_1=4$min，$\tau_2=12$min 的模拟结果

4.12 电子电路仿真

涉及电力系统的电路设计有多种形式。由电池、发电机或燃料电池提供能量的电路称为电子电路。电路的例子包括手电筒、地铁的电机驱动系统、民用电传输系统、汽车和卡车上的电路系统等。这些系统通常只涉及一些基本的组件类型，包括电池、发电机、电线和开关、还有 193~194
一些负载。为了简单起见，这些负载可以简化为一个简单的电阻。电阻器类的设备是线性的，遵循欧姆定律：$v = iR$，这里，v 是电阻两端施加的电压，i 是相应的电流，R 是电阻值。

与电阻器不同，半导体器件通常是非线性的。它的电压－电流方程不是简单的线性公式，而是一个更复杂的形式。例如，一个简单二极管的电压－电流方程是一个复杂的指数方程。

$$i = I_S(e^{v/nV_T} - 1) \tag{4-30}$$

这里，n、I_S、V_T是常数⊖。

晶体管是一个有 3 个引脚的设备，它的控制方程更加复杂。其他非线性设备包括发光二极管(LED)和集成电路。当电路包含非线性设备时，它通常称为电子电路(electronic circuit)，而不再是简单的电路(electrical circuit)。

计算电子电路的电压和电流，尤其是那些包含多个半导体器件的电路，是一个艰巨的任务。即使是如图 4-46 的简单电路，也无法用简单代数解决。当电路包括多个二极管、晶体管或集成电路时，经常使用的仿真工具是 SPICE。这个软件工具有许多衍生版本，如 PSPICE、LTSPICE 和 TINA 等。这些程序都是基于 SPICE 的原始代码为核心开发的，应用在 20 世纪 70 年代加州大学伯克利分校的大型计算机上。

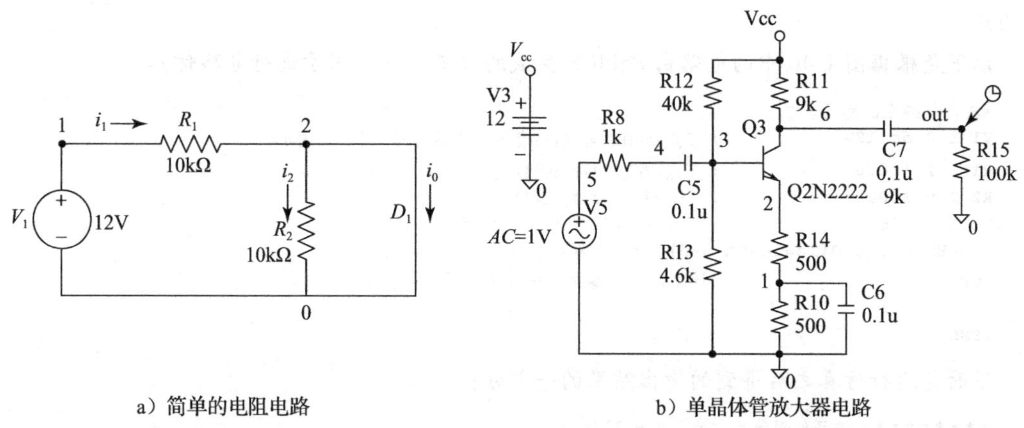

图 4-46　在 PSPICE 中模拟的电路。给电路中的每个节点分配一个唯一的数字，底部的公共“地”节点分配数字 0

SPICE 可以仿真电压源(例如，电池、直流电源、交流变压器等)、电阻器、电容或电感等其他线性电路器件、各种半导体(包括二极管、晶体管和运算放大器)。它还可以支持用户自行定义设备，并配置设备的属性。SPICE 可以执行稳态分析，长时间电路运行效果模拟，对温 195
度影响、热噪声和随机组件变化进行建模等。输出形式也是多种多样的，可以以文本形式列出电路的电压、电流、耗散值，也可以给出选定电路变量与时间的曲线。SPICE 内部核心程序仍将电路描述成文本形式来输入。这种输入模式源于 SPICE 的起源，SPICE 是作为公共软件开发

⊖ 对于 $V > V_T$ 的情况，这个公式可以简化成 $i = I_S e^{v/nV_T}$。

的，最早用于在具有穿孔卡和行式打印机输出的大型计算机上实现。许多 SPICE 的现代版本，例如 PSpice、LTSpice、Cadence 和 TINA，则提供了一个图形化界面和预定义构建的商用电路器件列表。最终，这些高端程序将图形化的电路信息转化成基于文本的 SPICE 代码输入 SPICE 中。SPICE 的学生评价版本可以在网上下载。

在 SPICE 基本代码中，电路描述成一组程序语句，存储在名为 FILENAME. CIR 的文件中。其中 FILENAME 可以由用户自由修改。在执行过程中，SPICE(其他相似程序)读取这个文件中的数据。输入文件的每一行包含一个语句，一个语句用于描述一个器件或一条 SPICE 指令。

在用户看到的图形界面的背后，一个典型的输入文件包括了标题行、一套描述电路元素的语句以及一组在 SIPCE 程序运行的控制语句。这些控制语句以英文的句号作为开头，在图形用户界面上选中后就会自动加入文本文件中。. END 控制语句表示整个文件的终止。为了在 SPICE 中模拟电路，必须为电路中的各个节点分配数字编号。一个节点(最常见的节点，或者“接地”)分配的编号必须为数字 0。用户在屏幕上绘制电路的图形模式时，这些编号分配的工作由软件自动执行。

例 4.12

非线性电路仿真

使用 SPICE 求解图 4-46a 中的电路非常容易。下面的程序代码能够在 SPICE 中计算电路中的每一个器件两端的电压、电流和每个电路组件消耗的功率。为每一个节点编号，底部节点标注为 0。

以下是根据图 4-46 中的电路由 PSPICE 生成的文本文件，用于进行电路仿真。

```
*指定电路中的元素。
V1 1 0 dc 12V              ; 节点1和0之间的12V直流电压源（节点1的源端）
R1 1 2 10000               ; 节点1和2之间的10kΩ电阻
R2 2 0 10000               ; 节点2和0之间的10kΩ电阻
D1 2 0 diode               ; 指向节点2到节点0的二极管
.MODEL diode D(Is=1e-5m n=2)  ; 一个标识二极管参数的声明
.OP                        ;计算每个设备的工作点（电压和电流）

.END
```

196

下面是运行仿真之后得到的输出结果的一部分：

```
********小信号偏置解决方案温度= 27.000℃

NODE        VOLTAGE        NODE    VOLTAGE
(1)          12.0000        (2)     0.5995
VOLTAGE SOURCE CURRENTS
NAME    CURRENT
V1-1.140  E-03
TOTAL POWER DISSIPATION 1.37E-02 WATTS
JOB CONCLUDED
TOTAL JOB TIME .65
*****************************************************************
```

这个输出内容显示二极管的电压是 0.6V，电流是 1.1mA，整个电路消耗 13.7mW 的功率(即它将 13.7mW 电能转换为热量)。

4.13 图形化编程

对某些设计任务来说，图形化编程工具是一类非常有用的软件工具。已经有一些商业化的软件包具有图形化编程功能，例如 LabVIEW、HP－VEE、Softwire 等。图形化编程语言使工程师能够简单地通过连接可视化对象在计算机上创建程序。这些对象可以是公式、数据源、显示器或逻辑函数。将这些对象连接在一起，类似于一个描述计算机程序的流程图。一些图形化编程语言还支持与台式仪器连接，可以与万用表、函数发电机和示波器等仪器直接交互。连接方式使用数字控制链路，例如 IEEE-488 或者 GPIB(通用仪器总线)。图形程序对象可以发送或者接收数据。图形化的对象也可以直接连接到模拟数字转换(A/D)或数字模拟转换(D/A)的计算机总线卡上。这种环境非常适合于开发一些桌面计算机或笔记本电脑上使用的工业自动化系统，这些系统中通常带有 A/D 和 D/A 转换板以及在计算机中运行的图形控制界面。

图 4-47 中展示了一个典型的图形程序。这个程序的作用是测量工作中的电动机两端的电压和通过的电流。电动机工作时的机械负载用摩擦制动器上施加的重量来表示，在程序中，这个数据由用户输入。

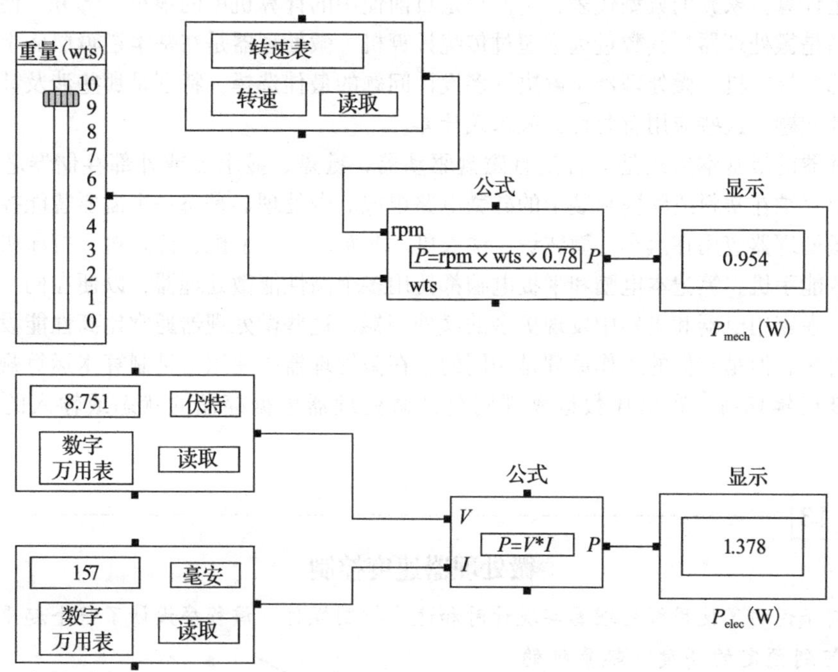

图 4-47 设计用于测量电动机的电压和电流的图形界面程序。机械负载由重量数表示，由用户通过重量数输入程序

职业成功之路

什么时候计算机真的是有必要的

计算机在解决工程问题时扮演了重要的角色。它们几乎可以应用在所有技术学科中，使用计算机已经成为工程学科的必修科目之一。尽管设计与计算机之间存在着非常有益的共生关系，但是在设计过程中过度地使用计算机代替人类的创造力和判断力是很危险的。

这个现象有时称为“可以做”陷阱。经常，我们花时间在计算机上做事情，只是因为我们可以做到这一点。我们模拟机械结构或电路，盲目接受结果，而不验证模拟背后的基本原理。我们假设商业软件包将产生正确的结果，而不将其输出与实际物理测试进行比较。我们创建的文档缺乏真正有意义的内容，但视觉上是完美组合，包括嵌入式图形、彩色印刷和花哨的字体。我们在笔记本电脑上创建的幻灯片有移动箭头、声音和视频，但却传递了很少的实际信息。一个好的工程师应该学会利用计算机的优势而不是进入陷阱。计算机是一个精密的仪器，应该像一把好的乐器，而不是一个沉重的锤子。在工程设计中，计算机
197~198 应该成为我们创作过程中的附属物，而不是主流。本章的例子说明了计算机可以正确地用于设计过程中有意义部分的几种方法。

4.14 微处理器：另一种形式的计算机

我们通常把“计算机”理解为笔记本电脑、台式机或网络服务器。事实上，这些集成的计算机器是计算机家族的典型代表，它们只是目前使用的计算机中的很小一部分。使用最多的计算机产品是微处理器，其数量远远超过传统计算机。微处理器是在基本逻辑层面上执行数字功能的单芯片计算机。微处理器是解决许多设计问题的最佳选择，特别是那些涉及计算机实时控制的设计问题。这些应用有时称为嵌入式计算。

微处理器的最基本形式是一台没有磁盘驱动器、键盘、显示器或外部存储器芯片的计算机。它仅由容纳在塑料或陶瓷封装中的硅微电路组成。微处理器是每一个需要智能控制的设备的核心。微处理器应用在汽车、微波炉、洗衣机、儿童玩具、手机、传真机、打印机和个人计算机中。智能手机、笔记本电脑和平板电脑都使用多个高性能微处理器，以便在同一时间实现多种功能。在家用电器和机器中发现更多的微处理器，这些微处理器通常比高性能设备中使用的要简单得多，但是它们的工作原理是相同的。在微处理器中使用二进制算术运算规则，又称为布尔代数逻辑规则。布尔代数运算规则允许微处理器根据存储的状态或输入的数据做出决策。

例 4.13

微处理器速度控制

这个例子说明了使用微处理器实现计时和速度控制操作。该程序设计了一个起重机，能够把目标提起到预定的高度。起重机的工作原理是将钢缆缠绕在一个滚筒周围以控制长度。图 4-48 所示的传感器能够提供起重机提起对象的净距离。在一个透明圆盘上画若干条不透明的辐射线，圆盘放在光学探测器两个探头的中间，圆盘连接到起重机的滚筒。

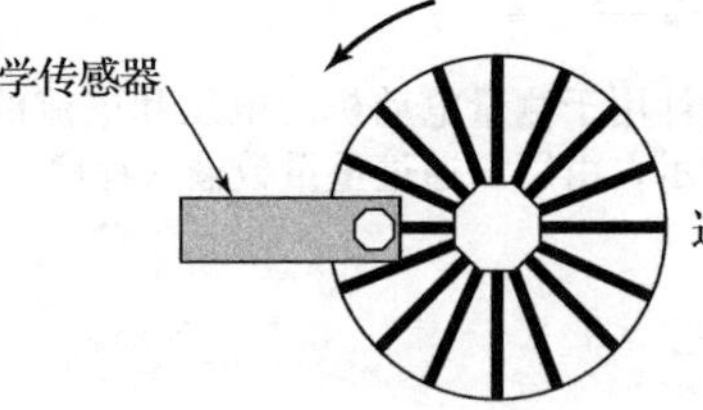

图 4-48　光学编码器圆盘，每旋转 22.5°产生一个数字脉冲

每次透明圆盘旋转后，辐射线会穿过两个光学传感器的中间，从而使得传感器产生的脉冲发送到微处理器。因为滚筒的周长和每转一圈产生的脉冲数量是已知的，所以钢缆收缩的总长度以及被吊物体的高度变化是可以计算出来的。通过简单的计数脉冲，微处理器可以计算电缆的卷入量，当对象到达要求高度时发出“停止”命令。图 4-49 展示了完整的系统框图，包括光学

编码器、微处理器、起动机电机和电缆滚筒。

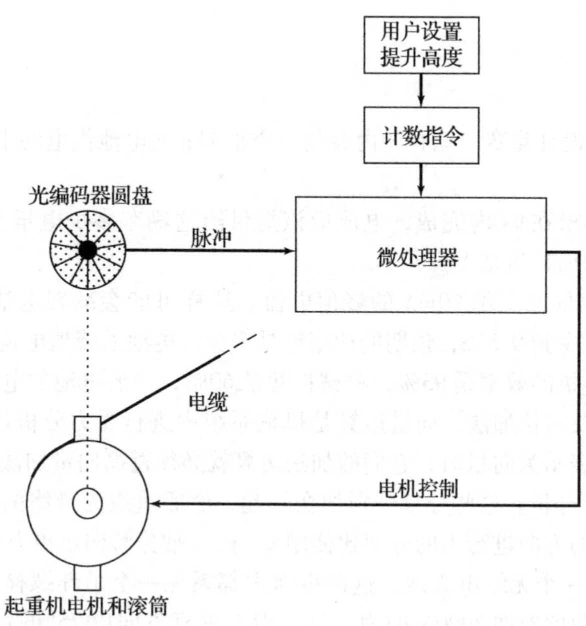

图 4-49 由光学编码器圆盘、微处理器、起动机电机和电缆滚筒组成的系统框图

练习

1. 讨论将微处理器用于自动产生交通灯计时脉冲的方法。
2. 讨论利用微处理器制作数字闹钟的方法。
3. 找出 10 个使用微处理器的家用电器或机器。
4. 移动电话中包含了一个微处理器，它能够提供各种功能操作。如果你有一个移动电话，画出微处理器执行的所有功能的框图或流程图。
5. 微处理器使用内部二进制代码(一个数字系统包含 0 或 1)来执行各种功能。人们使用微处理器有时用十六进制代码代替二进制数。二进制代码和十六进行代码关系是什么?
6. 做一些调研，并确定微处理器在汽车中的应用方式。
7. 画一个流程图或框图说明微处理器在自动售卖机中的应用方式。
8. 计算机打印机的内部包含一个微处理器，讨论为什么一定需要这个微处理器，以及它必须具备的基本功能。
9. 画出在四功能计算器(即只有加减乘除)中微处理器上程序的流程图。
10. 微处理器和嵌入式微控制器的区别是什么?

199~200

关键术语

Dimensioning(尺寸)
Estimation(估计)
Microprocessor(微处理器)
Prototype(原型)
SI Units(国际标准单位)
Significant figures(有效数字)
Simulation(仿真)
Solid model(实体模型)
Spreadsheet(电子制表软件)
Tolerance(公差)
Unit reconciliation(单位一致性)

Reverse engineering(逆向工程)　　　　Specification sheet(规格表)

问题

估计

1. 这个问题涉及一个设计竞赛，竞赛的内容是一个重1kg的电池供电的小车必须在15s内爬上高0.9m的斜坡。
   a. 如果爬坡动作要求在9s内完成，电池应该提供给这辆车多少电量？如果在15s内完成，平均功率的合理估计值是多少？
   b. 假设选择的电池仅能提供50mA的峰值电流，这样可能会减轻电池的重量，使车变轻。如果车的质量减少到0.5kg，预期的功率流是多少？电池的峰值电流是多少？
   c. 如果选择的电动机的效率是95%，机械损耗是60%，需要电池的电流是多少？

以下4个问题涉及向量加法。向量运算是机械系统中进行受力分析评估的一个重要技能。当把力或者其他变量表示为向量时，它们的加法运算就必须遵循向量加法的原则。首先，将向量分解成x、y、z 3个分量。这些分量分别加在一起，然后重组为最终的结果向量。在某些情况下，沿着物体放置的方向进行力的分解比使用x、y、z轴分解向量更方便。

2. 使用两根绳索固定一个无线电天线，这两根绳索都系在一个吊环螺栓上。一根绳索相对于垂直方向以10°的角度施加3000N的力，另一根与垂直方向以75°的角度施加2000N的力。找出作用在吊环螺栓上的合力的大小和方向。
3. 将一根钢丝线连接在吊环螺栓上，吊环螺栓拧入一个木屋顶上，木屋顶与水平方向成30°角。这个钢丝线与水平方向成40°角。如果在垂直屋顶方向的螺栓能够承受的最大力是1000N，这根钢丝线上能够承担的最大拉力是多少？
4. 有一个用于当地游行特色宣传的大型氦气球，用两根绳索绑在其中间来固定。位于气球一侧的绳索与垂直方向的夹角为20°，另一侧的绳索与垂直方向的夹角为30°。如果气球的浮力为200kN，每条绳索承受的拉力是多少？
5. 吊环螺栓固定在相对于x轴倾斜45°的屋顶上，有3根钢丝绳与它连接。这3根钢丝绳与x轴的夹角分别是45°、150°和195°(从x轴所在位置开始按顺时针方向旋转)，它们承受的拉
201 力分别是300N、400N和225N。吊环螺栓受到的合力的大小和方向是多少？垂直和平行于屋顶的力的分量是多少？

问题6~23帮助你提升设计估值的技能，与你的同学讨论，看看能否达到相同的近似答案。

6. 估计涂一架波音767飞机所需要的油漆涂料。
7. 估计汽车在10分钟内消耗的油量。
8. 估计你的宿舍、住宅、公寓或家日常消耗的电能(检查你的估计值和实际账单是否吻合)。
9. 估计计算机运行24小时所消耗的电量。
10. 估计在一栋4单元公寓楼房安装风窗所能节省的成本。
11. 估计一个满载的18轮大型拖拉机拖车的总重量。
12. 估计你家乡的独栋房子的数量。
13. 估计组装金门大桥需要的螺栓数目。
14. 估计建造一般房屋的砖质烟囱所需要的砖的数量。
15. 计算宿舍、公寓或者你住的房子的所有窗户的面积。
16. 如果用地毯覆盖芝加哥的瑞格利球场(Wrigley Field)的比赛场地，估计所需要的地毯数量。

17. 计算每天你的肺呼吸的空气的总质量。
18. 计算一块石头从海平面下降到马里亚纳海沟底部所需要的时间，马里亚纳海沟是地球海洋的最低点。
19. 估计运行一个中型冰箱一年所需要的成本。
20. a. 计算在一个独栋的、有平坦屋顶的农庄式房子上覆盖一层板瓦的重量。

    b. 现在计算斜屋顶需要的板瓦的重量。
21. 估计一个标准缝纫机线轴包含的线的长度。
22. 估计一个 2 小时的 DVD 光盘上的微坑的数量。
23. 估计学校图书馆每周外借的书的数量。

有效数字

24. 在计算的过程中，结果的精度只能与计算过程中数据的最低精确度相同。因此，答案的有效数字位数一般与精确度最低的那个参数相同。

    a. 计算下面的算式，用正确的有效数字位数表示结果。

    b. 用国际单位制表示结果。

    $V=(12.9\text{mA})(1500\Omega)$

    $F=2.69\text{kg}\times 9.8\text{m/s}^2$

    $F=-3.41\text{N/mm}\times 6.34\text{mm}$

    $i=\dfrac{1.29\text{mA}}{100}$

    $Q=(6.891\times 10^{-12}\text{F})(2.34\times 10^{3}\text{V})$ 202

25. a. 计算下列算式，用正确的有效数字位数表示结果。

    b. 用适当国际单位制表示结果。

    $F=1221\text{kg}\times 0.098\text{m/s}^2$

    $V=56\text{A}\times 1200\text{ohms}(\Omega)$

    $x=76.8\text{m/s}\times 1.000\text{s}$

    $m=56.1\text{lb}+45\text{lb}+98.2\text{lb}$

    $i=\dfrac{91.4\text{V}}{1.0}$

    $P=\dfrac{(5.1\text{V})^2}{1.0\Omega}$

尺寸

26. 测量普通外套纽扣的尺寸，画一个纽扣尺寸的草图，完成一个公差表。
27. 画出一个常见咖啡杯的草图，并标注尺寸。
28. 测量自行车的尺寸，然后给它画一个带尺寸标的草图。
29. 画一本书的草图并标注尺寸。

原型设计

30. 假设一个 9V 电池通过定时器电路稳定输出 100mA 电流流向电机。如果控制器电路效率是 92%，电机效率是 95%，那么传递到电机转轮的机械功率是多少(忽略轴承摩擦)？
31. 欧姆定律指出，电阻两端的电压等于流经它的电流乘以电阻值($V=IR$)。如果测量的电压是 24V，计算通过以下电阻的电流：1Ω、330Ω、1KΩ、560KΩ、1.2MΩ(注意：$1\text{K}\Omega=10^3\Omega$；$1\text{M}\Omega=10^6\Omega$)。

32. 欧姆定律指出，通过电阻的电流等于电压除以电阻的值($I = V/R$)。如果通过的电流是10mA计算以下电阻两端的电压：1.2KΩ、4.7KΩ、9.1KΩ、560KΩ、1.2MΩ(注意：$1K\Omega = 10^3\Omega$；$1M\Omega = 10^6\Omega$)

33. 基尔霍夫电流定律指出，在一个电路连接点或者节点的电流的代数和必须为0。假设电路中一个节点有4条电线通过，其中3条上的电流分别是1.2A、-5.4A和3.0A，那么通过第4条线上的电流应该是多少？

34. 基尔霍夫电压定律指出，电压在一个封闭电路中的总和必须为0，3个电阻连接在一个9v的电池上，这两个电阻两端的电压分别为5V和2.5V。
   a. 第3个电阻器两端的电压是多少？
   b. 前两个电阻器的电压值各自为100Ω和50Ω，那么通过第3个电阻的电流值是多少？

35. 散热器增强了热表面与周围空气之间的热接触，从而能够更快地散发能量，使设备更快地冷却。散热非常重要，因为过多的热量会导致许多类型的设备出现故障。散热器的一个重
203 要参数是传热系数或热阻系数θ(希腊字母)，描述了从较热的散热器到较冷的环境空气的热量流动速度。假设环境温度保持在一个恒定的值，那么热流公式可以描述为：$P_{therm} = (T_{sink} - T_{air})/\theta$，$P_{therm}$是该设备向外散热的功率，$T_{sink}$是散热器的温度，$T_{air}$是空气的温度。
   a. 电力设备安装的散热器$\theta = 4.5$℃/W，设备一共散发的功率是10W，如果环境温度是25℃，设备温度是多少？
   b. 设备的最高工作温度是200℃，它安装在一个散热器上。如果环境温度是25℃，有25W的能量需要被设备散发，那么散热器的最大传热系数θ是多少？

36. 开关是一种机械装置，其允许用户通过移动杠杆或滑动臂将其两个电气端子从开路(无连接)转换成短路(完美连接)。开关电极是指可以通过开关的机械作用闭合或打开的一组触点。单刀双掷(SPDT)开关具有3个端子：作为公共连接点的中心端子，以及随着开关杆位置交替连接到中心端子的两个外部端子。当其中一个外部端子连接到中心端子时，剩余的外部端子与中心端子断开连接。
   a. 想象一个在两层楼上都设置了开关的灯，人应该能够使用两个开关中的任何一个打开或关上灯。一个开关位于楼梯的顶部，另一个开关位于楼梯的底部。切换开关操纵杆使灯的状态改变，画一个楼梯电路系统的电路图。
   b. 现在想象一个三层楼的房子，通过拨动3个开关中的一个(每一个位于一层)，楼梯间的灯将被打开或关闭。使用两个单极开关和一个双极开关设计合适的开关电路网。

37. 直流电动机由转子和定子组成，转子在定子内转动，其中转子又称为电枢，是一个多极电磁线圈，定子是一个恒定的磁场。在典型的电动车和玩具中使用的小型直流电动机中，使用永磁体来产生定子磁场。在较大的工业型电动机中，例如汽车起动器或挡风玻璃刮水器电动机，定子磁场由另一个线圈绕组产生。

    电流通过一组接触垫和固定电刷流到旋转着的电枢线圈中，接触垫和电刷的组合也称为换向器。转子上的每组换向器焊盘连接到电枢线圈绕组的不同部分。当转子旋转时，刷子接触到不同的换向器衬垫对，使得转动过程不同部分的电枢线圈都能够从电刷接收电流。以这种方式，由旋转的电枢线圈产生的磁场可以保持静止，并且始终与固定的定子磁场成直角。这两个磁场的北极和南极不断吸引对方，因为它们总是通过换向器的作用保持在正确的角度，因此电枢能够一直接受到磁场的转矩(旋转力)。力的强度与电枢电流的值
204 成比例。因此，恒定机械载荷下电机的转速也与电枢电流成比例。

a. 从一个电子零售商店购买一个小型直流电机，在一个不考虑极性的电机上连接一个D型电池，观察旋转的方向。反向连接电池的极性，观察结果。

b. 在前面问题的基础上使用一个双刀双掷(DPDT)开关，设计一个电路，使拨动一次开关可以改变运动的方向。(DPDT开关具有6个端子，可以认为是两个SPDT开关串联，两个杆同时接合。)

逆向工程

38. 拆开一个可伸缩的圆珠笔(笔上面有一个按钮控制笔的伸缩)。画一个圆柱笔内部结构的草图，然后写出这个笔的工作原理。

39. 拆开一个常见的塑料DVD盒。画一个它的内部结构的草图，对它的各个部件写一个总结。

40. 拆开一个标准的台式电话。根据你观察的结果，描述一个电话工作的框图并说明它是如何与外部连接的。

41. 假设你的作业是设计一个台式订书器。观察以前存在的订书器模型，画一个机械结构草图，然后列出订书器的零件清单。

42. 拆开一个常见的手电筒。画一个它的机械结构草图，建立一个用于制作一个新手电筒的零件清单。

43. 假设你在一个偏远的地方发现了一辆走错路的太空车，车上没有人。写一份报告，利用逆向工程发现这个航天器使用的技术元素。重点检查车辆的推进系统、遥测和传感器系统。

计算机作为分析工具

44. 假设一块卵石从飞机上抛下，飞机正以200km/h速度飞行，在计算空气阻力影响的情况下，请使用你所熟悉的计算机编程语言计算卵石的轨迹。

45. 考虑一个捕鼠器，开始时 $t=0$，$\theta=\pi$。当 $\theta=0$ 时，表示捕鼠夹碰到地面。假设这个捕鼠夹有0.01kg/m的惯性矩，弹簧施加的转动扭矩值为 $0.5\theta/\pi$ N－m，在这里 θ 是弧度。选用你熟悉的语言编写一个程序，将角度 θ 作为时间函数，画出函数曲线图。

46. 电容器是存储电能的装置，在任何给定的时刻，一个电容器中存储的电量表示为它两端的电压。如果电阻器连接在一个电容器上，那么流出电容和经过电阻的电流用方程 $I=V/R$ 计算，这里，V 是电容器两端的电压值，R 是电阻值。电容器两端的电压会因为有电流流出而改变，改变的公式可以描述为 $\mathrm{d}v/\mathrm{d}t=i/C$。使用你熟悉的计算机语言编写一个程序，画出电容两端的电压与时间的函数关系曲线，其中 $v(t=0)=10\mathrm{V}$，$R=10\mathrm{K}\Omega$ 和 $C=100\mu\mathrm{F}$(注意：$10\mathrm{k}\Omega=10\,000\Omega$，$100\mu\mathrm{F}=10^{-4}\mathrm{F}$)。

47. 绘制一个计算机程序的流程图，该程序可用于控制两个繁忙街道交叉路口的交通。如果南面或北面街道上没有车等待进入十字路口，则一直允许车流在东西方向上的流动，当有车停在南面或北面的街道时则临时打断东西方向的车流。用你所熟悉的计算机语言编写这个程序，程序中应包含一个输入机制，用来设定每个方向的汽车数量。 205

48. 绘制一个计算机程序的流程图，该程序可用于控制两个繁忙街道交叉路口的交通。交通灯允许汽车沿东西方向行驶，直到有3辆车停在了北面街道进入十字路口，而且此时没有车停在南面入口，才能将东西方向的车流打断。如果在东西方向等待的车超过3辆，则不管停在南北方向路口的车辆的数量，都要放开东西方向的交通。用你所熟悉的计算机语言编写这个程序，程序中应包含一个输入机制，用来设定每个方向的汽车数量。

49. 绘制一个计算机程序流程图，实现一个3位数字密码的警报系统的密码解码器。每个数字(0～9)输入警报器时应该以二进制形式表示，选择你出生年份的最后3位数字作为密码。用你所熟悉的计算机语言编写程序，程序应包含一个输入机制，用来输入每个数字的密码位。

50. 绘制一个计算机程序流程图，可以计算十人制议会的投票情况。如果多数票为赞成票，则输出逻辑高(1)；多数为不赞成时，则输出逻辑低(0)。设计一个规则用于处理平局投票的情况。用你所熟悉的计算机语言编写这个程序，程序应包含一个输入机制，用来表示这10个人每人的投票情况。

51. 绘制一个传感器系统的程序流程图，考虑3个条件，环境温度上升到30℃以上，没有阳光照射植物，时间在一天的正午之后。满足以上3个条件时，自动开启花园浇花系统。

52. 绘制一个计算机程序流程图，帮助科学研究者评估各种事件发生的概率，该系统应包括5个输入信号，输出结果显示输入数据的多数情况。

53. 绘制一个微处理器程序的流程图，用来实现一个4人座客车的警报系统，当车启动后，如果驾驶员没有系安全带，则鸣响警报。如果乘客坐在副驾驶位置上且没有系安全带，警报也会响。

54. 下面这个问题将说明振幅调制的概念。假设一个函数 $c(t)$ 是一个三角函数，峰值是1和 -1，频率是 f_1。类似地，$m(y)$ 是一个方波函数，峰值是1和 -1，频率是 f_2。写一个计算机程序，画出以下方程所描述的振幅调制的输出波形。

$$v(t) = c(t)[1 + am(t)]$$

这里，$f_1 = 10\text{Hz}$，$f_2 = 1\text{Hz}$，$a = 0.4$。参数 a 叫作**调制指数**，赫兹(Hz)是周期/秒。

55. 画一个流程图，实现以下系统备忘录描述的功能：

接收者：Xebec设计团队

来自：Harry Vigil，项目经理

主题：自动取款机模拟器

这个项目的客户要求我们开发一台机器，它可以模拟一个自动取款机(ATM)，类似于在任何一个地方银行找到的机器。你的任务是使用你所选择的组件和材料设计和建造一个这样的模拟器。这里有一个规格说明列表，你可以在准备项目计划和技术方案时用它作为指导。

206

- 这个模拟器应该是独立的，与外界没有实际联系。
- 它应该实际模拟用户查询，提示密码、交易类型和美元金额等功能。
- 模拟器应包括自己的一组输入键盘或按钮、显示设备，打印机和钞票分配器(模拟的)。
- 一旦插入ATM型银行卡，就能够激活模拟器进行操作。对于存储在插入卡上的信息进行的读取和解码不是模拟器必须要实现的功能。可接受的解决方案是，可以在模拟器内部存储一个密码列表(可以随时更新列表内容)，一旦插入适当尺寸的任何卡，都会激活这个密码列表以等待用户输入。

电子表格

56. 编写一个电子表格程序，计算橡胶带发射弹丸的轨迹。你的电子表格计算应具有单元格，可以在其中输入问题的关键参数，如尺寸、发射角度和橡皮筋拉伸量。使用一组单元格来表示弹丸沿其轨迹的各个点的位置坐标。为弹丸质量 m 和弹簧常数 k 选择适当的值。

57. 假设你正在为一个工程设计项目计算预算。你的工资是每月6000美元，与你一起工作的技术员每月收入是3500美元，你需要5000美元的材料和用品，1200美元作为参加销售会议的差旅费，文书工作的成本是直接开销的8%。整个合同成本的80%用以支持公司的正常运作(已包含8%的文书费用)。编写一个电子表格，如果总预算不超过10万美元，确定你在这个项目中可以得到的月收入的最大值。你可以让你的技术员至少有一半的时间工作在这个项目上。

58. 编写一个电子表格，帮助你确定一架满员的小型通勤飞机的重心。这架飞机有 10 排，每排 4 个座位，过道两侧每一面 2 个座位，共有 40 个席位。过道两侧的座位距离飞机中心线 0.5m 处，靠近窗户的座位位于飞机中心线 1.2m 处，座位的行间距是 1m，以第一排座位所在的直线为 y 轴，计算重心的位置。假设你知道每位乘客的重量，单位是公斤(kg)或者磅(b)都可以。

59. 一家电影制作厂为老式相机生产 35mm 摄影胶片。胶片生产出来时是很大的一卷，大约有在 500～2000m 长。每个大卷的宽度在 0.5～2.0m，步长为 0.5m。也就是说，宽度有 4 个可能的值，即 0.5m、1.0m、1.5m 和 2.0m。将大卷切成 35mm 宽的条带，并将其包装到消费者使用的小盒中，这种小盒有 3 种规格，分别能拍摄 12、24 或 36 张照片。假设每张照片的底片在条带上占据 35mm 的长度，并且每个盒内的条带必须将其长度的 10% 分配给牵引件和两端留余(即，在每个卷的开始和结束处的未曝光的胶片)。编写一个电子表格程序，对于不同的大卷的尺寸，3 种规格(每盒 12 张、每盒 24 张和每盒 36 张)的小盒占据不 207
同的比例，计算一个大卷可以制成多少盒这 3 种不同规模的胶卷。电子表格应具有以下用户输入条目：大卷宽度、大卷长度、3 种规格的胶卷各占的百分比。假设切片过程不产生胶片浪费。

60. 假设一艘渡轮船主要求你设计一个系统，以最平衡的方式加载汽车和货物。编写一个电子表格程序，确定由于渡轮上的所有乘客和货物相对于重心的惯性矩。渡轮将有 40 个停车位，每个停车位占地面积为 2.7m×4m，并能容纳 2.7m×8m 的集装箱。渡轮的总货运面积为 50m×100m。假设每辆车的重量为 1000kg，每个运输集装箱的重量为 6000kg，每个人的重量为 60kg。

微处理器

61. 绘制一个经典的台式电话的微处理程序流程图，应具有以下特点：音频拨号、重拨键、闪光按钮、号码内存(8 个寄存器)和话筒。

62. 微处理器通过串行或并行的数据链路与计算机和外设进行通信。当使用并行链路时，链路中的线包括：每一根表示一个数据位的线、共用的地线和发送同步信号的附加线。其中同步信号线是很有必要的，用于通知接收设备可以读取发送装置发送的信息。

    当使用串行链路时，一次发送一个数据位。在同步链路系统中，发送装置使用一根线顺序地发送数据位，一根线用作地线，第三根线用于发送同步信号。同步信号由接收设备用来确定每个数据位之间的时序。在异步链路系统中，用于与电话调制解调器、无线网络和因特网通信的典型类型，只有一对线对可用于信号传输。数据位同步意味着发送设备和接收设备都设置为相同的 BAUD(波特率，用于音频)或位定时率。然而，这样的时序方案不可能永远是完美的；如果对时不准确，则接收设备的 BAUD 时序可能将偏离发送设备的 BAUD 时序。为了确保每一位的时序都是匹配的，接收设备在完成一个字(多个位)的接收后重置其定时器。因为每个字发送后都会附加停止位序列，所以接收方可以知道接收到的字结束了。在发送停止位之后，发送设备将数据线上的信号设置为值 1，作为发送下一个字的前导码。它还会在每个字的开始添加一个值为 0 的起始位，以便能够区分有效数据的开始。

    a. 一个特定微处理器以一个 8 位(一个字节)为一个数据包来发送数据，试读出图 4-50 显示的数据序列所表示的两个字节的内容。起始位在第二个高电平位之前，从这里可以确定每位之间的时间间隔，停止位序列是两个连续的高电平。

    b. 绘制下面的字节序列的串行数据流。

    (1001 1100)(0001 1111)(1010 1010)

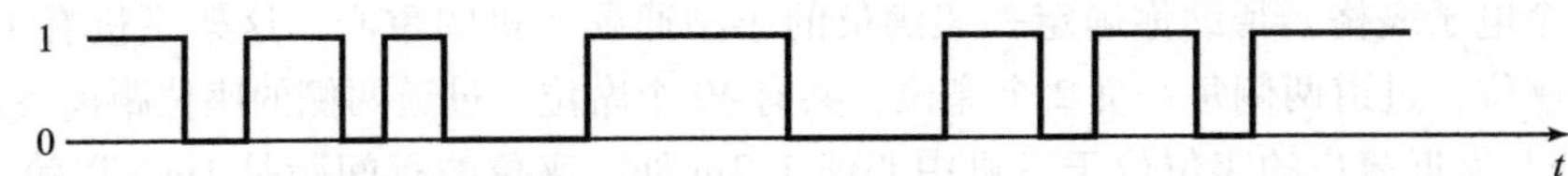

图4-50 异步串行数据流

63. 一个脉宽调制电动机驱动系统能够在电动机的两端施加电压，并能够调整占空比、时间间隔。施加电压后，通过电动机的电流由电动机的转速和内电阻来确定。电动机所消耗的平均功率等于电压与电流的乘积在这一个时间段内的平均值。脉冲发生模块通过响应计算机模块的数字信号以产生特定脉冲宽度的调制波形。绘制一个可以产生所需电压波形的微处理器程序流图。程序应该接受0~255之间的二进制或十进制数，然后控制产生的波形中高电平(逻辑1)的持续时间，使之与输入值成比例。

64. 模数转换接口是许多微处理控制工程系统的重要组成部分。虽然大多数物理测量和控制涉及模拟变量，但是大多数数据收集、信息传输和数字分析是数字化的。模数转换电路和数模转换电路提供模拟信号与数字信号之间的交换。数模转换器产生一个单一的模拟输出信号，通常将一个多位的数字输入转换成一个电压值。通用转换算法产生的模拟信号与固定的参考电压成正比。输出电压值由下式确定：

$$v_{OUT} = \frac{nV_{REF}}{(2^N - 1)}$$

其中，N是数字输入中的位数，n是输入数据对应的十进制值。V_{REF}是参考电压值，当n等于(2^N-1)时，v_{OUT}等于V_{REF}。

a. 假设一个8位数模转换器的输入值是0010 1111，$V_{REF}=5V$，算出v_{OUT}的值。

b. 一个10位数模转换器的输入字是00 1001 0001，给定的电压参考值是5V，转换器的输出是什么?

c. 在一个12位数模转化器中，参考电压为10V，如果使用之前的算法，输出模拟电压的最小增量是什么?

d. 在一个8位数模转换器中，如果$V_{REF}=12V$，模拟输出的最大值是什么?

65. 一个模数转换器能够将输入的模拟电压与一个固定的参考电压值相比较，然后根据下式将模拟量转化成一个数字输出字B：

$$B = \frac{\text{int } v_{IN}(2^N - 1)}{V_{REF}}$$

这里，运算符int表示"舍入到最接近的整数"。这种编码操作称为二进制加权编码。当$v_{IN}=V_{REF}$时，输出值是一个二进制数的上限(所有位均为1)。

a. 一个8位二进制模数转换器的参考电压为5V，当二进制输出为1111 1110和0001 0000时，计算对应的模拟输入电压值。

b. 如果v_{IN}为1.1V时，求二进制输出。

208~209 c. 找到转换器的分辨率。

d. 当前输入电压是1V时，如果想让转换了的二进制数据增加1，在输入端必须产生的电压增量是多少?

66. 布尔代数是许多计算机使用的一种逻辑系统。在布尔代数中，变量只取两个值之一：真(TRUE)(逻辑1)或假(FALSE)(逻辑0)。布尔运算符包括与(AND)、或(OR)、非(NOT)。与运算符用两个变量之间的圆点(·)表示，例如，$Y=A\cdot B\cdot C$代表如果A、B、C都是真的，那么Y也是真的。或运算符用加号(+)表示，例如$Y=A+B+C$代表如果A、

B、C 中有一个是真的，那么 Y 就是真的。非运算符用上划线 - 表示，例如，如果 $A=1$，那么 $\overline{A}=0$。

a. 使用布尔代数验证下式：

$$A \cdot B + A \cdot \overline{B} = A$$

$$(A+B)\cdot(B+C) = B + A \cdot C$$

$$(A+B)\cdot(\overline{A}+C) = \overline{A} + \overline{C+B}$$

b. 德·摩根定律指出，布尔表达式 $\overline{A\cdot B\cdot C}$ 等于 $\overline{A}+\overline{B}+\overline{C}$，同样，$\overline{A+B+C}$ 等于 $\overline{A}\cdot\overline{B}\cdot\overline{C}$。验证德·摩根定律的这两种形式。

计算机的使用

67. 讨论当你设计以下产品时，如何使用计算机或者微处理器(单片机)优化你的设计：

a. 一个全电子电话应答机。

b. 一个自行车里程表和转速表。

c. 一个照明灯的节能开关。

d. 一个智能熨斗，要求在1小时内无人使用自动关机。

e. 一个用在质量控制系统中零件称重环节的数据记录器。

f. 语音障碍者的语音合成装置。

g. 一个数字闹钟。

h. 一个为家庭作业生成甘特图的系统。

68. 在你的学校、家庭或工作的地方，寻找一个计算机系统或实体，讲述计算机系统带来的好处，并简单解释原因。

69. 在你的学校、家庭或工作的地方，寻找一个因为计算机引入方式不当而引起不便的示例，写一个简短的原因分析和总结。

70. 选择一组使用计算机的人，做一个调查(这些人可以是你同宿舍的同学、同班同学或你的家人)，列出一个表格，统计这些人每天使用计算机多少小时，在计算机中完成各项任务的时间比重。这些任务可能包括字处理、电子表格、计算机辅助设计绘图、计算和电子邮件等。

71. 列出至少10种你常用到的电器或机器(笔记本电脑除外)，它们的设计充分利用了微处理器的计算能力。现在再列出你定期遇到的至少5件电器或机器，其功能可以通过使用微处理器而大大提高。 210

第5章 |
Design Concepts for Engineers, Fifth Edition

人机界面

目标

在这一章中你将掌握以下内容:

- 了解人如何与机器进行交互。
- 了解人机界面的重要性。
- 研究人机界面的优劣案例。

你有没有注意到某些产品为什么是易于使用的?它们吸引了你的触觉和视觉,与那些用起来很别扭的产品形成了鲜明的对比。有些软件对用户非常友好,易于操作,而有些软件则显得有些繁琐、不直观。易于使用的产品都有一个共同的属性:一个优秀的人机界面。**人机界面**定义了人与工程产品之间的交互方式。一个好产品简单说就是让人"感觉"舒适,其特征不仅包括它们能够实现用户手和眼的延伸,还包括它们能够唤起用户对产品的熟悉度。一个好的产品设计能够与其功能和目的相呼应。一个优秀的产品设计师不仅要关心产品的功能,还要关心产品是如何被使用的。

经验丰富的工程师知道人机界面是产品开发初期应该解决的第一件事。在本章中,我们将研究人机界面在工程设计中的作用。在本章中,"机器"一词定义为工程师设计的任何机械、电气、工业、结构、生物医学或软件实体。

5.1 人类如何与机器交互

工程的历史中散落着很多产品的故事,它们能够提供有用的功能,但却无法提供一个恰当
211 的人机界面。一个典型的例子就是现在已经几乎绝迹的录像机(VCR)[⊖]。在20世纪90年代初播出的电视广告中,推销一种允许用户使用语音激活的红外遥控器对VCR进行设置的设备,对其感到满意的用户骄傲地宣称:"这个产品是非常伟大的。因为即使我有硕士学位,我也不知道该如何对VCR进行设置!"对VCR难以找到的功能进行设置,以及使其能够在特定日期和时间进行录制成为一个挑战,而且没有两个VCR型号是一样的。大部分复杂的功能根本没有被使用。事实上,更加可笑的是聪明的人看起来都满意于让他们的VCR时钟在12:00处闪烁,而不是掌握错综复杂的步骤来设定时间。

(图片由 Isaiah Shook/Shutterstock 提供)

消费类电子设备的用户不愿投入太多心思和智慧,因此不直观的功能设计都会遇到问题。

⊖ Video Cassette Recorder,磁带录像机,一种在磁带上记录视频的机器。

更确切地说，典型用户既没有时间也没有兴趣去掌握制造商提供的难以学习的功能。在数字手表、微波炉、可编程音乐播放器、智能电话和文字处理器的各种版本中都可以找到示例。现代汽车上充斥着各种令驾驶者迷惑的功能。缺乏一个简单易记的操作步骤，难以理解的、复杂的机器功能大部分时间都会被闲置。

5.2 人体工程学

人机界面影响着我们对待最平凡的设备的态度。以门为例，有些门无须费力就能打开，而有些门则需要费很大力气才能打开。各种刀叉餐具会吸引用餐者，家中一把喜爱的椅子会成为一个人的“专属宝座”。这些优秀产品中很大一部分在设计时就注意了**人体工程学**——关于身体如何与机器交互的科学。人体工程学侧重于与人体交互的物体以及设备控制装置的大小、重量和位置。工程师要考虑诸如人类手臂的平均长度、手臂的自然摆动频率、坐在椅子上时眼睛距离桌面的距离、指尖间距以及从眼到手的典型反应时间之类的事情。例如，考虑汽车中驾驶员座椅的案例。汽车是一种经过了100多年发展的精细化的产品，汽车制造商仔细考虑座椅的位置以及方向盘、变速杆、刹车和油门踏板、暖气和空调控制按钮、收音机旋钮、后视镜、挡风玻璃的孔径等，这些控件总是在同一个地方并且出现在人们期待的位置。汽车是为一般人体设计的，同时最大限度地提高其可以适应的物理属性的范围。座椅的位置和高度可以调节多少？一个可倾斜的方向盘会让在人体工程学范围内的司机感到汽车的驾驶非常舒适，这是否能够获得更多的市场份额？

这种汽车设计方法在汽车发展史的大部分时期一直服务于大众驾驶员，虽然偶尔会发生意想不到的问题。汽车操作在有些方面没有一致性，例如，前照灯开关的位置和操作。一个对车不熟悉的司机在尝试弄明白如何打开车灯时可能会瞬间慌手慌脚。另一个例子是第一代安全气囊的设计过程，这是一个可能产生严重后果的问题。安全气囊最初是根据驾驶员的平均水平设计的，以使其能够在胸部的位置膨胀。平均水平就是指人的平均身高。第一代安全气囊忽略了矮个的成年 212
人以及儿童，导致头部存在致命打击的风险。这一意想不到的问题导致了新的修改建议——儿童被限制在带有安全气囊汽车的乘客侧后排座位上。(第一代安全气囊仅安装在驾驶员一侧。)这个问题引出了重新设计的第二代安全气囊——“第二阶段”(SR—2)品种，其中集成了部署气囊的传感器，如果碰撞期间需要的话，可以根据坐着的人的体重调节力的大小。

人体工程学的研究产生了人体测量数据，可用于设计涉及人机交互的产品。关于臂长、手臂跨度、关节位置、肢体弯曲角度和转动半径的统计表可以在许多参考文献中找到。这些数据可以用于选择旋钮的大小、开口的位置、按键间的间距以及显示设备的位置。要实现的一个目标是避免用户尴尬的位置及身体动作。这些因素曾经用于设计现在广泛使用的QWERTY键盘布局。这种古怪的字母分布要求手指伸长才能键入某些最常用的字母。因为最初的机械打字机(大约1880年)功能有限，如果按键之间延迟不足，键盘可能会卡住，该特点有目的地体现在布局设计中。而QWERTY键盘的布局仅仅因为传统而一直延续到今天，这确实是一段奇妙的历史。QWERTY键盘布局很烦琐，但被普遍使用。人们使用它会感到舒服，因为如此排布的字母按键已经成为了习惯。只要熟悉的键盘存在，打字员就不需要考虑手指如何移动的问题。

(图片由gabor2100/Shutterstock提供)

应用人体工程学

人体工程学的基本规则很容易掌握。虽然有少数深奥的指导方式属于专业领域，但大多数内容都只是简单通用的常识。经常使用的按钮控件应保持在一个手指的跨度内，不经常使用的按钮可以距离用户远些。旋钮和阀门应保持在手臂可以到达的位置，与同一功能相关的器件应该组合在一起。视觉信息应保持在视线范围内。显示设备应该放在用户不需要不断地转身或摇头就能看到的位置。指令顺序和操作应遵循逻辑顺序，且便于记忆。其中的一些设计原则作为我们潜意识思想里的习惯已经根深蒂固，所以只有被违反时，我们才会注意到这些原则。例如，如果你坐在汽车方向盘后面，找到方向盘左侧的点火钥匙，你会注意到汽车的布局感觉不对。如果你打开一个新的软件程序，发现“文件”下拉菜单在屏幕的右上角而不是左上角，你可能会觉得奇怪。人体工程学原理与人的体型、四肢尺寸、我们共同的期望，甚至文化元素形成了一种独特的共生关系。

练习

1. 测量你肩膀到指尖的距离，并与桌子的高度和桌子边缘到计算机键盘的距离进行比较，看一看是否有相关性？
2. 在美国，标准书桌的高度是76cm(30英寸)，测量从地板到你腰部的高度，看一看是否有相关性？
213
3. 测量从地面到肩膀的高度，并与墙壁电子开关安装的标准高度106cm(42英寸)相比较。
4. 四指弯曲，测量手掌与指尖的距离，并与自行车刹车到把手之间的距离相比较，二者之间是否有联系？
5. 坐在一辆汽车中，将座椅位置从最前端移动到最后端，并测量脚底和油门踏板之间的距离。你认为这辆车可以适应的驾驶员腿长的范围是什么？
6. 观察10个计算机程序的“文件”下拉菜单，并记下其中菜单项的显示顺序，用一个简单的表对比其差异。
7. 观察几台电梯的控制面板，上下相邻按钮之间的距离，并将这些数字与人类手臂长度范围相比较。
8. 测量楼梯台阶的高度/深度比，你是否观察到什么规律？
9. 查找标准门的高度，按人口百分比查找人类身高的范围，有多少比例的成年人必须弯腰才能通过标准门？
10. 测量智能手机上按钮标签之间的距离，查找人类食指的宽度范围，并进行比较。
11. 在几个城市的交叉路口进行交通调查，记录交通信号灯一个“行走”周期中分配给行人的时间。测量人行道的宽度，查找成年人的步长范围，并以此确定有多少比例的成年人没有足够的时间横穿马路。本次调查不考虑使用拐杖和轮椅的人。
12. 使用一个或多个橡皮筋和一把尺子制作一个简易的测力仪，可以使用一个已知重量的物体的重力来校准你的装置。现在，进入多个建筑物并测量打开入口门所需的力。打开入口门的力是否有标准值呢？
13. 进入几个人力推动旋转门的建筑(而非自动旋转门)，设计一个简单的实验，测量使门开始旋转所需的力。测量仪器包含一个或多个橡皮筋和一把尺子并可以使用已知重量值校准。不同的门之间的力差距有多大？
14. 查找人类耳道“肉质”部分的直径，将这些数据绘制为年龄的函数。(这个信息与入耳式

"均码"耳塞的设计相关。)

15. 轻轻弯曲你的手指，然后测量组成的圆形空间的直径。上网查一下约20种不同类型水杯的直径，后者与前者之间有多少相关性。
16. 查找网上关于一般人群头径分布的数据，测量"均码"棒球帽的最小直径和最大直径。(测量帽子的周长会更容易一些，然后再除以π。或者可以查找头围的数据代替直径。)不 214
适合"均码"帽子的人口比例是多少?
17. 做一些调查，找出特定性别的一般人群的鞋码分布，将数据整理成一个简单的直方图，其中横轴表示鞋的尺寸，纵轴代表该尺寸的人口百分比。现在去任何一个流行的在线服装供应商网站，对于直方图中的每个鞋码，确定供应商是否有该尺寸的鞋子，参考供应商的库存程度，你能得出什么结论?
18. 调查并确定大量书写工具(钢笔和铅笔)的笔管直径，将尺寸百分比绘制成直方图，选取样本规模为50~100个书写工具。
19. 使用你班级中的每名同学的背包完成下列实验：用肩带将背包悬挂起来，测量从肩带的悬挂点到背包底部的距离，这个距离可以用作身体尺寸的参考值，并依此设置肩带的长度。记录你同学的所有数据，计算平均值、最小值、最大值和标准差。
20. 使用你班级中的每名同学的背包完成下列实验：测量背包肩带的总长度，这个距离体现了背包可适应的身体尺寸的最大值。这个值是否存在一个行业标准呢?

5.3 认知

几乎每个工程设备都需要用户在操作它之前学习其功能。大多数用户都想控制产品并充分理解其使用。**认知**是指用户了解设备并掌握其功能直至把它们的使用方式转变成为习惯。精心设计的设备应该提供简短的学习曲线和一套一致的操作规则。作为该原则的一个例子，考虑现在大多数软件程序使用的图形用户界面(GUI)。文件、编辑、视图下拉菜单通常位于屏幕左上角的命令栏。它们放置在这个位置是因为用户期望在那里找到它们。它们的菜单项也令人感到熟悉，包括打开、保存和另存为等菜单项。用户在使用一个新程序时，会根据以前使用类似产品所学习的功能来考虑其是否易于使用。在屏幕完全可定制的平板电脑和智能手机时代，使用基于图标和磁贴的新一代操作系统，与人机界面的普遍性相关的东西丢失了。除了中央的"返回主屏幕"按钮外，事情已经不再是"它们应该在哪里"了，因为没有一个标准存在。

在设计产品或系统时，应注意使其操作方法易学易用。当你设计一个新设备时，模仿类似设备的操作规则，借用功能顺序、结构细节或命令顺序，将控件放在类似设备上可能出现的位置，或者，至少是逻辑上的位置。例如，我们希望将灯的开关放置在房间正对门轴一侧的墙 215
边，这个位置是合乎逻辑的，符合一个人进入房间的方式。如果开关放在其他位置，它就违背了我们已经形成的行为习惯，变得"很难找到"。无数音频设备音量控制的方向也是如此，我们潜意识期望通过顺时针旋转旋钮、向右移动滑块或按向上箭头按钮来提高音量。这种选择没有硬性逻辑，但它与我们所学的概念相吻合，即顺时针旋转方向对应于前进；音量的级数应与页面上的文字大小相对应；向上的箭头将高度的增加与音量的增加联系起来。如果一个人通过向左移动滑块来增加特定设备的音量，这看起来不是很奇怪吗？认识到了认知在工程设计中的重要性，这就要求我们设计的产品和系统操作简单易学，易于记忆，并与其他类似的产品保持一致。

一个充分体现了产品开发人员在处理认知上失败的典型产品就是电视/机顶盒/DVR遥控器。关于按钮的类型、位置或功能没有确定的标准。事实上，不同类型的遥控设备数量数以百计，因此用户不可能拿起任何一个遥控器并且在不仔细考虑每个按钮的位置和功能的情况下操作它。

银行自动柜员机(ATM)的状态是整个行业未能达到单一认知标准的另一个例子。用户屏幕的布局，按下按钮的顺序，甚至按钮本身的位置似乎都在随机变化。这些变化甚至给最熟知ATM的用户都带来了挑战。

(图片由 Gielmichal/Shutterstock 提供)

5.4 人机界面：案例研究

工程师可以通过研究其他工程师的成败来学习大量关于设计的知识。大规模的失败，如桥梁倒塌和房屋坍塌等，影响巨大；而小规模的失败，特别是在人机界面方面，同样值得研究。

216 这些研究能够告诉我们工程师每天做出的小的设计决定所带来的影响。本文列举了一些精心设计和不良设计的人机界面的典型案例。

在接下来的讨论中，笑脸符号☺表示一个好的人机界面的例子。哭脸符号☹表示不好的人机界面的例子。

例 5.1

山地自行车的发展演变☺

如图5-1所示，山地自行车有时称为“街头自行车”，在20世纪90年代，成为娱乐自行车手的选择。自行车手被其舒适性和易用性所吸引。其发展的突出表现成为良好人体工程学设计的一个例子。在20世纪60年代之前，车手们都选择在车把手上安装了变速杆的三速车型。英国设计的自行车被美国人称为“英式自行车”，它取代了气球胎的“倒刹”车型，这种“倒刹”车型很快就退出市场，只有童车上还在使用。10年后，10速自行车成为了主流。拥有轻巧的车架、多种选择的传动比和薄型的轮胎，10速自行车就是为速度和效率而创造出来的，并称为“赛车”，它很快成为许多车手的标配。其设计延续了专业赛车手多年使用的自行车。如图5-2所示，刹车握把安装在弯曲的车把前面，变速杆在自行车车架最前面的支杆上。这些控件的安装位置要求车手呈现耸肩弓身、伏首前倾这样一个空气动力学上高效的体位。为了换挡变速，车手必须一只手放开车把，才能够到变速杆。虽然伏首弯腰的体位对于赛车和越野骑行来说很有效，但是大多数普通用户发现这样很麻烦。在10速自行车鼎盛时期的最后，已经出现了一些小型解决方案，例如将变速手柄安装在车把上并增加刹车握把的延伸部分。

图 5-1 山地自行车(图片由 Claudiu Paizan/Shutterstock 提供)

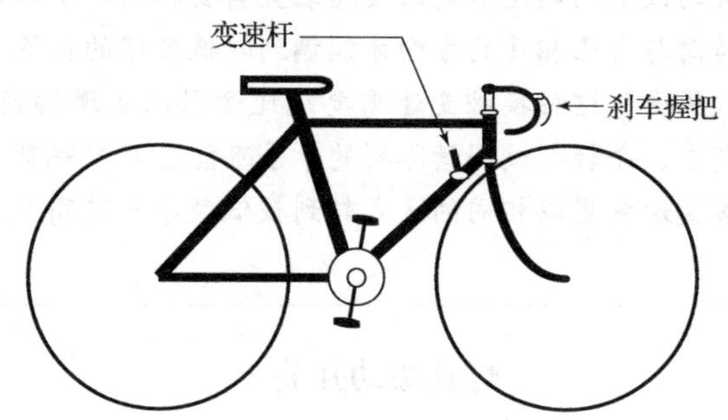

图 5-2 经典的 10 速自行车

在 20 世纪 80 年代末到 90 年代初，山地自行车出现。它配有直的把手，刹车杆在一个直立骑行的车手容易够到的位置，将变速装置整合到车把手上。车手不再需要放开把手才能换档。20 世纪 90 年代中期，山地自行车已经成为除真正的越野车手和赛车手以外所有人选择的自行车。其坚固的框架和结实的轮胎，以及面向山路路况的设计，证明其也适合颠簸的城市街道。进入二十世纪，自行车又引进了前叉减震器。这些都是现在所有新自行车的标配。山地自行车的成功可归功于设计师对人体工程学的仔细关注，以及他们对最终用户骑行功能和需求的考虑。 217

例 5.2

山地自行车变速手柄☹

虽然消费类山地自行车取得了巨大的成功，一些自行车变速机制的人体工程学方面仍有很多不足之处。这个例子涉及那些配备有围绕把手旋转的变速装置的自行车，如图 5-3 所示，标准自行车的两个拨链器[⊖]中的每个都有一个这样的指拨变速装置。车手可以将这些指拨变速装置设置为不同的编号位置，其中数字越高，踏板每转的车轮转数就越多。因此，如果车手将指拨变速装置设置为更高的数字，所有其他设置不变，自行车会跑得更快，但是车手必须向踏板施加更大的力。规则很明确：较高的数字意味着更快，也更难骑；较低的数字会更慢，也更容易骑。

⊖ 拨链器是能够使链条在不同直径齿轮链轮之间移动的装置。

218 图5-3 自行车变速杆。增加“难度系数”需要用户按相反方向转动控制

大多数指拨变速装置的设置问题是右边的变速装置需要转向车手以达到其较低的数字，而左边的变速装置则必须转向与自己相反的方向才能调到较低数字的位置。这种相对转动的装置有利于换档变速器降低故障率，这种换档变速需要缆绳牵引以实现切换到更高的齿轮。然而，标准的指拨变速装置对新手、年轻人或阅读障碍的车手可能会非常混乱。从人体工程学的角度来看，让左右两侧的指拨变速装置以相同的方式转到较低数字或较高数字会更好。

例5.3

灯具拨动开关☺

电力在19世纪末首次投入使用，早期的布线方法非常原始，因为现在非常常见的塑料在当时不是能轻易得到的。事实上，大多数的布线材料那时还没有被发明。第一个墙壁开关是个笨重的旋转装置，用户通过旋转陶瓷按钮来开关灯。这些早期的电气开关有一个主要缺点，无法通过直接观察来确定开关的“开”或“关”状态。后来的设计在旋钮上增加了一个指针，但是确定开关的位置仍需要仔细检查。在20世纪30年代末到40年代初，改进后的拨动开关开始使用，其简单的上下设计一直沿用到今天。其认知功能对所有人来说都非常简单明了：“上”意味着“开”，“下”意味着“关”。(这一规则的唯一例外是用在走廊照明的三路开关。)如果你曾经遇到过一个灯具开关安装颠倒的房间，那么在你开灯时，你可能瞬间有一种不对劲儿的感觉。

今天灯具开关的切换动作体现了另一个重要的人体工程学优点。与其必须要旋转的前身不同，它可以根本不用手来开关。手肘、膝盖、臀部、棍子甚至鼻子都可以很好地做到这一点。此功能有助于携带购物袋、有特殊需求的人、小孩儿或带小孩儿的成年人。

(图片由 Steve Collender/Shutterstock 提供)

例5.4

后视镜和遮阳板☹

很多型号的汽车中都包含了一个简单但明显的设计缺陷。当驾驶员试图转下遮阳板时，它会与后视镜相撞，如图5-4所示。或者遮阳板仅保持部分向下，或者后视镜必须被推出来调节

以适应遮阳板。这个例子强调了在将任何新设计推向市场之前，都需要对其进行人体工程学方面的测试。 

图 5-4 遮阳板撞到了后视镜

例 5.5

电池充电器☺

许多使用多个电池(例如 AA 电池)的设备要求电池极性交替地从插槽插入。这种方法将电池串联在一起，因为相邻电池的(+)和(−)两极可以用简单的带子连接在一起。然而，当插入电池时，用户必须停下来思考每个电池的方向。

与此相反，图 5-5 所示的电池充电器不需要考虑这些问题。与许多相邻电池必须以交替方向插入的类似产品不同，该充电器上的 4 个电池都以正(+)极面向同一方向插入。该良好认知设计的例子大大简化了产品的使用。

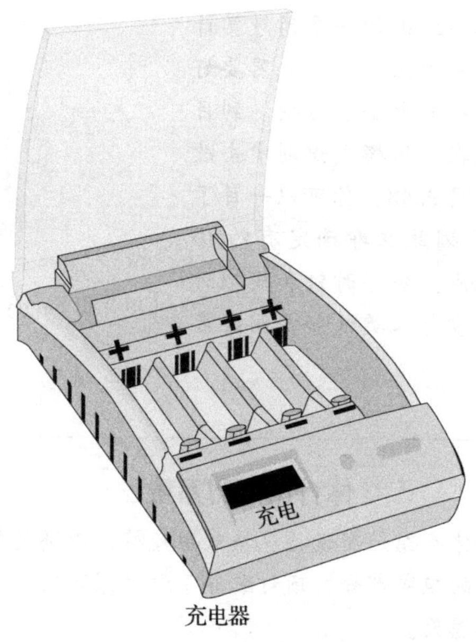

图 5-5 充电器中的电池的插入方向全部相同 220

例 5.6

操作系统开始菜单☹

这个例子不涉及 Windows 操作系统的优缺点。截至 2014 年撰写本书时，作者还不清楚微软是否准备放弃 Windows XP 和 Windows 7 普遍认可的“开始”菜单，转而支持 Windows 8 基于平板电脑的磁贴系统。相反，这个例子的重点是首次出现在 Windows 2000 中的微软操作系统的重大变化。具体来说，开始菜单从屏幕的左上角移动到左下角。这种变化与此前所有软件程序都是不同的，此前的程序都由用户从左上角启动。虽然这种变化如今很好地被现在的 Windows 爱好者所理解，但它首次提出时，令用户惊愕不已。作为题外话，大家都很想知道为什么 Windows 用户必须点击“开始”菜单以关闭(即停止)计算机。

例 5.7

数字时钟☹

数字时钟遍及我们的社会。显示技术已经发展到廉价的电子表比电池还要便宜的时代。情况并非总是如此，最早型号的数字时钟使用的是大功耗的发光二极管(LED)进行显示。此后不久，小功耗的液晶显示器以及单芯片时钟电路被开发出来，为廉价、可靠的手表和其他计时装置打开了大门。电子计时技术的吸引力和稳健性使得数字时钟取代了为我们服务超过了 500 年的机械计时装置。

研究认知原理的工程师已经认识到，数字时钟与模拟时钟相比有一个固有的缺点。虽然数字时钟可以让你立即知道确切的时间，但是大多数人感兴趣的是某个关键事件发生之前还剩多少时间。例如，“距离我的课程结束还剩多少时间?” 或 “我还剩下多少分钟可用于到达我的约会地点?” 使用数字时钟要求你必须在头脑中进行必要的计算。这种精神活动可能需要花费额外的几秒时间才能提供精确到分钟的时间，例如，从 10:00 减去 9:48，以确定你有 12 分钟的时间可以在 10 点到达目的地。

虽然你的大脑可以很容易地进行一系列数学计算，但它作为图像处理器的表现比作为计算器要好得多。在图像处理任务中，人的大脑非常快。到目前为止，没有任何机器可以在通用模式识别中击败人脑。在模拟时钟上看到时间 9:48，你可以一目了然地估计和减去当前时间，因此立即确定有约 10 分钟的时间用于到达约会地点。数字时钟和模拟时钟之间的对比提供了技术进步与人类认知之间经常被忽视的不和之处。

(图片由 Sergey Melnikov/Shutterstock 提供)

221

例 5.8

体育馆照明系统☹

一个小镇翻新了高中的体育馆。新设施包括双用座椅，以满足集会、体育课程和体育赛事的需求。作为整体节能策略的组成部分，顶灯配备了运动探测器。在中心场馆没有人运动的情况下，灯将逐渐变暗并最终熄灭。

这个新体育馆非常成功。然而，当它被第一次用于召开大会时，却出现了一个关键的设计缺陷。一位非常著名的演讲者应邀在一个重要的社会问题上向学生发表演说，演讲者的讲台设置在房间的一端，学生和教职员坐在旁边的看台和椅子上。演讲进行10分钟后，灯光开始变暗，最后整个集会都陷入了黑暗。运动探测器在体育馆中心没有感应到运动，在错误地认为房间是空的情况下，关了灯。因为设计工程师未能为运动检测器提供手动控制装置，大会不得不在黑暗中继续下去。

例5.9

数字体温计☺

用于测量人体温度的数字体温计如图5-6所示，在20世纪80年代开始使用。起初对于家用来讲太过昂贵，但其价格很快变得非常低以至于数字体温计取代了以前的(也更危险的)汞和玻璃制作的温度计。很多品牌包含一个非常有用的功能，体现良好的认知设计。如果温度计在从患者口中取出后放到一边且仍未关闭，则会在几分钟后发出哔哔声。设备不自动关闭，以便用户在照顾患者时可以几分钟后再去看体温读数。体温计的哔哔声提醒用户将其关闭，以使其电池电量不会流失。如果设备不包含这个简单的功能，则下一次家庭成员或患者发热需要监测体温时，它可能已经没电，无法使用了。 222

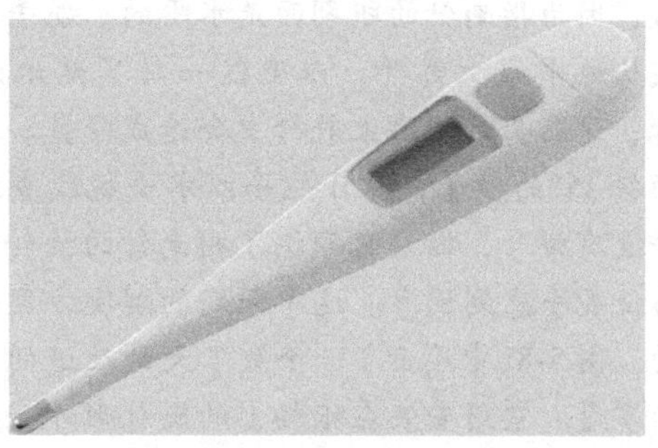

图5-6 用于测量人体体温的数字温度计
(由AlexGreenArt/Shutterstock提供)

例5.10

时尚盥洗室水龙头☹

某个著名的装饰公司已经出售了图5-7所示的时尚盥洗室水龙头。这种装置是由铬铜复合材料制成的，可用于任何高端浴室的装饰。直的圆柱形手柄干净利落地立在曲面镶嵌的基座上。这个视觉上吸引人的水龙头只存在一个问题：当光滑的圆柱形手柄变得湿润时，它就几乎不可能被转动了。水龙头手柄是一个很好的应该优先考虑用户功能的例子。

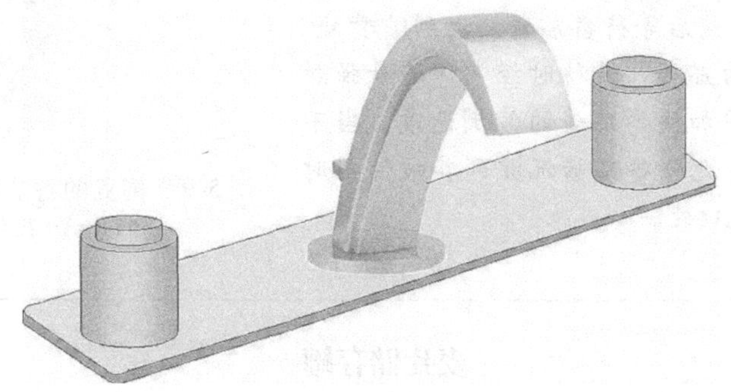

图5-7 时尚盥洗室水龙头。手柄是光滑的，用湿手难以转动

例5.11

航海指南针☺

良好的人体工程学设计不仅仅局限于高科技领域。水手使用了几个世纪的航海指南针也提

供了一个人体工程学设计由坏变好的例子。第一个指南针由浮在水中或其他液体中的磁石——一种天然的磁化岩石制成。其可以自由转动方向，但磁石总是指向南－北方向，为水手提供重要的航行辅助。在过去的几个世纪中，随着技术的进步，很难发现的天然磁石被磁化的钢铁所取代。最初的浮动罗盘如图 5-8a 所示。这种基本形式(包括其水平浮动盘和玻璃泡沫顶部)至今在许多船只上仍然存在。这种设计的问题是，只能从顶部查看刻度盘，因为指南针的印刷面是水平的。舵手必须将视线从地平线上离开，以便能一目了然地看到指南针，这在长时间海上航行中会造成疲劳。添加一个倾斜 45°的镜子，对让舵手以水平视线查看指南针并没有帮助，因为它颠倒了指南针的旋转方向，容易使舵手感到困惑。这个问题的解决方案是很简单的。
223 图 5-8b 中展示了一个做了大的改进的重新设计的罗盘。它用安装在枢轴上的圆柱形外壳代替水平浮动盘。指南针的刻度标记印在圆柱体的垂直边缘，允许整个罗盘安装在驾驶舱的垂直墙壁上。将其安装在适当的位置，舵手的视线略有下降就可看到，而不用完全低头，从而减轻长时间航行中的疲劳。

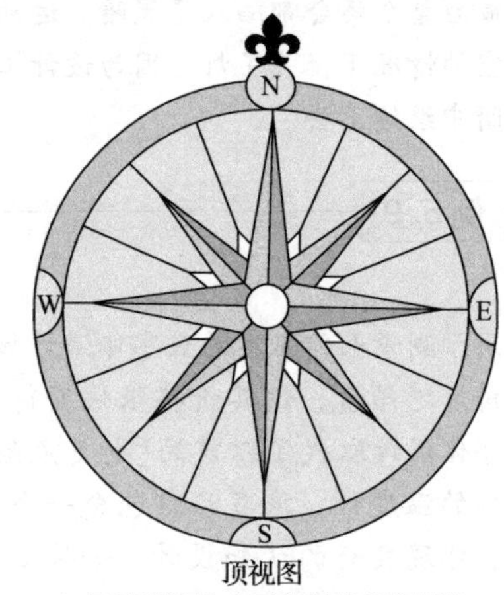

顶视图

a）原始设计的水平使用的航海罗盘

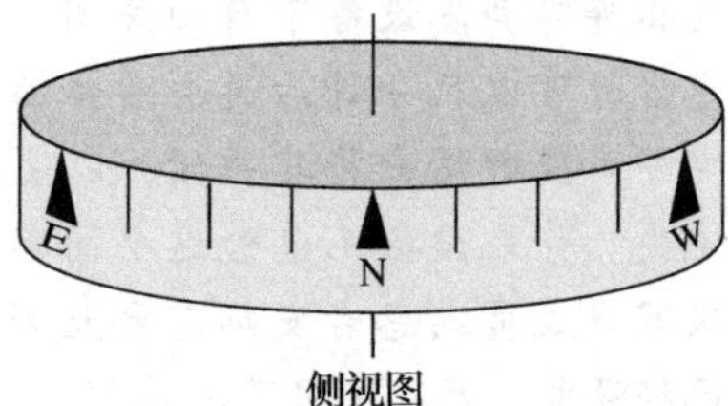

侧视图

b）设计安装在垂直墙壁上的修改版

图 5-8

例 5.12

倒立的番茄酱瓶☺

虽然并非美轮美奂，但不起眼的番茄酱瓶的修改版(见图 5-9)却是良好的人体工程学设计的一个例子。这种类型的瓶子出现在市面上之前，用户不得不倒放传统的瓶子，然后等待番茄酱流动到喷嘴处。对于较浓稠品牌的番茄酱，等待时经常伴随着强烈敲击的动作，以试图加快番茄酱的倾倒速度。当不用时，新瓶子的设计允许番茄酱沉淀到其被使用时最需要的位置——瓶口处。

图 5-9 倒置的番茄酱瓶(图片由 StockPhotosArt 提供)

224

例 5.13

麦片储存罐☹

图 5-10 中所示的大容器是用来存放早餐麦片和其他干货的。该容器的主体远远大于普通人一只手能抓住的跨度，但是这个罐子是精心设计的，在罐子的一侧加入了一个凹入边以便抓起和倒出罐里的东西。顶部包括一个密封盖，使罐子容易打开，而不需要拧开紧固盖。从侧面和顶部看，带有盖子的容器轮廓如图 5-10 右侧所示。

该容器的设计有一个主要的人体工程学缺陷：用户填满容器后，可以把盖子和开口朝向任

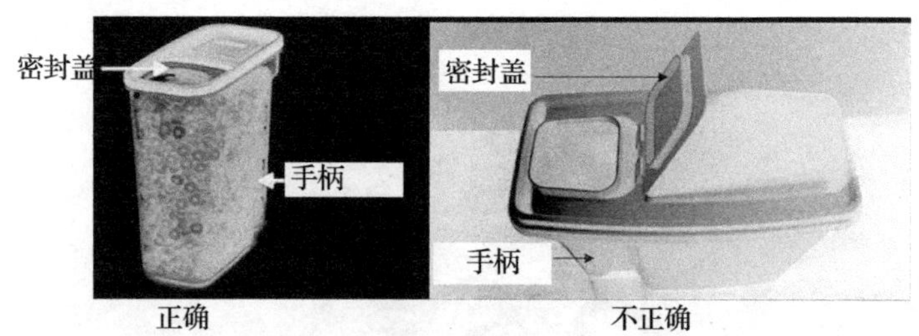

图 5-10　麦片存储罐

何一侧。没有任何机制能够迫使用户将容器的开口放在与手柄相对的一侧。不熟悉的用户可能将开口放在容器错误的一侧，导致倒东西时的尴尬局面。

例 5.14

医院旋转门☺

一家大型医院装修了其主厅。改造前的建筑物配有一个旋转门，能够限制由行人经过造成的空气交换，从而达到节能的目的。通过轮椅进入或离开医院需要使用位于旋转门旁边的大型摆动门。这样安排的问题是，每天有许多乘坐轮椅的人进出医院，因此导致旋转门的节能优势失去作用。

图 5-11 的设计解决了这个问题。通过将旋转门的空腔设计成具有半圆形端部的细长矩形，并且设计了具有外翼的铰接门，建筑师能够建造一个可容纳轮椅、婴儿车以及普通行人通行的旋转门。新的设计可加快交通流量，同时节省了能源。 225

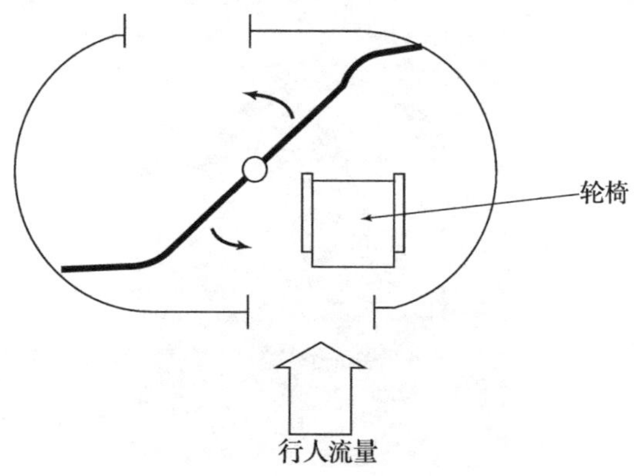

图 5-11　医院旋转门

例 5.15

回　形　针☺

简单的办公室回形针是良好人体工程学设计的一个奇迹。自 1900 年前后第一次被授予专利(大多数人说归功于挪威科学家、数学家和工程师 JohanVaaler)以来，图 5-12 中的回形针在 100 多年中基本没有变化。其长舌和短舌的不同长度使得人们只用一只手就可以非常容易地用曲别针夹住几页纸，其两个舌头的不同宽度(一个装在另一个舌头之间)使其增加了扣紧强度。虽然制造商试图提出许多回形针的改进设计，但没有一个能成功地取代这一不可或缺的办公用品。

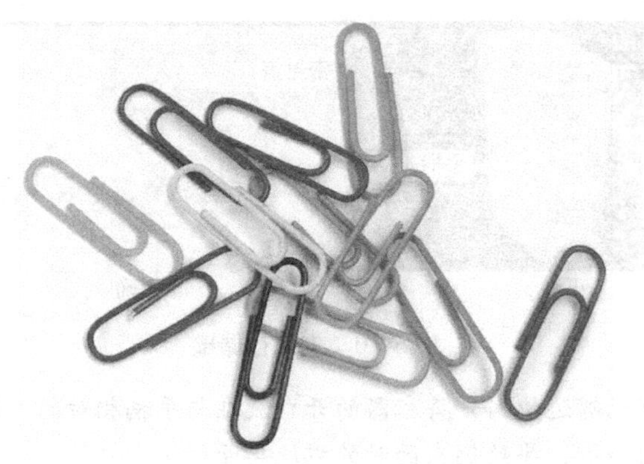

226 图 5-12　普通回形针(图片由 RoxanaBashyrova/Shutterstock 提供)

例 5.16

难以理解的烤面包机☹

普通的电动烤面包机总是有一个允许用户调节烤面包的火候的控制器。图 5-13 所示的烤面包机的控制部分在黑色背景上有白色印刷。你能区分哪个方向能产生颜色较深的面包吗？顺时针还是逆时针？一方面，可能认为黑色面包图标意味着“颜色更深”。另一方面，因为印刷是白色的，白色面包图标可能意味着“完全着色”，因此颜色更深。你必须买一个烤面包机才能解开这个谜题。

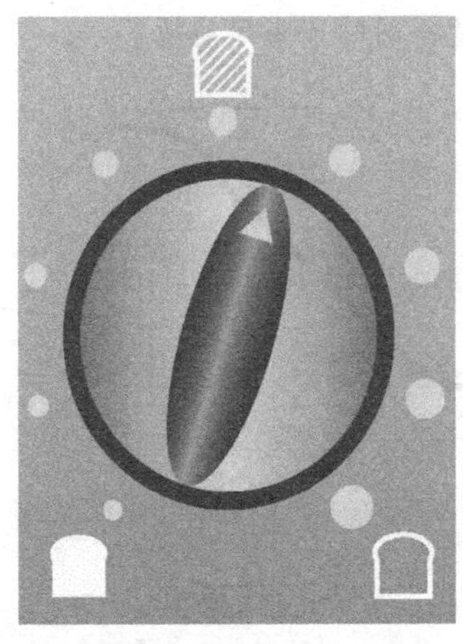

图 5-13　带有令人困惑标记的烤面包机控制旋钮。哪个图标表示较深的面包、全白或全黑

例 5.17

便携式马桶手柄☺

即使是不起眼的便携式马桶，如图 5-14 所示，也值得工程师注意。该产品出售给露营车、娱乐车辆和船只使用。排空它的行为可能是不愉快的，所以在适当的地方存在手柄是至关重要的。为了清空设备，使用者将上部的水箱部分与下部的废物存放箱部分开，打开后者，并将其内容物倒入马桶中。更好的产品设计具有一个手提柄，如图中箭头所示，以及一个可以用另一只手抓住的“翻转手柄”。以这种方式，该产品更容易倾倒而不会溢出桶中的废物。

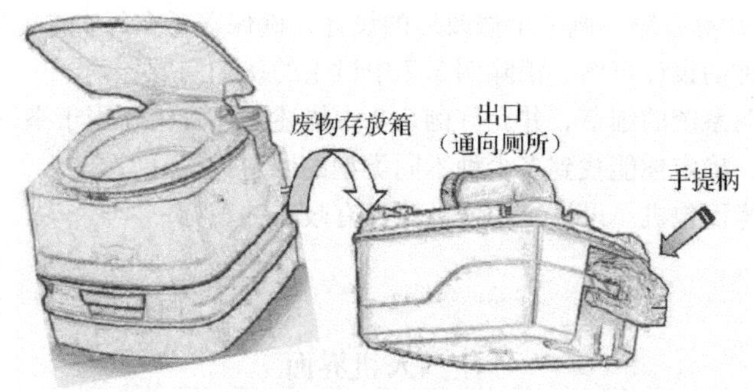

图 5-14　在适当地方存在手柄的便携式马桶的设计

227

例 5.18

可视自动售货机☺

饮料自动售货机无处不在。有些是基于你的信任——放入钱，按下按钮，然后等待机器分配给你想要的饮料。这些机器总能分配正确的产品，但只显示图片的内容让它们存在着一种神秘感。图 5-15 给出了另一种机器，用户可以看到将被分配的实际产品。此外，通过行与列的选择行为，和随后出现的为你获取特定产品的机械臂，都具有一种引人注目的吸引力。该机器的这一方面无疑有利于产品的营销。

图 5-15　自动售货机内容和分配机械易于看见。获取特定产品的机械臂非常有趣(图片由 Cheuk-king Lo/Pearson Education Asia Ltd 提供)

练习

1. 测量一个典型桌面电话上两个键之间的最大跨度。测量你的食指到中指的跨度，哪个更大？
2. 对 10 个或更多免费客户服务回拨电话进行调查。在主菜单结束之前，请拨“0”以试图接通人工服务。确定提前拨 0(相对于其他数字)实际上可以接通人工客服的站点数量。
3. 拨打一家信用卡公司的免费电话，除了免费电话的号码之外，你还必须要按多少个键才能找到你当前的账户余额？
4. 比较在手机键盘上与在计算器键盘上数字 0 ~ 9 的位置，两者是否有相关性？
5. 思考图 5-7 中的盥洗室水龙头，绘制一个修改后的设计，使得水龙头更容易使用，但要确保展示出装置的新潮线条。

6. 思考图 5-10 的麦片储存罐，画一个修改后的设计，确保盖子在每次都能放在正确的位置。
228 7. 画出数字显示时钟的设计草图，消除例 5.7 中讨论的认知问题。
8. 详细描述节能照明系统的细节，并允许例 5.8 中描述的体育馆可用于举行特别小的集会。
9. 做一个网上调查，确定你能找到多少种不同类型的回形针设计？
10. 思考例 5.16 的烤面包机。设计一套使设计没有歧义的图标。

职业成功之路

注意人机界面

正式的学习可以帮助你了解人机界面，但是在生活中直观的观察也是很重要的。要善于观察，如果一种东西看起来很难使用，那么努力弄清楚原因。想想你如何重新设计产品，使其更容易使用。在你的头脑中设计出产品的改进方案。通过注意你周围的机器和技术来确定他人设计中的缺陷，你会更加熟练地设计自己的人机界面。

关键术语

Case Studies（案例研究） Ergonomics（人体工程学）
Cognition（认知） Human-Machine Interface（人机交互界面）

问题

1. 列出能够说明良好人体工程学设计的 5 个物体或设备。对于列表中的每一个条目，提出一个相反的不良人体工程学设计的例子。
2. 准备一个案例研究，研究关于良好的或改进的人体工程学设计的例子。
3. 准备一个案例研究，研究关于不良的人体工程学设计的例子。
4. 随机选择 50 个人进行电话调查，对于那些拥有和使用平板电脑的人，询问有多少人经常使用那些鲜为人知的功能。
5. 将人员划分成使用常规鼠标、轨迹球或笔记本触摸板三类。确定有多少人很满意他们的指针设备，以及有多少人希望现有设备能够更好。
6. 设计一个实验，画出从汽车驾驶员座椅的位置能够看到的视野的草图，改变布局中某个部件的位置（例如，点火钥匙或变速杆的位置）。将你的绘图展示给一组测试对象，记录每一个测试对象辨认出不在应在位置的东西所花费的时间。
229 7. 画一个有门、窗户和家具的房间图。将门把手放在门轴的同一侧。将你的绘图展示给一组测试对象，记录每一个测试对象辨认出不在应在位置的东西所花费的时间。

人体工程学测量

8. 测量你学校中典型的教室椅子。记录以下尺寸：座椅前沿到地板的距离、座椅表面前后沿的长度、座椅前沿到靠背的距离、座椅后沿到靠背中部的距离。测量 10 个人的身体尺寸，将这些数据进行比较，并汇总这些数据。
9. 在 20 个不同建筑物中寻找灯具开关（不仅仅是同一栋楼的不同房间）。测量开关距离地面的高度，并求出平均值和标准差。现在测量 30 个不同的人从肘部到地面的高度，确定平均值和标准差，并与灯具开关的测量结果进行比较。
10. 测量 20 名成年人从肩部到指尖的手臂跨度。确定平均长度、最小值、最大值和标准差。20 人是否提供了一个足够大的样本量？是否应该获取更多人的测量结果呢？

11. 测量经常坐在计算机前的 10 个人坐下时眼睛到地面的高度，将测量高度与计算机显示器屏幕中心位置进行比较。让每个人估计他们在需要休息前能在计算机前工作多长时间。看看疲劳与显示器位置是否有相关性。
12. 找到 25 个或更多的志愿者，让他们走大约 30 米(约 100 英尺)的固定距离。计算每个人跨越这段距离需要的总步数，确定平均值和标准差。
13. 计算 30 人或更多人的头围，确定平均值、最小值、最大值和精确到半厘米的最常见头围。

直方图

下面一组问题涉及直方图的使用。直方图是一个图形化的数据量视方式，显示了在不同类别中数据集合的成员数量。例如，图 5-16 所示的直方图显示了在这个问题的英文文本中的每个字母出现的总数，包括这句话直到结尾。类似地，图 5-17 所示的直方图显示了特定工程班的期末成绩分数的分布情况。工程师经常使用直方图来展示数据和分类信息。

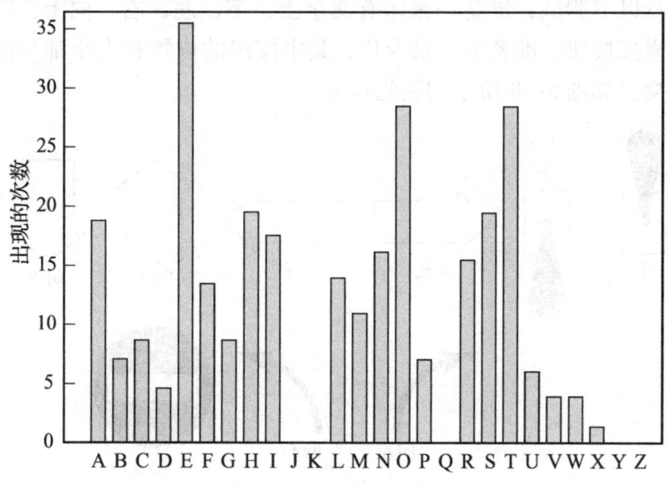

图 5-16　直方图显示本段文本中字母出现的频率

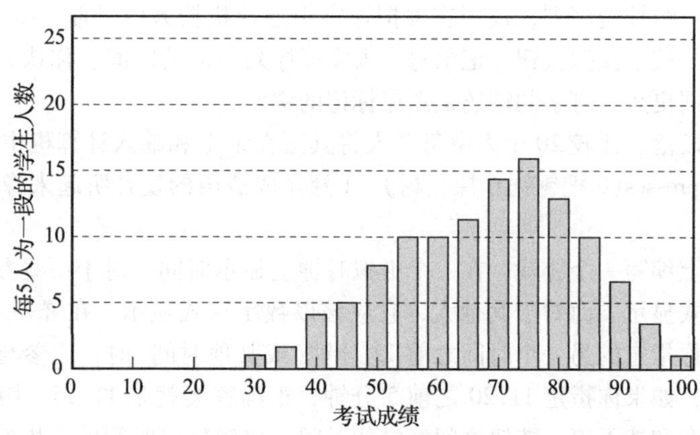

图 5-17　工程班的期末成绩分数分布情况的直方图

14. 询问 100 名成年人的身高，创建一个直方图以显示样本池中身高的分布情况。
15. 询问 100 名成年人的体重，创建一个直方图以显示样本池中体重的分布情况。
16. 测量 30 种不同课桌的高度和宽度。将数据绘制成直方图的形式表示出来。
17. 测量小区中至少 50 个停车位的长度和宽度，排除残疾人停车位。绘制两个直方图，一个描述长度，另一个描述宽度，以显示车位大小的分布情况。

18. 编写一个计算机程序，确定在输入葛底斯堡演说的讲稿（或者可以选择其他类似文档）时从 A ~ Z 每个字母的键击频率，将结果绘制成直方图。
19. 寻找 25 名骑自行车的人，测量他们从髋关节到脚底的腿长。现在测量自行车座到地面的高度。绘制车座高度与腿长比值的直方图。是否存在明显的规律？是否与性别相关？
20. 这个问题的目的是确定私人轿车的常用颜色。在高速公路或繁忙的道路沿线找到一个位置，记录经过的至少 100 辆车的颜色。以直方图的形式，按颜色从最流行到最不流行的顺序展示数据。

反应时间

21. 编写计算机程序以跟踪某人在计算机中输入所选文档的按键，查找并记录输入者在前一个字母输入后触发下一个键所需的平均时间。
22. 230~231 对几个同学进行以下测试，准备一张印有文字**上**、**下**、**左**、**右**、**向上**、**向下**、**向左**、**向右**和**停止**的卡片模拟按钮。准备第二张卡片，其中按钮的位置和大小都与前一张相同，但打印的单词被替换成如图 5-18 所示的视觉符号。

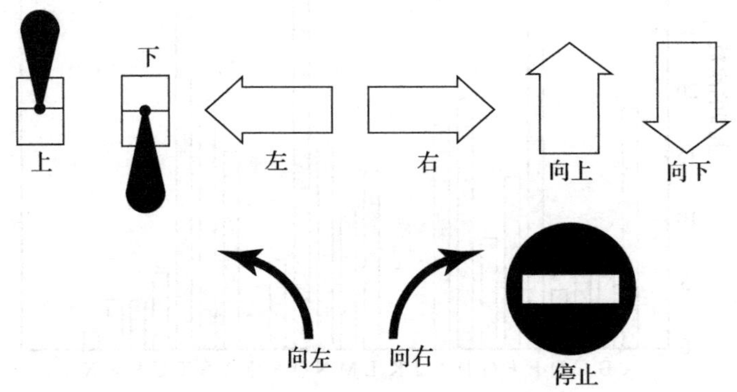

图 5-18 用于上、下等的可视命令

现在设计一组按键序列，模拟在虚拟迷宫中遥控机器人的导航。要求 10 个或更多朋友依据你的口令按下模拟按钮，记录每个人完成序列所需的时间。你认为哪个方案会使得用户的反应时间更短：打字的键还是图形标记的键？

23. 你口述下面的段落，比较 20 个人中每个人将其写在纸上和输入计算机中所需的时间：Six saws saw six cypresses（6 把锯锯 6 棵柏树）。（翻译成法语的发音听起来像“See see see see see prey”。）
24. 在你的计算机上编写一个游戏，在一个虚拟时钟上显示时间。对于一些参与者来说，时间应该以模拟形式显示。而对于其他人，它应该以数字形式显示。在屏幕上反复闪烁时间，当显示时间是你指定的另一个时间之前 12 分钟（或其他时间）时，让参与者按下按钮以停止闪烁。例如，如果你指定 11:20 之前 5 分钟，正确答案就是 11:15。用计算机程序记录在显示正确答案和按下停止按钮之间经过的时间。比较反应时间的平均值，对于模拟与数
232 字显示来说，反应时间是否有差异？

第6章

Design Concepts for Engineers, Fifth Edition

工程师与现实世界

目标

在这一章中你将掌握以下内容：

- 审视社会对工程师的看法。
- 了解失败在工程设计中的影响。
- 讨论经典的设计失败案例。
- 在通向工程成功的道路上，了解如何接受和利用过程中出现的失败。

6.1 社会对工程师的看法

既然你已经选择工程师这个职业，那么你必须知道：当你正式成为一名工程师时，你将拥有改变世界的能力。至少，你有望在重要的方面对周围的人产生影响。每一天，**社会**都依赖工程师的工作。公众总是指望工程师设计的设备和系统毫无瑕疵，只有出错时才会想起工程师。公众的期望是很高的，但是，通常公众对工程的核心原则的理解是很不够的。例如，大多数人对国家电网视而不见。电力奇迹般地出现在任何位置的插座上，随时可以使用。只有当这些插座因停电而无法使用时，公众才会说“必须有所作为”，言外之意是说停电是因为供电工程师的无能而造成的。

为什么会对工程师产生如此生硬的看法呢？因为工程师是一群单调、没有想象力的呆板的人吗？因为只有“高等学校怪才”才能成为工程师吗？或者，因为工程师不能成为领导者吗？远非如此。事实上，工程师是一个非常有魅力的职业，它吸引着无数有创意的人。工程师改变了世界，在很多方面提高了生活质量。例如，许多研讨会中出现过这样的观点，在人类寿命增长方面，工程师所做的贡献比所有医学发现加起来所做的贡献还要大。 233

公众之所以会对工程师产生忧虑，可能是由于以下事实：*工程师平时做的都是不可能做到的事*。工程师取得的成果太神奇了，以至于一般大众无法理解。我们知道20世纪60年代末开始上映的系列科幻作品《Star Trek》(星际迷航)，剧中Kirk船长可以从他的裤子口袋里拿出一个小盒子，翻开盖子，就可以和世界上的任何人交谈，这个想法纯属科幻。而今天，这种翻盖手机已经几乎淘汰了。类似地，Picard船长在一块神奇的电子阅读屏幕上阅读文档而不是纸质文档，这其实就是我们现在所使用的iPad。目前，配备了蛋白质分子的新型3D打印机已经开始制造食品了，也许它的前身就是《Star Trek》里的食物复制器或运输机。

20世纪上半叶，许多科幻小说以虚构的月球旅行为题材。《飞侠哥顿》(Flash Gordon)和《冷血魔王明》(Ming the Merciless)吸引了年轻人和成年人的目光。20世纪60年代，工程师使美国真正登上月球成为可能。虽然电影《Apollo 13》(阿波罗13号)主要讲述了勇敢的宇航员在遇到意外灾难时的苦难经历，而实际上，将宇航员安全带回地球的是地面上的美国宇航局(NASA)的工程师，他们承受着巨大压力，通过坚持不懈的工作才制定出富有想象力的解决方案。

当公众对工程师产生误解时，作为一名未来的工程师，有责任进行正确的引导。当一个公共工程项目出现在市政府面前时，只有工程师能够在良好技术的基础上讨论其影响。当手机公司想在当地建筑物上放置一个信号塔时，只有工程师能够利用他们的智慧讨论公众关注的安全问题。当地方学区需要确定其在教室信息化建设的战略目标时，也需要工程师利用其智慧进行引导。

对外行人解释这些见解比较困难。公众对于我们周围的技术世界可能怀有误解。为了帮助你了解这些问题的范围，我们现在来探讨一些问题和事件，在这些问题和事件中，非技术人员的错误观念与工程师的知识之间产生了强烈的分歧。

磁共振成像：磁共振成像(MRI)曾经的官方名称为“核磁共振”（NMR），这是一个重要的医疗诊断工具，这个名字代表了它的核心技术所使用的物理学原理。然而，这个名字最终改为磁共振成像(MRI)，就是因为太多的人对涉及核技术的东西感到不舒服。

误区揭秘：磁共振成像的本质与任何放射性东西无关，核磁共振的“核”指的是被探测的原子的原子核。在磁场的作用下，原子核的共振能够反映出材料的密度信息。

纳普斯特公司(Napster)的辩论：2001年有一个重大的公开辩论，关于免费音乐下载网站napster. com的合法性与道德性问题。在讨论中，Napster爱好者显然更喜欢网上的MP3数字音乐的声音，而不喜欢CD上常规的音乐声音。

误区揭秘：CD和MP3都是以数字格式存储的，唯一区别是存储介质不同。当在同一个音响系统播放时，是无法区分这两种格式的。原文作者可能将这些数字存储介质与音频磁带或唱
234 片混淆了。唱片和磁带都是模拟的，与数字存储介质相比，往往音质比较差。

手机：很多人认为手机之间打电话是从一个电话直接到另一个电话，很像一对“对讲机”。因此，在自然灾害中，当常规电话线坏掉后，手机被认为是一种可靠的通信方式。

误区揭秘：在蜂窝电话系统中，唯一的无线链路是个人手机与最近的地面收发塔(“手机信号塔”)之间的链路。通信连接的其余部分都是通过传统的地面电话线连接的。

手机的另一个名字是蜂窝电话，是安装的大量信号收发塔(在人口密集的地方很容易见到)把无线电空间分成了一个一个的“蜂窝”，蜂窝电话因此而得名。相邻信号塔的蜂窝能够覆盖彼此的区域，因此当一个打电话的人在移动过程中穿过不同的蜂窝时，他的通信信号将在相邻信号塔的交叠区域内传递。

手机的使用：美国的报纸曾报道，在风暴中，一个父亲被困在了龙卷风避难所外面。他之所以跑出避难所，是为了从他的卡车上取回手机，这样如果电话线坏了，他将仍然能够与家人联系。

误区揭秘：虽然手机本身是无线的，但是当信号发送到附近的手机信号塔后，它们是通过导线或光纤电缆进入电话网络的。在乡村社区中，这些线应该是高架线。因此，蜂窝电话网络的信号塔和连接线都容易受到龙卷风的影响，在紧急情况下不能成为可靠的通信形式。

手机运营商的广告：2001年播出过一条广告，说的是一个人被关在了冷冻柜中，并用他的手机发短信请求帮助。

误区揭秘：冷冻柜的门和壁是不锈钢(金属)的，手机的无线信号频率在千兆赫(GHz)范围内，是不可能进入冷冻柜的。

手机系统崩溃：一个著名的慈善机构每年组织一次为期3天，行程60英里的徒步募款活动。在行程的最后，所有参与者会统一节奏同时到达终点，并参加一个大型闭幕仪式。仪式结束后，参与者会与他们的家人或朋友汇合后回家。在这个事件中大概有2500名步行者，当几百名步行者以及他们的朋友同时尝试给对方打电话时，当地的整个网络崩溃了。

误区揭秘：任何蜂窝电话网络的业务量，即同时双向呼叫的总数是有限的。蜂窝电话不是直接从一个呼叫到另一个，而是必须通过蜂窝电话塔连接到陆基链路来完成通话。该系统从一个塔只能发出有限数量的链路，在这个特殊情况下，成千上万的人试图通过同一系统拨打电

话，那么系统就会崩溃。

烹一杯热茶：电视情景喜剧的情节中经常出现奶奶将沸腾的茶壶一直放到炉子上，因为她想让它得到“额外的热”。

误区揭秘：水的沸点是100℃，一旦沸腾，它不会再变热了，而是变成水蒸气蒸发掉。

电力布线：房主向电力人员抱怨灯时不时地会短路和闪烁。

误区揭秘：照明电路绝对可能出现间歇式的开路，而不是短路或闭路。正如任何工程学生
所知道的那样，连接电源两极的电线意外地接触才会形成短路，短路会使电子无阻碍地通过电 235
路而产生极大的电流，从而使电路断路器或保险丝瞬间跳闸，而不会使光线闪烁。

恒温控制：快速反应帮助热线（即美国911电话）建议，父母从雪地中找到迷路孩子后，在等待从远方赶到的救护车的过程中，应该打开恒温器并将室内温度设置得很高，使室内快速升温。

误区揭秘：大多数采暖系统只有两种状态：开和关。当室内温度低于恒温温度时，加热器才会打开。但房间升温的速度取决于炉内的输出，与温控器的设置没有关系。

激光打印机：有些人认为普通激光打印机通过用激光在纸上灼烧以完成字母的打印工作。

误区揭秘：激光在激光打印机中的唯一作用是调节感光辊，使带静电的调色剂颗粒等能够附着在上面，然后将这些调色剂颗粒转移到纸上并通过加热辊将其熔化后粘在纸上。激光束从不与纸接触。该过程与影印机（现在更多地称为复印机）的原理相同。只是在复印机中，使用一道宽条的亮光来调节硒鼓，以便将调色剂颗粒附着在期望的位置上。

太阳能和风能：公众想知道为什么国家不能完全使用太阳能和风能，为我们提供无限的、无污染的能源。

误区揭秘：可以通过太阳能和风能进行发电，但是只能产生全国电力需求的一小部分。除此之外，还有一个同样重要的目标是大幅度提高现有的能源效率和电气负载效率。

电动汽车：许多人认为电动汽车的碳排放量小于传统汽车的排放量。

误区揭秘：电能不是凭空而来的。为了给电动汽车充电，仍然需要在远端的发电厂燃烧化石燃料来生产电能，因为无碳的太阳能和风能目前还不能成为主流能源。普通汽油车比典型的化石燃料发电厂具有更好的能量转化效率。

充电器和电源：大多数人认为当设备不充电时，应该从墙壁的插座上拔掉手机、计算机或类似设备的充电器，以节省电能。因为很多人都认为充电器仍然会消耗大量电能。

误区揭秘：这种建议在几十年前是有效的，那时电源只能在单个已知电压（例如交流120VAC或240VAC）下以固定频率（50Hz或60Hz）工作。这些电源中包含一个大型变压器，其初级绕组在插入墙壁时一直保持通电，确实消耗了不可忽略的功率。现在那些较新的、较小的、适配性很强的充电器（例如，能够在50～60Hz、100V～240VAC的全范围内工作）都是“开关电源”类型的电源，内部不再使用这种变压器。因此当它们只是插在墙上的插座上而没有进行充电时，消耗的能量是微不足道的。

6.2 工程师如何吸取教训

下面描述了两个学生参加电动车设计竞赛的工作经验。

学生已经花了近一个星期研究他们的小车。他们正在努力地设计铰接臂，这样可以抓起对方的车辆，将它扔下轨
道。他们首先将设计画在图纸上，然后利用计算机实验室的 236
计算机辅助设计（CAD）软件进行测试。依据CAD制图，他们在学校机械加工厂制造所有零件。他们设计的草图如图6-1

（图片由iBird/Shutterstock提供）

所示，学生刚刚把58个零件组装起来，并且发现手臂的首次尝试非常完美。

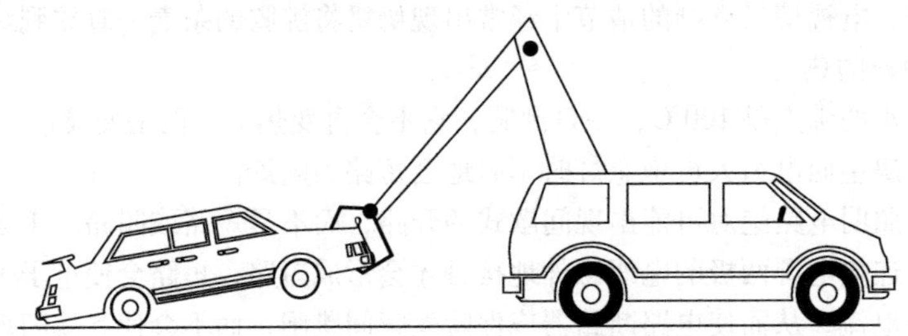

图6-1 想象中的、无法实现的带铰接臂的汽车设计

如果工程是如此简单和万无一失，前一段所描述的情况不是很好吗？在现实世界中，几乎没有什么工作第一次就是正确的。让事物完美地工作总是比预期需要更长的时间，这个过程中可能出现各种问题，制造的部件不一致、电路布线有错误、软件模块不兼容或者结构元件尺寸不正确。经验丰富的工程师都知道，设计很少在第一次就能实现，并且不会因初始故障而沮丧。

工程任务比预期时间要长，因为**失败**是设计过程中不可避免的一部分。期望一个新的设计第一次就能正常工作是不合理的。当设备不按计划工作时，这是一个正确的信号，说明在工作中忽略了某个部分。也许是两个移动部件意外发生了碰撞，也许是电路或机器不能正常工作，也许是设计的模型或者电路没有充分考虑到二次效应(secondary effect)的影响。一个软件程序的失败，可能是因为偶然键入的一个字母导致程序进入逻辑的死胡同。从一座桥的比例模型可以反映出因为缺少一个桥墩而导致横梁压力过大。生物医学植入技术被拒绝的原因，可能是因为没有充分考虑组织间的相互作用。无论故障模式如何，在设计过程中发现缺陷总比应用后发现要好。在故障的基础上重新设计，是一个优化最终产品的重要途径，并给工程师时间来纠正系统中的缺陷和**错误**。总之，在设计过程中失败不是坏事，而是学习过程的一部分。

一个更加真实的电动小车设计比赛情况可能如下：

> 学生已经花了一个月的时间设计参加电动小车设计竞赛的作品，这辆车的第1版的设计中包括了一个铰接臂，它能够拿起对手的车，并把它扔出轨道。经过反复的试验和错误，他们成功地建立了一个能提升物体的铰接臂。起初，学生考虑使用一个捕鼠器的弹簧来做机械臂的升力来源，但经过多次尝试，学生发现他们错误地估计了摩擦力的影响。需要两个捕鼠器才能满足所需的机械功率。经过无数次测试，他们发现由小型电机和齿轮组成的动力臂可以更加精细地控制其动作，于是他们更改了设计方案。由于以前的设计中它们放错了地方，所以在组装过程中，他们需要重新钻几个洞。虽然最后版本的动力臂已经在图纸上和CAD制图程序上能很好地工作，但是当安装在车上时，还是失败了。当将对方的车举到空中时，重心落在车辆最大允许轴距之外，导致两个车同时翻倒并掉落到轨道外。学生不得不放弃他们对动力臂的设计，最后将重力锤作为进攻装置，如图6-2所示。

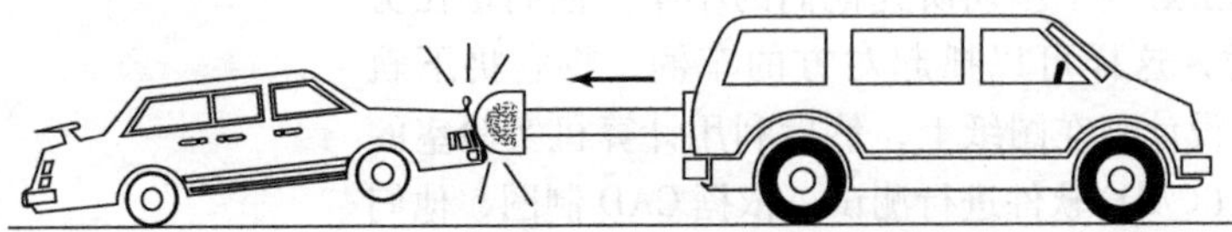

图6-2 以重力锤作为进攻策略更加实际

6.3 失败在工程设计中的影响：案例研究

在工程设计的历史中，有很多关于失败的例子，很多缺陷在设计阶段没有发现，而是在使用过程中暴露出来。尽管很多设备只是被设计上的小缺陷所困扰，但是还是有一些设计失败的案例令人印象深刻，因为它们影响了很多人，导致了巨大的财产损失和事故，或者导致工程的实际意义彻底改变。本节中，我们回顾了一些被载入工程知识史册的经典失败案例。每一个事件都牵涉由于工程设计失败而导致人类生命财产的巨大损失。这些事故是那些工作上尽心尽力但却缺少经验，或者工程判断上存在重大失误的工程师造成的。每次事故发生以后，工程师就会研究问题的起因并制定出新的工程**标准**和准则，从而避免了同类事故的再次产生。学习这些经典失败案例和工程错误，可以帮助你们避免在自己的工作中犯同样的错误。

以下的失败案例都造成过严重后果。这些产品都是经过设计、测试和评估阶段以后，在使用过程中出的问题。记住，最好能够在产品进入市场之前把问题暴露出来。设计问题在测试、组装和评估阶段比较容易改正。如果在产品或系统交付使用以后才发现设计**缺陷**，那后果要严重得多。当你阅读本节的例子时，你可能会得出这样的结论：这些失败的原因本应该是容易发现的，而这些错误是由于工程师的疏忽造成的。的确，“放马后炮”和在出现故障之后分析原因是相对容易的，但有经验的工程师会告诉你，当设备或系统相对复杂，有许多组件或子系统以复杂的方式相互作用时，在测试阶段找到缺陷是一件很麻烦的事。即使是简单的设备也可以很容易隐藏设计缺陷并逃过测试和评估阶段。一名优秀工程师的标志之一是找出缺陷的能力，并且是在产品应用到最终用户之前找到缺陷的能力。你可以通过熟悉本节中讨论的经典故障加强你对错误的警觉。如果有兴趣学习更多案例的细节，可以参考本章的参考文献。

6.3.1 案例1：塔科马海峡大桥 237~238

塔科马海峡大桥位于华盛顿州的塔科马，1940 年建成，横跨普吉特海湾，是当时最长的悬索桥。设计师复制了现有的结构较小的悬索桥，简单构建了一个更长的悬索桥。由于使用了许多短跨度单元，因此为了外观好看就省略了支持桥梁的桁架，而且没有通过计算来验证这种缺少内部支撑桁架但是长度更长的桥梁的结构完备性。由于这种方法在短跨度的桥梁上得到了有效验证，因此工程师便想当然地假设它对于长跨度桥梁仍然有效。然而，他们错了。1940 年 11 月 7 日，刮了特别大的风，桥开始波动和扭曲，随后发生严重扭曲，如图 6-3 所示。几个小时后，两个重要的中心跨度之间的桥梁坍塌了，就好像它是用干燥的土块建成的一样。

图 6-3 塔科马海峡大桥因扭转振动而坍塌（图片由美国土地复垦局提供）

问题出在哪儿呢？负责建造这座桥的工程师基于小桥梁的计算结果设计了这座大桥，然而那些计算背后的假设条件不适用于塔科马的大跨度海峡大桥。假如工程师能够注意到一些基本的科学直觉，他们就会意识到三维结构不能直接按比例向上无限延伸。

6.3.2　案例2：哈特福德市民中心

哈特福德市民中心在20世纪70年代建造，此类建筑在当时属于史无前例的。它的屋顶使用的是相互连接的桁架和铰接框架结构，而不是传统的工字梁的施工方法（见图6-4）。数以百计的杆相互连接形成一种双层结构，由水平钢筋和对角互连组成，在视觉上很有吸引力。工程师采用了最新的计算机模型来计算屋顶每一个独立构件的承重能力，而没有进行详细的手工计算。我

239 们知道，当时PC还没有发明出来，计算机还处于原始水平，所有工作都只能在大型机上进行，但这些机器按今天的标准来说仍然是非常缓慢的。因此，工程师只好使用简化的计算模型，忽略了结构在扭曲状态下易受损坏的问题。正是这一点导致了屋顶的塌陷，而计算机模拟未能发现设计的不足之处。

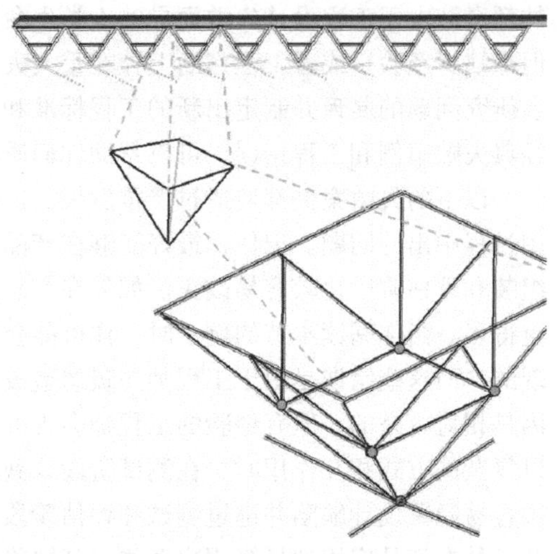

图6-4　桁架和铰接结构，由水平杆和对角线互连的阵列用来支撑哈特福德市民中心屋顶

1978年1月18日，成千上万名观众在该中心观看篮球赛，仅仅几个小时，屋顶就被大量积雪压塌，建筑被摧毁，所幸没有人员伤亡。

为什么会发生坍塌？有的人把失败归咎于设计市民中心的工程师，他们没有依靠自己在多年施工实践中积累的经验进行基本判断。事后的调查中发现，现场工程师在装配和安装中注意到了一些异常问题，但是这些问题未能得到项目经理的重视，这些人还是选择信任计算机模型。这些计算机模型是由程序员编写的，而不是结构工程师，而当时的计算机建模技术仍处于初级阶段。程序员是根据教科书上的结构公式进行代码算法设计，除了计算机模型中省略了弯曲模式外，程序员设计时也没有考虑一些基本的下降因子（derating factor），即在实际建造复杂结构的过程中，在结构连接时可能出现的布局上的轻微变化（例如，角度、长度、连接和制造方法等的变化）。设计工程师信任计算机模型的输出结果却没有经过充分的测试，在正常的屋顶负荷下，许多桁架连接点的负荷已经超出了安全极限，而大雪的重量最终导致超出了结构的可承受范围。

6.3.3　案例3：挑战者号航天飞机

美国航天局挑战者号航天飞机在1986年1月寒冷的一天爆炸，地点在佛罗里达州的肯尼

240 迪角（卡纳维拉尔）。数千人在电视直播中目睹了爆炸画面（见图6-5），数以百万的人在几周后观看了事件的新闻磁带。经过数月的调查，美国航空航天局将这个问题追溯到一套用于密封多段增压火箭的O形圈。密封件没有针对寒冷天气的设计，而那一天，佛罗里达州很冷，约28℉（-2°C）。过度冰冷的密封圈会因为太僵硬而不能很好地密封火箭助推器，或者会变脆，在异常低温条件下发生破裂。在加速期间火焰从裂开的密封件喷出并点燃相邻的燃料箱，整个宇宙飞船炸毁了，里面的7名宇航员全部遇难，还包括一名高中老师。当时，这是美国历史上最严重的空难。

图 6-5　挑战者号航天飞机发射期间爆炸(图片由美国航天局提供)

使用 O 型密封圈密封相邻的圆柱面是一个标准的设计模式，如图 6-6 所示。工程师在火箭设计时也采用了这种标准设计技术。然而，O 型圈从未应用于像挑战者号这样的大型火箭上，再加上异常寒冷的低温，导致密封圈达到了极限，结果失败了。

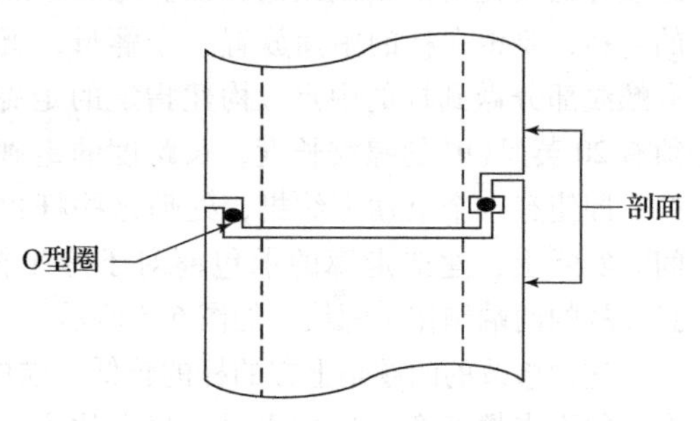

图 6-6　O 型密封圈原理图

然而，还可以从另一个维度对失败原因进行分析。为什么助推器被设计成多节，从而把 O 型圈变成了必需品呢？答案比较复杂，但是很大程度上因为决定采用多节助推器有一部分是政治原因。假如只考虑工程常识这一个因素，助推器就可以设计成一体式的而不需要 O 型圈。节点是比较薄弱的环节，一体式的机身比由多节拼接而成机身更加坚固。当时的制造技术是可以制造出合适尺寸的大型单体火箭的。但是，一名来自犹他州的参议员为了让一家他所在州的公司得到制造火箭助推器的合同而进行了大量的游说。而当时的运输系统不可能把一个那么大的单体火箭从犹他州运输到佛罗里达，火车无法运输这么大的个体，卡车就更小，而犹他州位于美国中部内陆，没有船可以开到那里。美国宇航局的合同允许犹他州公司将助推器分成多节，并采用 O 型圈密封，这样的助推器很小，容易使用火车和卡车运送。 241

有人说灾难是由一部分缺乏职业道德的工程师造成的，他们设计的 O 型圈有潜在的问题。有人说这是美国宇航局的错，因为国会是他们的最终资源来源，所以他们屈服于来自国会的政治压力。其他人说，这只是一个不平常情况的集合，既不是犹他州参议员也不是设计工程师有意生产不合格的产品。分段助推器在以前许多航天飞机中应用并没有问题，但是尚未在零度以下的温度中使用过。然而，也有人说，将许多政治因素施加在项目上，就不再是一个纯粹的工程问题，工程师被迫做出让步，使用了一个从未在大型火箭上尝试过的不太理想的设计理念。

6.3.4　案例 4：堪萨斯市凯悦酒店

如果你曾经去过凯悦酒店，你应该知道他们的内部架构是独一无二的。典型的凯悦酒店有悬挑楼层，形成内部梯形中庭，走廊和大厅是开放的、引人注目的结构。堪萨斯凯悦酒店是 1981 年开业的，包括一个悬挂在半空中的双层露天走廊，横跨整个大堂，从一个阳台到另一个阳台。在酒店开业不久的一次聚会上，人行道上同时挤满了人，并伴随着音乐跳舞。人们的重量和跳动的节奏可能与走廊产生了共振，使得走廊突然倒塌，造成100多人死亡，这个事件被酒店管理的历史永远铭记。虽然酒店最终再次开放，但走廊再也没有重建。

凯悦酒店的倒塌事件是缺乏建筑经验导致失败的一个经典案例。然而，在这个案例中，错误起源于设计阶段，而不是施工阶段。为了解释走廊如何倒塌，先来看看由设计师提供的走廊的框架草图，如图6-7所示。

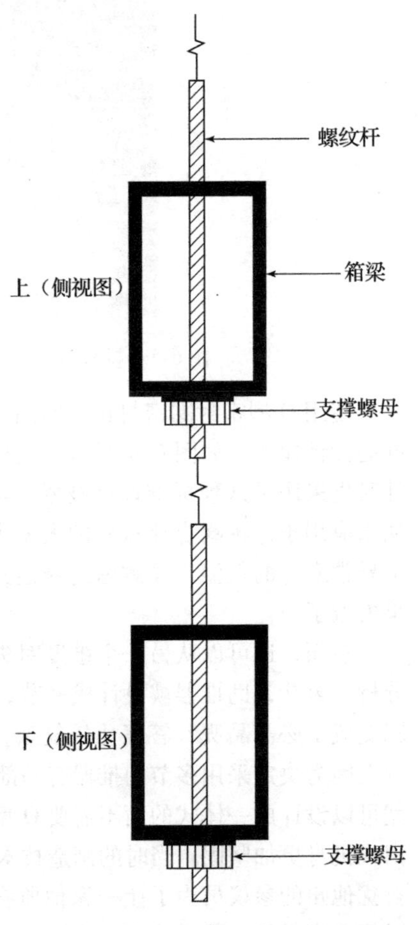

图6-7 堪萨斯市凯悦酒店走廊设计

每个箱梁都由一个单独的螺母支撑，螺母固定在悬挂钢筋上。在事故发生时，每个螺母与梁的节点的负载超出了最大承重范围。这张图有什么问题？问题是这个指定的结构并不是实际建造的结构。原设计要求人行道的两个甲板在每个支撑点通过一个单杆悬挂在天花板上。这些杆是用光滑的钢制成的，没有螺纹。螺纹会减小杆的直径，要想在杆的中间放置一个螺母，就必须至少把有螺纹部分做到杆的中点。构建指定的走廊，每个杆必须有20英尺(ft)的螺纹长度，长跨度的走廊需要更多的杆。即使有一个电动螺纹机，处理这些杆也需要几天时间。实际上，建造走廊的承包商对于施工提出了修改，只在杆的两端制作了螺纹，如图6-8所示。

这种修改的问题是上方的杆的较低一端的螺母(A)现在不得不支撑两条走廊的重量。打个比方，两个登山者挂在同一根绳子上，如果两个人同时抓住绳索且相互独立，他们个人可以保持其重量，然而，如果较低的登山者抓住上面攀登者的脚踝，那么上面登山者的手必须承受两名登山者的重量。那天，在全部或甚至过度负载的条件下，凯悦走廊上的螺母(A)承担的重量太多了，最后终于崩溃。一旦一根杆的连接失效，其余的连接就会相继失效，然后整个人行道就完全崩溃了。

一些人认为致命的缺陷是高级工程师要求单杆上制作20ft的螺纹，其他人把问题归咎于初级工程师，在建筑工地与施工工人签署了修改协议，并且高级工程师应该与初级工程师沟通并明确指定的杆结构已处于临界，不能修改。也许是两部分工程师缺乏解决建筑问题的经验，不懂得现实世界中事物是如何被制造出来的。

无论是谁的错误，这个设计也没有为**安全边界**留出足够的余量。在计算结构的最大负荷与期望的最大负荷之间至少应留出一定的安全范围，这是结构设计中的常见做法。由于存在近似值、材料强度的随机变化和制造中的小误差，因此安全范围保障在负载计算中存在误差的情况下系统仍能够安全工作。如果走廊考虑到安全范围的问题，即便是修改后的结构，走廊的双重受力的节点可能也不会坍塌。设计工程师指定的走廊结构是可以建造的，但不实用。施工主管不知道结构的影响，急于完成这项工作，因此，他对施工方法进行了一个看似无关却最终致命的修改。如果任何一个设计工程师在施工现场工作中有更多的经验，这个缺陷可能就被发现，堪萨斯凯悦酒店走廊倒塌的错误就可以被阻止。只需要做到在设计过程中各个阶段的各级员工之间充分沟通，并且增加安全范围使其远远超过最小安全范围，就能够避免公众安全受到威胁。

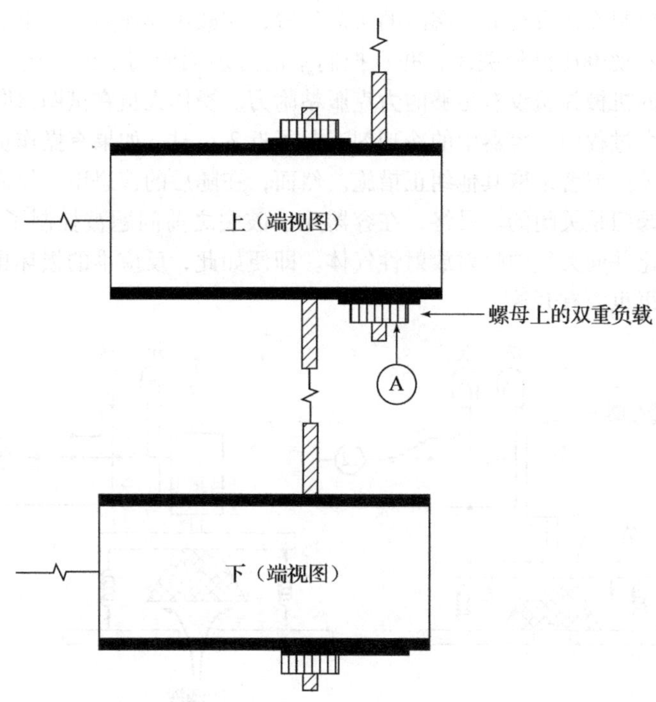

图 6-8　堪萨斯市凯悦酒店走廊支撑结构实际构造

6.3.5　案例 5：三里岛

三里岛是宾夕法尼亚的一个大型核电站(见图 6-9)，它是美国最严重的核事故发生地，它几乎可以与乌克兰的切尔诺贝利发生的灾难相提并论。幸运的是，这一事件发生在三里岛上，堆芯熔毁只造成附近区域的核泄漏。然而，这也导致了发电厂停工和损失了数十亿美元，导致发电能力急剧下降，对于美国东部电网造成巨大损失。

图 6-9　三里岛核电站(图片由美国能源部提供)

事故发生当天，反应堆容器里发生压力积聚，在这种情况下，正常的过程是打开一个安全阀，将压力降低到安全水平。这个阀门由弹簧的弹力控制，使其一直处于关闭状态，需要在电磁制动器上施加电压才能打开。然而，电气控制系统的设计者犯了一个致命的错误。图 6-10 展示了这套系统的原理图。在阀门致动器线圈上施加或移除电压时，控制室内相应的指示灯会亮起。不幸的是，控制面板没有显示阀门的实际位置，在减压操作后，三里岛的阀门被卡在了打开的位置。虽然驱动电压已经关闭，并且控制室的灯表明阀门已经关闭，但实际上是开着的。负责关闭阀门的机械弹簧没有足够的力克服粘附力。操作人员在试图诊断问题时认为该阀门已经关闭，在这个过程中，容器中的冷却剂泄漏了近2小时。如果有操作员知道阀门是开着的，他们可以手动关闭或者采取其他纠正措施。然而，在随后的惶恐中，他们一直相信控制面板的指示灯，认为阀门是关闭的。最终，在容器几乎破裂之前问题被控制了。一旦容器破裂，将导致堆芯完全熔化并向大气中喷射放射性气体。即便如此，反应堆的损坏也很严重，以至于工厂被关闭，从此再也没有开放。

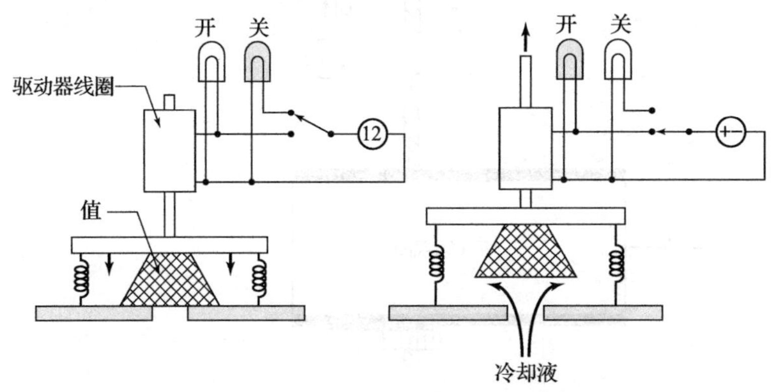

图6-10 实际建造的阀门指示器系统

三里岛阀门驱动系统设计了一个低劣的人机界面。因为在紧急情况时，需要绝对准确的信息，所以这个系统的极限测试至关重要。操作员认为他们收到的信息是准确的，而事实上却不是这样。发电厂的控制面板根据推断提供关键信息，而不是直接确认的信息。更好的设计方案应该使用一个独立的传感器，可以明确地验证了阀门的真实位置，如图6-11所示。

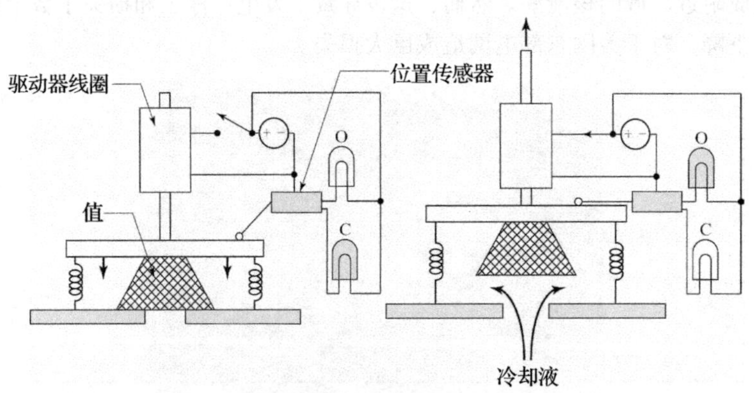

图6-11 正确的阀门指示系统应有的设计方案

6.3.6 案例6：美国巡洋舰温森斯号

温森斯号(见图6-12)是伊朗－伊拉克战争期间进驻波斯湾的美国导弹巡洋舰。1988年7月3日，在波斯湾巡航时，温森斯号的宙斯盾组网系统收到来自两个敌我识别系统的信号。宙斯盾是海军舰队使用的是最复杂也最先进的信息处理系统，花费数十亿美元建成，提供的信息远多于以往的任何系统。信息饱和在宙斯盾系统的操作员身上是很常见的。温森斯收到的两个敌我识别信号，一个是民用飞机，另一个是军用飞机。在预测可能收到攻击的压力下，过度敏感的操作员误读了杂乱的雷达显示，判断只有一架飞机接近温森斯号。无线电信号反复尝试也没有找到不存在的军用飞机。船长得出结论说船受到了攻击，并做出决定将民用飞机击落，造成290名平民丧生。

图6-12　美国巡洋舰温森斯号(图片由国家公园管理局提供)

是什么导致这一灾难性的结果？是糟糕的军事判断吗？是操作错误吗？是工程师设计的系统故障吗？海军官方称事故的原因是士兵的“操作失误”，但是在有些领域中，人们把错误归咎于设计系统的工程师，并声称在可能受到攻击的压力下，被信息所淹没，操作员无法处理糟糕的人机界面。关键信息是危机中最需要的，应该是简洁和易于理解的。有些东西设计出来仅仅是因为在技术上是可行的，宙斯盾系统的复杂显示就是一个例子，这导致它的人机界面成为系统中最薄弱的环节。

6.3.7　案例7：哈勃望远镜

哈勃望远镜的造价超过10亿美元，投入太空后沿轨道运行。哈勃望远镜不会像地面望远镜那样会因大气湍流而产生形变，能提供壮观的空间照片，并使得许多天文发现成为可能。然而，哈勃望远镜也没有避免设计的缺陷，在最开始的几年中有许多问题困扰哈勃望远镜，最著名的是它镜子的制造失误。望远镜上安装的镜子是变形的，必须通过安装一个自适应光学反射镜来以差像补偿的方式进行校正。最终借助美国宇航局航天飞机机组人员的帮助才修复了这一问题。虽然提到哈勃望远镜时经常联想到这个缺陷，但这个问题实际上来自镜子制造过程的草率而不是设计错误。

另一个鲜为人知的设计错误更紧密地说明了本章的经验教训。哈勃望远镜的太阳能电池板部署在空间环境中，当望远镜在地球的阴影中穿出穿入时，它们自然被交替地加热和冷却。由此产生的膨胀和收缩使得太阳能电池板如鸟的翅膀一样来回摆动。设计人员试图通过计算机控制的稳定程序来弥补这个意外的扰动，没想到反而产生了正反馈效应，使问题更糟。假如工程师能够预先考虑到望远镜的实际操作环境，他们就可以调整加热和冷却的周期，从而避免问题的出现。这个例子表明，我们很难预先知道设备操作时所处的所有环境条件，而极端的环境往往导致工程失败。工程师必须采取措施，通过在不同温度、负载、操作环境和天气条件下反复测试设备来避免出问题。只要可能(显然在哈勃望远镜的情况是不可能的)，一个系统应该尽 242~247
可能多地在不同环境条件下测试，特别是那些在实际操作中可能遇到的环境条件。

（图片由美国航天局提供）

6.3.8 案例8：哈维兰彗星型客机

哈维兰彗星型客机是第一个商用喷气式飞机。在20世纪50年代由英国设计，在最初几个月的飞行中都没有发生故障，后来有几架飞机因不明原因损坏而坠落。调查显示，这些飞机的机身在中途解体。多年来，工程师一直为确定事故原因的任务所困惑，是短时间爆炸导致飞机在飞行中机身解体吗？在残骸现场找不到任何蓄意破坏的证据。一段时间后，终于找到了事故的原因。飞机在起飞和着陆时不可避免地产生大量的加压和减压循环，之前从未有人想过这会产生什么影响。在喷气飞机之前，低空飞机不需要做压力处理。喷气式飞机的飞行高度更高，随之而来的是需要对机舱做升压处理。而对于哈维兰彗星型客机，窗口铆钉的位置因为老化而产生裂纹；在许多次加压和减压循环之后，老化的裂纹在机身上变成大的裂缝而最终完全开裂。这种故障模式如图6-13所示。

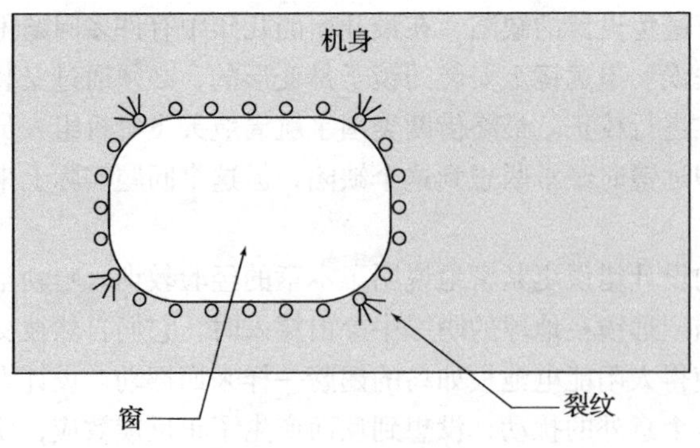

图6-13 哈维兰彗星型客机窗户周围的铆钉应力裂纹

如果设计师考虑到最终产品使用的环境，问题是可以避免的。实验室压力测试没有真实地模仿实际的加压和减压周期，工程师对于自己设计的可靠性陷入了一种错误的认识，这一失败的例子再次强调了工程经验的重要性：在尽可能现实的环境中对设计品进行测试，并且充分注意到环境可能会对性能和可靠性产生的影响。

6.3.9 案例9：坍塌的天花板

2006年7月10日，一名男人和一名女人驾车穿过波士顿著名的“Big Dig”隧道，这条隧道连接美国90号州际公路与威廉姆斯隧道(Ted Williams Tunnel)。没有任何预兆，4个混凝土面板(每个约重3吨)从天花板上掉下来，压在了汽车上。总计约26吨混凝土和其他悬挂物坠落到汽车和道路上，男人幸存了下来，但是女人却不幸丧生(如图6-14所示)。

图6-14 “Big Dig”坍塌的天花板(图片由国家安全董事会提供)

即使是一个新手工程师，也能立即提出问题：这些天花板如何固定的？他们为什么用混凝土制造？为什么这么重？为什么会突然坍塌，之前却毫无征兆？这些问题的答案很复杂，但是设计师、工程师和安装人员的一些非常基本的错误揭示了相关的道德行为、经济压力和金钱收益的诱惑。

马萨褚塞州的波士顿有一个世界级的交通问题，它有一个6车道高架高速公路，称为“中央动脉”。这条道路建于20世纪50年代，通过城市的中心。1959年正式开放，这条道路每天能够承载7500辆车，到20世纪80年代，能够承载超过200 000辆车。中央动脉/隧道工程或大开挖工程(Big Dig)被视为国家改善严重交通问题的宏伟计划，当该项目在20世纪80年代开始时，预计到2005年成本花费32亿美元，到2008年时，累计的建设和维修费用已超过210亿美元。

在设计中，Big Dig的混凝土天花板悬挂在隧道的顶部，面板由金属支架支撑，借助挂杆附着到天花板上。这个配置如图6-15所示。支架使用螺栓插入钻孔固定在混凝土天花板上，使用环氧树脂胶进行粘黏。因此，面板对每一个安装在垂直钻孔中的螺栓施加持续向下的两吨的重力。

环氧树脂是一种聚合物，其硬度随时间和温度的变化而变化。如果突然施加一个负载，环氧树脂在短时间内能够很好地保持原来的形状。如果持续承受负载(即“静态负载”)，聚合物分子可能会慢慢移动，造成环氧树脂逐渐变形，这个过程称为“蠕变”。隧道中使用的环氧树脂具有很差的抗蠕变性，负责安装的工程师忽略了这个事实，这种失误是由于“建筑群体”普遍对静止作用力下环氧蠕变缺乏了解造成的。

为了节省时间和材料，承包商使用了快速环氧树脂粘合剂将锚杆安装在天花板上，通过以前的测试，已经证明这种环氧树脂配方在持续拉伸负载作用下会产生蠕变破坏。

环氧树脂制造商疏忽了通知承包商所购买的环氧树脂抗蠕变性较弱。但是，Big Dig隧道

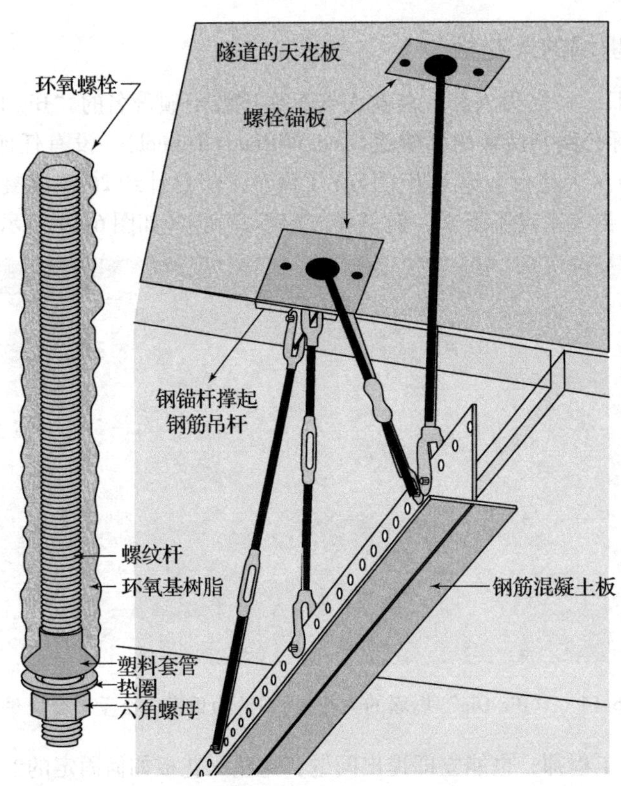

图6-15　混凝土天花板支撑系统细节，上部支架由插入混凝土天花板钻孔的螺栓固定，环氧胶填充螺栓与孔腔之间的间隙

早前建造的路段中，出现过类似的锚定系统中的螺栓由于环氧蠕变造成脱落的迹象，并且进行过维修。

事故发生的1999年，一个在Modern Continental公司工作的安全官员曾警告他的上司，螺栓可能不能承受天花板的重量。备忘录中说，某种程度上，他不能“理解这种结构如何能抑制时间的考验。”

马萨诸塞州公路局没有建立持续和即时的隧道部件检测计划，在Big Dig开放后，Modern Continental公司也没有在建造期间和之后建立自己的检查计划，以确保安装在天花板上的锚杆能正常工作。

在调查天花板面板事故之后，国家运输安全委员会(NTSB)宣布，天花板事故原因很可能是由于不恰当地使用了不耐蠕变的环氧树脂粘胶，随着时间的推移，环氧树脂变形和断裂，直到多个天花板的支撑锚杆脱落，导致天花板坍塌。

调查结果是，NTSB重新发布了带有拉伸负载环氧树脂的使用建议，其中一个建议是禁止在持续拉伸负载的高架公路上使用基于胶粘剂的锚杆，这样一旦胶粘失效将会危及公共安全。在应用胶粘合剂的架空装置中进行蠕变试验。更重要的是，作为设计练习的一部分，无数代的工科学生研究了这个问题，提出了许多简单的机械改动，可以防止事故的发生。

6.3.10　案例10：花旗集团中心

20世纪70年代花旗集团计划在纽约建造集团中心，设计工程师面临一个特殊的挑战。纽约天生就是一个拥挤的城市，附近有一座圣彼得路德教堂，就坐落在花旗集团想要使用的建筑地点的西南角。作为使用这块角落的交换条件，教会方面要求将教会的建筑拆掉重建，以使得花旗公司的大楼不会和教堂碰到一起。

负责该项目的工程师提出的解决方案是在每面墙的中心点增加一个巨大的柱子，这种设计可以使建筑的前 9 个楼层的每个拐角悬停在地面上，新建的教堂就在一个拐角的下面。这种并存结构如图 6-16 所示。 248~251

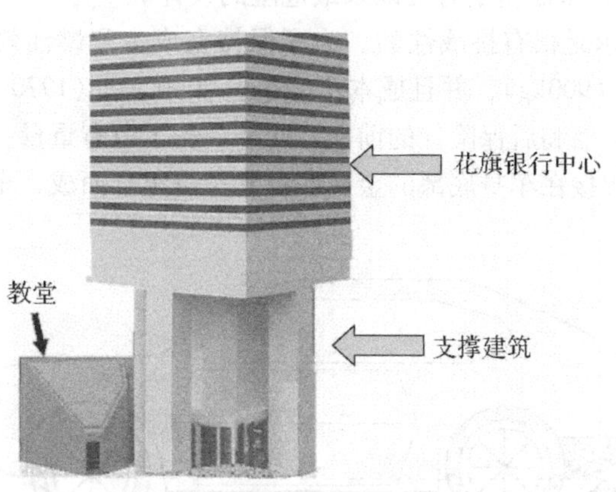

图 6-16 花旗塔。花旗银行中心在纽约市。支撑大厦的 4 根柱子在楼的侧面，而不在角上

工程师的设计包括在中心使用交叉梁连接，使摩天大楼能够承受强风。该设计还包括一个 400 吨的主动调谐质量阻尼器，使用电力运行，以帮助稳定建筑物。然而，新大楼的拥有者没有按照设计师的要求进行建设，为了节约成本在承重梁交叉点采用廉价的螺栓接合。

1978 年，一个不知名的本科生对工程师大胆提出断言：花旗集团中心建筑可以被强风吹倒。通常情况下，长方形建筑的角落是最稳固的，风吹过来时，承受压力最大的是建筑表面。这个学生为了完成作业，对花旗集团中心进行了研究，他发现各个拐角抗风能力是很脆弱的。设计师曾经考虑到了垂直吹来的风，却没有考虑到从斜后侧吹来的风。工程师检查了学生的计算(在没有现代计算机的帮助下完成的)，发现他的结论是对的。他比较了新结构可承受的最大风力，通过天气数据，他确定每 55 年就会有一场足够摧毁这座大楼的风暴袭击纽约。更糟糕的是，学生的计算是基于假设调谐质量阻尼器可以正常工作的情况下，而在一场强大的风暴中，调谐质量阻尼器很可能会因为停电而停止工作。没有它，计算和气象数据预测每 16 年就会有一场足够大的风暴将大楼吹倒。换句话说，在未来的 16 年中，这座大楼每年都有 1/16 的概率会倒塌。

工程师重新设计了解决方案，通过焊接 2 英寸厚的钢板来加固建筑结构节点，并且每个钢板有超过 200 个螺栓交叉支撑。工作立即开始秘密进行，并且持续了 3 个月的时间。白天，木匠从腾空的办公室的墙中把支撑点暴露出来，晚上，焊接工安装加固板。市政针对周边地区制定了秘密疏散计划，以防风暴来临时发生紧急灾难。公众对于这种情况一无所知，因为当时纽约新闻界正在罢工，因此，这个问题和维修的消息并没有广泛传播。维修完成后，对整个结构重新进行了安全性评估，并被认为是世界上最坚固的摩天大楼。 252

花旗集团中心的设计包括一个严重的工程缺陷，在其建设和初步使用阶段完全被忽视。如果这个缺陷没有被一个勤奋的学生偶然发现，然后秘密地固定，那么在没有预兆的情况下，高大的摩天大楼可能被大风吹倒。在这个事件发生 40 年之后，公众能够确认这个学生的名字是 Diane Hartley。她以敏锐的眼光和勇敢的行动，挽救了成百上千的生命和数百万美元的财产。

6.3.11 案例11：福特 Pinto

大多数内燃机车使用汽油，汽油是一种存在于汽车底部的高度易燃液体。汽车行业一直在设法减少油箱爆炸事件，但和油箱相关的火灾事件仍然时有发生。可以说福特 Pinto 在 1971 年到 1976 年之间安装的后置型油箱是有史以来最危险的设计。

Pinto 的原本设计要求是很有挑战性的。为了保持在成本和燃油效率方面的竞争力，这款车的重量不能超过 2000b(900kg)，并且成本不能超过 2000 美元(1970 年的美元)。这些要求导致燃料箱安装在后轴的后面和后保险杠的前面，此外，为了节省重量，油箱不是一个独立完整的容器，而是由一大块焊接在车身底部的金属底板和车身组合而成，车身充当了油箱的上表面(如图 6-17 所示)。

图 6-17 福特 Pinto。福特 Pinto 油箱位于车辆后轴的后面

在 Pinto 车的研发过程中，一些工程师发现，在进行低速追尾测试时，加注管会从油箱上掉下来，把燃料撒到车的下方。油箱可以很容易地被后端差动齿轮箱以及附近的安装支架上突出的螺栓刺穿。穿刺可能严重到在冲击后不到 1 分钟内，油箱中的所有燃料会全部泄漏出去。

这些问题构成了严重的火灾风险。提出的解决方案之一是在车轴上方安装一个整体油箱。另一个方案是安装油箱防护罩，以防止穿孔，以及加固加注管的周围以防撕裂。福特管理层进行了成本效益分析，并确定解决已知问题将使每辆车的制造成本增加约 11 美元，估计在汽车产品寿命期间总计 1.13 亿美元。有记录显示，该公司权衡这个增加的制造成本和未来由于烧伤和死亡造成的人身伤害诉讼的费用，并估计后者只有 4900 万美元。

到了 1974 年，国家公路交通安全管理局(NHTSA)开始调查 Pinto 车油箱问题和火灾事故的
253 报道。这些事故最终出现在各种报纸和其他媒体上，几起相关的诉讼案件接踵而至。由于公司事先就知道设计上存在问题，所以公众强烈抗议，比如，有一个人的 pinto 汽车在一个低速事故中发生爆炸，加利福尼亚的一个法院判决向伤者赔偿 1.25 亿美元的赔偿金(后来减少到 350 万美元)。

最终，到了 1978 年，所有 Pinto 车被召回并采用最初提出的防护罩和加固方法进行升级。在随后的几年中，福特汽车发生追尾油箱起火事故率基本与它的竞争对手持平。由于此事件，公司声誉受到严重影响。但后来福特公司吸取了这次教训，现在制造了一些公路上最安全的汽车。

6.4 在设计中做好失败的准备

首次设计往往会在成功使用一段时间之后表现出缺点。由于操作环境的变化，会发生一些以前实验中未出现的情况，或者设计中的薄弱点反复受到压力，导致设计缺陷最终出现。有时，失败仅仅是因为普通而古老的统计学规律。俗话说：“如果某些东西注定要失败，那么它

迟早会失败。”故障发生后，工程师的工作是确定原因，解决问题，并再次进行测试。同时，工程师应该在设计的早期阶段尽可能多地找到错误和缺点，在各种操作环境下进行必要的重复测试。在最后版本推向市场之前，一个不成功的简易设计原型为发现和剔除错误提供了一个很好的机会。

在商业领域中，厂商往往急于在竞争对手之前将产品推向市场，这给工程师带来了压力，他们需要完成测试和评估阶段。正因如此，许多消费类产品在发布不久就出现了问题。如果你购买了一个第一版发布的产品，也许会出现在工厂中没有发现的错误和缺点。

尽管有这个警告，你还是应该积极地在工程技术中应用新技术进行创新。如果所有的工程师都满足于现有的正确设计，技术将会止步不前。何时保持传统设计，何时进入新的创新领域，这需要经验、知识和直觉。当你在自己的设计中遇到失败时，不要气馁，承认失败是设计过程中不可避免的部分，用它来学习、发现和开阔工程师的能力。记住：“没有捉摸不透的事故，只有意想不到的事故。”

关键术语

Bugs(漏洞)　Flaw(缺陷)　Society(社会)

Ethics(道德标准)　Redundancy(冗余)　Standards(标准)

Failure(失败)　Safety margin(安全范围) 254

推荐阅读

J. Feld, and K. L. Carper, *Construction Failure—Wiley Series of Practical Construction Guides*. New York: John Wiley & Sons, 1996.

E. S. Ferguson, "How Engineers Lose Touch," *Invention and Technology*. Vol. 8 (3), Winter 1993, pp. 16–24.

H. Petroski, *To Engineer Is Human: The Role of Failure in Successful Design*. New York: Vintage Books, 1992.

H. Petroski, *Design Paradigms: Case Histories of Error and Judgment in Engineering*. Cambridge, U.K.: Cambridge University Press, 1994.

D. D. A. Piesold, *Civil Engineering Practice: Engineering Success by Analysis of Failure*. New York: McGraw-Hill, 1991.

R. Uhl, G. M. Davidson, and K. A. Esaklul, *Handbook of Case Histories in Failure Analysis*. ASM International, 1992.

P. Viswanadham and P. Singh, *Failure Modes and Mechanisms in Electronic Packages*. New York: Chapman & Hall, 1998.

问题

1. 找一个你遇到过的失败的产品或系统，写一个简短的总结，说明失败的原因以及如何对设计进行改进。
2. 对于以下经典工程故障事件，查找资料并写一个简要概述。
   a. 埃克森百威炼油厂，林登，新泽西州(1990)
   b. 通用电动旋转式压缩机冰箱(1990)
   c. 格林班克无线电望远镜(1989)
   d. 联合碳化物化学泄露，博帕尔，印度(1984)
   e. 大韩航空公司飞机007(1983)
   f. 95 号州际公路桥，米安诺斯河，康涅狄格州(1983)

g. Alexander L. Kielland 石油平台，北海(1980)
h. 美国航空公司 DC-10(1979)
i. 太空实验室(1979)
j. 纽约大停电(1976)
k. 约翰·汉考克大厦的窗户，波士顿，马萨诸塞州(1976)
l. 大本钟，伦敦(1976)
m. 旧金山湾区快速交通系统(BART)(1973)
n. Point Pleasant Bridge，俄亥俄河，俄亥俄—西弗吉尼亚(1967)
o. 阿波罗 1 号太空舱爆炸(1967)
p. 东北地区大停电(1965)
q. 魁北克市桥(1907)
r. 约翰斯敦洪水(1889)
s. 自由钟，费城(1835)

3. 如果我们知道塔科马海峡大桥设计结构，并且给出了可用的详细计算机模型，这种情况下，你认为在今天还会出现同样的错误吗？回答这个问题后，在因特网上查找伦敦千禧桥的相
255 关资料。
4. 思考“挑战者号”航天飞机灾难事件，回答以下问题：
   a. 谁可以或应该采取措施防止事故发生，或者这是不可预见性的事件？
   b. 公司或者组织犯有过失罪吗？
   c. 除了技术(经济、社会等)因素造成失败，还有其他因素吗？如何规避这些因素以确保最佳的工程实践？
5. 思考堪萨斯凯悦酒店走廊的事件，你认为谁应该为此次事件负责，初级工程师、高级工程师、建筑师，或者建筑老板？
6. 在关于核能安全的持续辩论中，思考三里岛核电厂以及乌克兰的切尔诺贝利工厂爆炸事件，这些核事故发生之前有预兆吗？或者说，怎样才能确保目前和未来的发电厂安全？
7. 在认知和人体工程学的背景下讨论美国巡洋舰温森斯号的案例。谁是错的，设计师还是操作装备系统的水手？
8. 鉴于在设计哈勃空间望远镜时出现的错误，尝试得出结论，工程设计决策在实施前应该在多大程度上进行评估和测试？你认为在设计周期多进行几轮测试可以防止这个问题吗？
9. 思考哈维兰彗星喷气式飞机的情况，在鉴定第一次坠毁原因期间是否应该停飞航班？
10. 思考案例 9 中的 Big Dig 天花板倒塌事件，回答以下问题：
    a. 谁可以或应该采取措施防止事故发生，或者这是不可预见性的事件？
    b. 公司或者组织犯有过失罪吗？
    c. 谁能采取措施来阻止事故？
    d. 这个事故是可预见的吗？
11. 思考案例 9 中的 Big Dig 天花板倒塌事件，在设计中怎样调整可以防止天花板掉落？
12. 思考花旗集团中心建筑物的案例，在建造建筑物的过程中，从构思到施工，哪些地方可以作为缺陷设计的起始点？

256 13. 查看福特 Pinto 油箱相关危害的资料，公司是否应该从一开始就尽可能考虑到油箱的安全？

第7章

Design Concepts for Engineers, Fifth Edition

学会表达、书写及演讲

目标

在这一章中你将掌握以下内容：

- 编写有效的电子邮件和备忘录。
- 准备会谈、演讲及会议等。
- 撰写技术提案、报告和期刊论文。
- 撰写使用说明手册。
- 掌握良好的口头和书面沟通能力。
- 学习好的及不好的写作风格。

想象一下你刚刚购买了一个新的、高级的笔记本电脑，它拥有最快的处理器、巨大的内存、一个太字节(T)的磁盘驱动器和一个高性能声卡。当你从商店把笔记本电脑带回家时，你才注意到你买的型号没有屏幕。事实上，笔记本电脑的盖子是空的，应该安装屏幕的位置空空如也。而除此之外，这个笔记本电脑的其他所有方面都可以说是最先进的、最完美的。那么，你会怎么样呢？你很可能会把这个笔记本电脑送回商店，理所当然地提出，任何一台电脑无论它有多快、多强大的性能，但没有显示屏幕来帮助获取信息，它就是毫无用处的。现在，我们来想象一种类似的情况。计算机有显示屏幕，但是只配备了300波特(baud)的WiFi(每秒传输30个字符)。这种微小的数据传输率会限制计算机连接因特网的效率。因此，阅读电子邮件就会非常缓慢，甚至不能访问网页或社交媒体。你很可能还会把这台新计算机送回商店，并提出 257
尽管它的基本性能非常强大，但是却有很严重的通信问题。

人类在这方面就像计算机一样。世界上最聪明的人、思维最敏捷的人、成果丰富的科学家或工程师，如果没有很好的沟通能力，那么就会严重地妨碍他优势的展现及发展。著名的物理学家霍金(Hawking)[⊖]博士，曾撰写了《A Brief History of Time》(《时间简史》)和其他一些关于宇宙的作品，并被公认为是世界上最卓越的物理学家。然而，他却被称为ALS的衰弱性疾病剥夺了说话的能力，以及肢体和面部肌肉活动的能力，使其失去了所有正常的沟通能力。他的思想和观点只能通过计算机合成语音传递给世界。假如霍金能够正常地说话及交流，那么世界将能够了解更多宇宙的本质。霍金的事例，就好像强大的计算机只有有限的传输速率，足以体现交流能力在科学和工程上的重要性。

7.1 良好沟通技巧的重要性

工作中工程师需要具备的最重要的技能是什么？当被问及这个问题时，几乎每一位雇主都会强调的一点就是*沟通技巧*(如图7-1所示)。如果团队成员之间不能很好地沟通，那么团队合作就会失败。即使世界上最好的程序员开发的软件，如果不能让用户对其有很好的理解，那么他所做的工作也是毫无价值的。如果设计的产品安装不正确或使用不当，最高级的机械设计师

⊖ Steph W. Hawking，《A Brief History of Time》(时间简史)，Toronto：Bantam Books，1988。

也是失败的。由此可见，沟通是如此的重要，以至于美国和加拿大负责评审工程学校专业的国家工程与技术组织委员会(Accreditation Board for Engineering and Technology，ABET)指出，在任何学科，口头和书面沟通能力将成为工程专业培养的必要组成部分。此外，对于工程师来说，倾听同样也是一项非常重要的技能。工程专业通过多种教授方式来培养、提高学生这方面的能力，既开设了写作讲习班和英语系列课程，还在核心课程中注重培养学生的口语**演讲**能力。

258 图7-1 良好的沟通能力对工程的各个方面都是非常重要的

在本章中，将介绍一些最基本的口语和书面沟通技巧，其中提出的案例涵盖了在工程职业生涯中可能会遇到的沟通方面的多种情况，包括为会谈、演讲会议准备主题、起草简短备忘录、发送**电子邮件**，以及撰写长篇技术**报告**和期刊论文。

7.2 准备会谈、演讲和会议

在日常生活中，和朋友聚会的社交活动可以算是一种非正式的会议；而在工作中，与老板或合作者讨论最近的工程进度情况也可以说是非正式的会议。然而，这两种不同情况下的会议是一回事吗？在沟通上所做的准备可以同等对待吗？显然，在第一种情况下，如果你事先为朋友聚会做了很多准备，会觉得很愚蠢，因为这样的聚会的目的是放松而不需要形式化的礼节。而与老板开会时，则应该在会议前花时间进行准备，因为这将表现你在公司所做的工作、你的能力、角色和地位。同样，在学校与教授讨论作业或项目时也是如此。而对于非正式的会议只需要简要地计划和构思，因为这种会议不会给你时间做详细的讨论和报告。相反，如果你所讲的看起来是预先计划和安排的，可能会被认为是假的。此外，在非正式会议上，自然的语言和手势会有更好的效果。尽管如此，你还是应该事先花时间做一些研究工作，对会议的内容做一些思考。例如，谈话主题是什么？关于主题的看法或想法是什么？是不是需要提供相关的资料信息？如果需要的话，那就花点儿时间准备一份清单，重点列出一些关键点或近期简要的数据。可以用一页纸列出近期的工作大纲，甚至包括未来的工作计划。不管怎样，一页简短的、突出重点的文档对于非正式会议是非常有帮助的。下面的列表给出了针对不同非正式会议的例子，以及相应文档准备的建议。

- 项目状态的审查：准备一页文档，列出自上次会议以来所完成的工作。
- 最近测试情况的报告：准备一页或两页的表格或图形来展示测试结果。
- 讨论用户的市场潜力：编辑一个列表，列出过去5年来10个最重要的用户。
- 产品设计的审查：为正在开发的产品撰写一页文档，列出设计理念的关键特点及优势。
- 公司程序的更改：列出针对组织变化的提议大纲。

7.3 准备正式演讲

工程师经常需要为设计团队、管理者、客户和其他大众群体做正式演讲。有时，工程师甚至必须在技术会议上提交正式的报告文件。与非正式演讲相比，正式演讲报告就需要精心地准备。259
一些初级工程师普遍犯的错误之一就是认为听众完全熟悉他所讲的主题。即使听报告的人对所讲的内容一无所知，他仍然用同样简短的方式介绍背景。然而，事实上，对于正式演讲报告应该像准备书面文档的方式来组织。因此，准备的内容就应该包括引言、正文、摘要，以及结论或未来工作设想。以下几个方面将帮助你准备一个有趣的报告，以满足正式演讲的需要。

1）首先要了解听报告的人员的知识背景，并根据具体情况制定适合的报告内容。例如，根据与会者对报告内容的了解程度、水平，调整报告的内容。

2）假设参会人员第一次接触报告的主题。

3）在参会人员入场前检查好视听设备。如果使用笔记本电脑演示幻灯片，提前确定它与投影设备可以正常连接。

4）穿着得体。

5）在最初几分钟内就引出报告的目的。

6）告诉参会人员为什么由你来做报告。

7）在报告开始时展示出报告的内容大纲，给出报告将要介绍的内容概述。

8）在谈话开始时想出一个简短的方式来打破报告开始时的尴尬状态。一个简单的趣事可以帮助观众轻松地与你建立融洽的关系。

9）谈话方式简单易懂。你可能很容易执著于介绍技术细节，而没有让听众真正获得报告的主要关键点。因此，可以将技术细节的内容留在报告后的讨论环节。通过这种方式，就能够保证听众从中得到他真正感兴趣的技术问题。

10）保持谈话简短。根据你被分配的时间长短来准备讲稿，最好只用掉预计时间的50% ~60%，你才有可能会准时结束。

11）自问自答。通过一些视觉辅助的方式作为报告的主要思路线索。例如，使用项目符号(·)可以帮助你开始某个话题或进入下一个话题。那么，通过这些视觉辅助，也可以引导听众一步步地了解报告的进度和内容。尽量做到所有幻灯片的格式一致，与听众的视线交流。切记不要对幻灯片内容逐字逐句地读！如果你带来了笔记，偶尔可以作为参考，但不要太频繁。

12）不要给听众展示公式。听众几乎没有时间去理解它们。偶尔必要时，可以加入少量公式。

13）以“谢谢，还有其他问题吗?”来结束报告。或者，也可以通过一张结论性的幻灯片来结束报告内容。这种方式就能够让听众知道你的报告已经结束。

在报告结束后的问答阶段，当有参会人员提出问题时，要对其问题进行重复，以使得所有参会人员都能够听到。此外，重申问题也有助于阐明内容，给自己争取到思考的时间。

下面的例子就说明了良好口头报告的几个要素。该例子的背景是一位工程师向教授和学生展示实验室的近期试验结果。

例7.1

负载和测试

下面例子说明了一个有效报告的关键组成部分。它描述了一个初级工程师 Dan 如何向他的团队展示实验的测试结果。260

Dan 用简短的介绍来开始报告。“感谢大家前来参加这次报告。在本报告中，我将针对用于新车辆的典型框架使用材料样本的测试结果进行简要的介绍。大家都知道，我们已经决定使用复合材料(矩阵玻璃、碳纤维、环氧树脂)作为汽车的基本结构部分。这种选择将会产生一些额外的费用，因为这些材料比铝、塑料或钢更昂贵。尽管如此，基于这些材料却可以制造出性能更好、更具竞争力的汽车。我对合成样本做了初步的测试，希望借这个机会与大家分享一下。”由此，Dan 展示了第一张幻灯片。

L 型碳复合材料的实验加载
丹尼尔·利特尔
电动汽车项目
Xebec 团队

他的下一张幻灯片概括了演讲的内容，向听众提供了一个内容提纲。

报告概述
- 复合材料描述
- 测试样品选择
- 无损测试结果
- 有损测试结果

“首先我对复合材料进行简单的回顾。这些材料曾经以其轻量级的优势而被飞机制造业所使用，从而替代了更昂贵的金属，如钛和镁。现在它们开始被广泛应用，遍布自行车及帆船桅杆等多个制造产业。复合材料是通过碳或玻璃纤维编织混合成所需的形状，并用高强度环氧树脂浸渍而得到的。”Dan 接下来展示出了几种复合材料的样本。它们颜色是黑色的，感觉像塑料。然后，他通过一张幻灯片展示了表 7-1，还列出了两个问题，并在后面的报告中对这两个问题进行了回答：

结构框架的峰值性能对比
- 我们应该使用复合材料吗？
- 什么成分的纤维和环氧树脂是最好的？

表 7-1 各种复合材料的描述

产品	碳含量	每磅大概的成本
L-8	8	$96
L-10	10	$102
L-12	12	$113
L-16	16	$120
L-20	20	$136
L-24	24	$141

261 “值得注意的是，材料的组成指的是环氧树脂中碳纤维重量的百分比。此外，还有纤维的直径。复合物中纤维越多，材料越贵。因此，关键就是要在同时考虑强度和成本的情况下找到最佳的组合。这里，鉴于碳纤维是最常用的一种成分，我将列出一些关于碳成分的数据。”Dan 通过一张幻灯片展示了他测试的各种复合材料。

“高于大约 24% 的填充率，这种特殊合成包含的环氧树脂太少以至于不能很好地组合在一起。”Dan 接着解释说，“而低于 8%，碳纤维成分太少，则无法保证它的强度。”

接下来，Dan 描述了对样品的第一个测试。“第一个测试包括确定样品列表中的每一种材料对于不同纤维直径的压力－张力关系。简单地说，压力是指单位面积上施加的力，而张力则是在受外力影响下与初始状态相比，对材料形变(拉伸或压缩)的度量。在线性材料中，样品张力的伸长率将与所受到的拉力成正比。力量加倍，伸长率加倍。如果由于施加的力太大导致拉伸过度，材料将进入非线性区域，进一步施加外力，将导致材料不可逆的伸长”。

“现在，我解释一下所做的这个测试。首先利用下面的装置来测量对材料施加的力，以及材料的位移。”Dan 展示了相应的幻灯片，如图 7-2 所示。

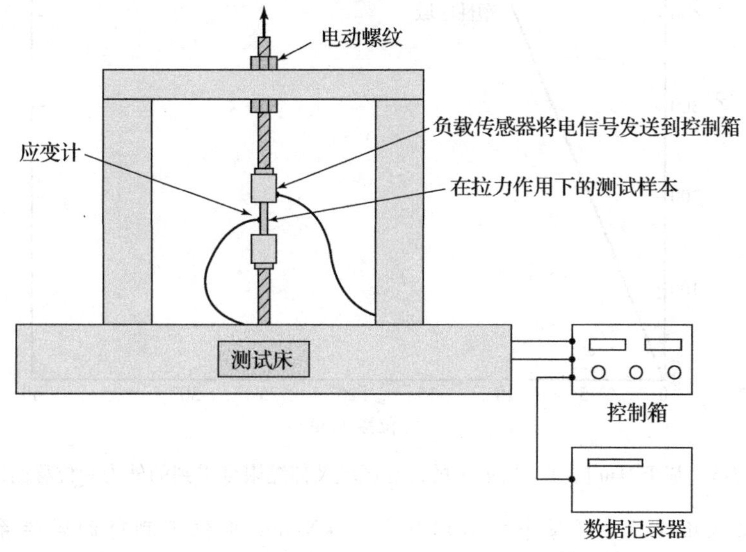

图 7-2　英斯特朗(Instron)测试平台及数据记录器。拉力测试的样本放于设备中

“测试样品首先加工成直径为 4mm 的圆柱，然后安装在一个拉力测试机中。该测试机可以将拉力施加到圆柱上。所施加的力借助一个负载单元进行测量，这个传感器产生的电压与其受到的外力成正比。此外，还利用了应变计测量伸长率。这实际上是一个粘在测试样品右侧的薄膜电阻器。电阻值的变化与样本被拉长的比例成正比。这里给出了 L-8 样品的典型数据图表。”Dan 展示了相应的幻灯片，如图 7-3 所示。

“在开始部分，曲线线性部分的斜率是弹性系数的倒数。第一个拐点出现在弹性极限处。对于我们的应用，我们期待测试样品圆柱需要有 6kN/mm 的弹性常数，并且需要至少 400N 的弹性限度。这个数值是部件的预期最大受力的 5 倍，用于留出足够的安全裕度。”

“下面，给大家展示一些测试矩阵中的测试结果。”[㊀]Dan 在幻灯片中展示了表 7-2，该表是他从他的工程日志记录的数据中复制得到的。

表 7-2　在针对 4mm 半径的碳合成测试样本的拉力下测量的弹性系数(kN/mm)

	碳纤维直径(mil)				
样品	3	4	5	6	碳含量
L-8	8.4	7.1	6.5	6.0	8
L-10	9.0	7.6	6.6	6.2	10
L-12	9.5	8.2	6.9	6.5	12
L-16	9.7	8.8	7.2	6.8	16
L-20	9.9	9.2	7.5	7.1	20
L-24	10.1	9.7	7.8	7.4	24

㊀　测试矩阵包括一个系统化测试得到的表格，表格中的纵轴和横轴分别表示不同变量的变化。

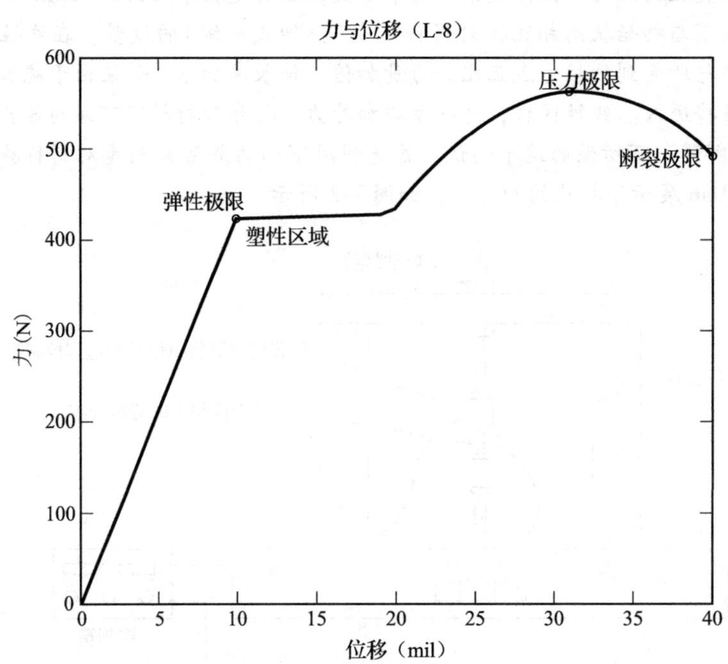

图7-3　基于Dan的样本所展示的线性区域及伸缩限度得到的外力－位移曲线

“第一个测试矩阵显示了每个样本以伸长率kN/mm单位下测得的弹性系数。接下来的表表示样本给出了以kN为单位每个样本的弹性极限。”Dan随后通过一张幻灯片展示了表7-3。

表7-3　在针对4mm半径的碳合成测试样本的拉力下测量的弹性极限　（kN）

	碳纤维直径(mil)				
样本	3	4	5	6	碳含量
L-8	0.28	0.33	0.41	0.52	8
L-10	0.29	0.34	0.42	0.53	10
L-12	0.30	0.36	0.43	0.56	12
L-16	0.32	0.38	0.46	0.58	16
L-20	0.30	0.36	0.44	0.56	20
L-24	0.29	0.34	0.42	0.53	24

“在这个图中，绘制了最重要的参数，弹性系数与碳纤维百分比，并以纤维直径作为第三个参数变量。”Dan在幻灯片中展示了图7-4。

“在接下来的幻灯片中所展示的图，表示了弹性极限与碳的比例关系，再次使用纤维直径作为参数变量。”Dan将它以图7-5的形式展示在幻灯片中。

“因为我们需要至少400N的弹性限度，所以纤维直径限制在至少5mil。6mil纤维的弹性系数最大，而5mil纤维已具有足够好的性能。基于测试，我们提出了使用16%的碳
262~265 复合材料与5mil纤维融合作为汽车原型的材料。感谢大家聆听，有什么问题吗？”

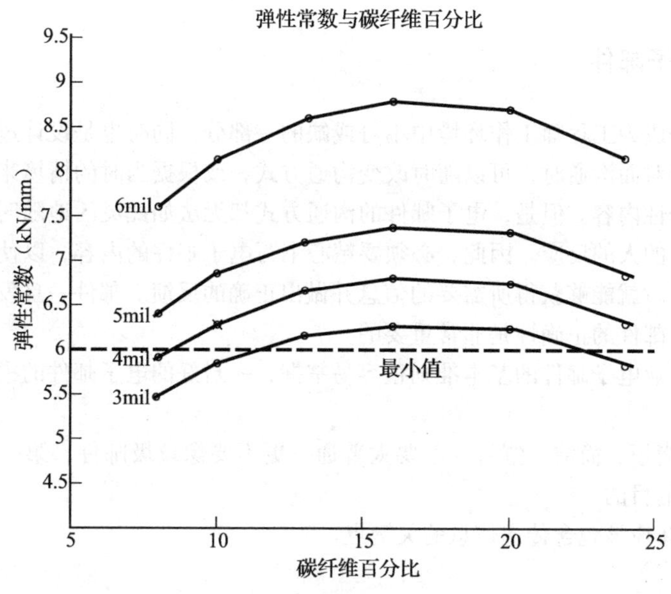

图 7-4 外力－位移比与碳百分比

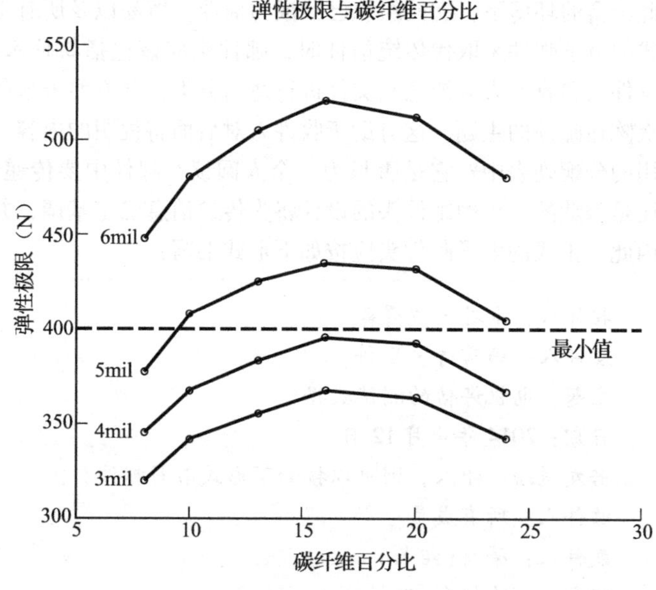

图 7-5 样本的弹性极限与碳的百分比

7.4 撰写电子邮件、信件及备忘录

作为一名工程师，经常需要给同行工程师、主管、员工或客户撰写简短的电子邮件及说明文字。无论是发送电子邮件，还是传统的书信，所书写的内容都必须清楚而简洁地传达信息。这就需要不仅要保证内容的准确无误，没有歧义，而且还要采用适合的书写格式。下面将针对如何撰写不同内容的邮件信息给出一些指导。

7.4.1 撰写电子邮件

电子邮件已经成为工程师工作环境中不可或缺的一部分，同时也是设计过程中不可分割的一部分。当进行面对面沟通时，可以随时改变沟通方式，或根据当时的情境来调整，或根据对方的反应增加解释性内容。但是，电子邮件的沟通方式却无法如此灵活地随时改变，因为无法获得接收电子邮件的人的反应。因此，必须要精心书写电子邮件的内容，以使得接收者可以在他第一次读到邮件时就能够获得所需要的信息并做出正确的反馈。邮件一旦发送，就意味着不能撤回，因此所写邮件的正确性是非常重要的。

撰写有效的专业电子邮件的基本准则很容易掌握，一封好的电子邮件的书写应该包括以下几个方面：

- 标题行要简短、简洁、醒目：不要太普通，更不要像垃圾邮件，第一句陈述就要点明邮件信息的目的。
- 邮件的主体应该包含传递信息的关键点。

7.4.2 正式电子邮件的头

在当今信息如此丰富的环境下，文档组织已经成为商业、贸易以及所有工程学科的重要组成部分。当书写正式的电子邮件来取代传统信件时，邮件头应该包括收件人、发件人、主题、日期，从而有助于发件人和收件人对消息和文件进行适当分类，并方便未来的工作参考。在电子邮件头中应再一次陈述邮件的主题，这有助于收件人对后面将说明的内容有所预知。电子邮件是否已发送到通用的分配列表中？它是否只为一个人阅读？邮件中要传递的信息是正式的、非正式的、警告的还是幽默的？正确邮件头的设计将为传递消息确定基调，并使收件人在阅读内容前有所准备。因此，正式的电子邮件头应按如下形式书写：

收件人：卡琳·彼得森
发件人：弗雷得·里科
主题：电机评估的测试数据
日期：2014 年 4 月 12 日
若发送给一组人，则可以按如下形式书写邮件头：
收件人：所有成员
发件人：蒂娜(组长)
回复：下次组会
266 2014 年 4 月 12 日

7.4.3 邮件内容的第一句

好的邮件在第一句或第二句就应将内容的目的陈述清楚，且应简明扼要，目的是帮助读者了解写这封邮件的原因。尽量少地使用如下短语，如“我写这篇邮件是告诉你”或者“作为 XYZ 团队成员，你……”，因为这将使收件人将其视为“稍后阅读”的邮件。这将是该电子邮件失败的信号，因为繁忙的人不会有时间再读这些“稍后阅读”中的邮件。由此，第一句的结构直接决定了正文能否被接受，并确保读者不会曲解你写邮件的原因。

例 7.2

出差申请

为了说明第一句在邮件中的重要性，请思考下面的电子邮件实例。该邮件是公司员工写给老板，申请参加美国机械工程师协会的技术会议。

> 收件人：Roscoe Varquin
> 发件人：Harry Coates
> 主题：即将召开的 ASME 会议
> 日期：2014 年 5 月 14 日
> Roscoe，
> 你可能知道，美国机械工程师协会(ASME)将在6 月底在俄亥俄州的代顿召开关于轻质复合材料的会议，我想公司应该有人参加这个会议。在过去的几年中，复合材料已经表现出替代钢铁和铝的可行性。这些复合材料将钢铁的强度和铝的轻量级的特性有效地结合在一起。因此，我们应该关注并了解这些重要材料。
> 会议将在代顿布埃纳维斯塔举行。我已经咨询了旅行代理，往返路费大约 450 美元，住宿每天需要 182 美元，会议注册费是 380 美元。想征求您的意见。

评论：Harry 在邮件的开头就解释了即将召开的会议消息，然后提出了关于此次旅行的费用问题。尽管看似说得很清楚，但 Harry 从来没有提到关于这个会议的说明。虽然这可以让 Roscoe 相信这个会议对公司有价值，但 Harry 没有在信件的第一句话提出他想去参加会议。邮件会引起 Roscoe 对会议的重视，但最终很可能是他自己去参加会议，而不是 Harry。之所以可能会产生这个结果，原因在于 Harry 没有明确说明他写这封邮件的目的，造成理解混乱。如果在开始添加简单的一句，会使这封电子邮件更有效，那就是“我希望获准参加6 月份即将举行的 ASME 会议。”当然，Harry 也很可能了解到 Roscoe 对邮件的这种错误理解，并认识到电子邮件的第一句陈述目的是很重要的。如果他与 Roscoe 面对面交谈，通过老板在现场的表现，他会观察到这种误解，但是他选择的沟通方式无法实现这种面对面的交互。 267

7.4.4 正文

撰写电子邮件的正文时，要遵循一些风格和语法方面的基本准则。每个想法或观点都应该独立成段，并且每个段落都不能只包含一个句子。为了让读者能够按照邮件撰写的思路来阅读，每个段落之间都应该具有相应的逻辑联系。因此，在撰写邮件正文时，要认真地想一想整个内容的基本思路及逻辑顺序，从而使所表达的信息具有一定的结构性和逻辑性。在这方面，有一个技巧就是先在文档编辑器中编写。当对内容满意时，再将其剪切并粘贴到邮件正文中。这样，就能保证在发送邮件之前可以随时返回并重新修改邮件的正文。

例 7.3

访问客户的工作场所

好的电子邮件的特点之一是正确地传达邮件所要表达的敏感问题。没有面对面的沟通，电子邮件必须能够使收件人明确地、方便地理解其内容。下面这个邮件是关于一个软件工程师对客户工作场所的拜访。该邮件的书写在传递信息方面不太得体，试着找出其中的不足之处。该邮件涉及一个称为“通用信息系统”的程序。任务是重写程序的原始Linux版本，从而使其可以在Windows 8中运行。这个软件程序主要用于客户管理用户收费卡的使用记录。主管软件工程师给他的老板写了一份备忘录来总结近期对客户考察参观的结果。

> 收件人：Roscoe Varquin
> 发件人：L. Berkin
> 主题：通用信息系统
> 2014年2月26日
>
> 2月25日，我的小组与客户会面。我们使用用户的ID在UIS上提取了账户记录。客户在包含用户信息的工作表上划掉了用户的姓名，然而UIS却在用户的账户中列出了姓名和社交安全码。我的团队记录了系统的安装过程，以避免程序再发生相同的状况。
>
> 由此，我找到了在UIS Galaxy系统上可能产生该问题的一些命令。命令TR14可以找到用户的问题账户并将其显示在监视器上。TR33命令可以显示用户自指定日期以来执行的所有事务。最后，TR35命令显示自给定日期以来的所有支付。然而，这个命令是由一个最近离开公司的同事设计和实现的。就此，我们计划，在没有工程师维护该命令时，也让客户使用该命令。
>
> 在办公室与客户会面后，我们更清楚地知道了他们对产品的需求。他们希望软件能易于使用，并且要求账户表单突出显示所有尚未支付的交易。我找到了一些相关的命令及其
> 268 产生的系统问题。这次会面很有收效。

评论：尽管语法和观念有些漏洞，但信息的正文还是能涵盖以下几个关键点：

- 有机会看到UIS系统的运行。
- 客户错误地允许我们查看一个账户持有人的身份。
- UIS系统中的一个程序称为“Galaxy”。
- UIS系统包括几个命令：
  - -TR14：客户账户。
  - -TR33：交易显示。
  - -TR35：支付记录。
- TR35命令由公司以前的员工设计。
- 会议很有用。
- 客户希望突出显示未支付的交易。

然而，不管内容如何，正文是有缺陷的，因为信息呈现的顺序太随意了。文章缺乏逻辑连贯性，没有序文，没有附加注释来帮助说明。每个问题都没有相应的解释来说明它如何与全文上下呼应。此外，第一段包含的内容与老板无关，因为他不会关心客户在访问系统时的错误行为。作者看起来像在脑子中有一个问题列表，然后毫无顺序随意地写在纸上。这个邮件还遗漏了重要的信息，那就是作者并没有说明客户的身份，以及谁进行的系统演示操作。也没有提到“UIS”代表什么，以及“Galaxy”用作什么。因此，可以判断这个邮件并没有在文档编辑器中进行编写及修改，因此得不到好的阅读效果。

现在思考下面这个版本的邮件。该版本中采用了合适的上下文语法、结构上的设计及成文内容的编排。

收件人：Roscoe Varquin

发件人：L. Berkin

主题：博尔顿工业公司客户会议会面摘要

2014 年 2 月 26 日

Roscoe，

这个备忘录总结了我们 2014 年 2 月 25 日参观博尔顿工厂了解到的情况。我们的项目团队在韦斯顿办公室会见了博尔顿的代表，唐妮·汤纳森女士。这次会面中，客户向我们介绍了现有的通用信息系统(UIS)运行的基本情况及其常用的操作流程。通用信息系统包含一个应用程序，称为 Galaxy，客户可以使用该程序查看账户记录。通过输入用户的 ID 查看用户的账户记录，可以通过多种形式浏览账户数据。

在 Galaxy 应用程序中包含一些用户程序，称为事务(TR)查看，它们可以帮助客户显示账户信息。这些事务屏幕通常是由博尔顿员工在处理每月账单和帮助用户查询时使用。在这次会谈中，我们记录了每个重要的事务查看上显示的表头，以方便我们开发应用在 Win- 269
dows 8 版本中的通用信息系统时也使用相同的标题。

作为我们参观的一部分，唐纳森女士展示了一些常用的事务查看命令。例如，第一个命令 TR14，检索指定账户记录，并且以标准邮件形式显示在监视器上。第二个命令 TR33，显示自用户所指定的日期开始的所有事务。第三个命令 TR35，显示自用户指定日期开始的所有支付的历史记录。第四个命令是以前我们的一个员工为博尔顿写的。在编写新版本的程序时，我们可以让这个命令保留，并计划将该功能整合到应用程序的 Windows 版本中。

我认为在会议中了解到了很多内容，有助于我们对博尔顿通用信息系统展开工作。如果有必要，我们后期还将到唐纳森女士的办公室了解更多的情况。

诚挚问候，

劳拉·贝尔金

软件事业部

7.4.5 书写正式的备忘录和信件

电子邮件的非正式性不适用于所有的沟通。有时，还需要一些礼节的、正式性的书面格式。而这种正式性的书面格式则反映出所写内容的重要性。例如，申请工作或随后的感谢信都需要以正式的书面信函的形式来书写。同样，如果你的邮件具有法律意义，还应该考虑发送纸质信件。纸质信件除了比电子邮件在社会中更具重要性以外，往往还可以包括相关的签名。

撰写和发送手写信件的准则与电子邮件几乎相同。唯一的关键区别是正式信件通常不包括收件人和发件人，而是在开始时，需要写上收件人的地址和一个正式的称呼。一封信件应该使用好的纸张或含有抬头的信纸，并且打印格式能够吸引人。接下来的例子就说明了书写有效信件的几个要点。第一个版本是最初时的信件，第二个是修改后的信件。

例 7.4

测试结果总结

下面是一位工程师写的信，他希望为客户总结机械负载测试结果。这封信是基于以下几个要点完成的，其顺序是依据其日志编排的。 270

- 初步负载测试完成。
- 测试样品是碳和环氧树脂的复合材料。
- 对照样品为钢。
- 选择相同的形状。钢是机械加工的，复合材料是模塑的。
- 样品是复合材料和钢。
- 最初的难点在于选择适合测试机器的样本。
- 制作一个夹具，以便进行测试。
- 我们应该选用直径稍稍增加的复合材料。
- 测试结果的数值数据：

直径	复合	钢
0. 25in	245lbf	321lbf
0. 375in	1644lbf	1790lbf
0. 50in	3021lbf	3229lbf

工程师所写的信如下所示。

Apex 系统
结构测试实验室
730 Commonwealth Ave. ,
Keystone，WI72132
HelenBrickland
接入工程
44Cummington St
Boston，MA 02215
2014 年 1 月 18 日
亲爱的 Brickland 女士，

我们已经完成了钢材和复合材料样本的初步负载实验。样品采用相同的形状，而加工钢材和模压复合材料在试验机上的初步拟合样本有些困难，但最终还是使用夹具进行测试。我认为应该慢慢增加复合材料的直径进行尝试。

这里是相应的数据：

- 直径：25in，复合材料：245lbf；钢材：321lbf。
- 直径：375in，复合材料：1644lbf；钢材：1790lbf。
- 直径：50in，复合材料：3021lbf；钢材：3229lbf。

谨致问候，
Ed Garber
机械工程师

评论：这封信的组织是正确的，并且包括了所需要的信息。但是，如果作者在一开始就提
271 到写信的真正目的，那么这封信会更好。例如，建议 Brickland 女士使用复合材料代替钢材。
更好的书写方式如下所示。

亲爱的 Brickland 女士：

在过去的一个月中，已经对 Apex 系统进行了复合材料和钢材样本的负载测试，根据测试结果，我建议在本项目中选择复合材料。

第一封信除了第一句话有问题外，还有其他问题。例如，正文也是杂乱无章的。虽然作者几乎将他的想法逐字记录在日志中，但这些想法并非按顺序编排。信的内容之间脱节，编辑较差，句子断断续续，没有相互连接，并且数据应该以表格形式简单呈现。最后，作者并没有描述测试的目的，更没有详细说明他们如何开展试验、选取什么样的测试样品，而只是说它们是复合材料和钢材。事实上，文中应该提供样品的尺寸、混合复合材料的组合物，以及每种样品被测试的量。

修改了这些缺点后，重新书写的正确版本，如下所示：

Apex 系统
结构测试实验室
730 Commonwealth Ave.，
Keystone，WI72132
HelenBrickland
接入工程
44Cummington St
Boston，MA 02215
2014 年 1 月 18 日

亲爱的 Brickland 女士：

工作在 Delta 汽车工程和接入工程的机械组刚刚完成了对复合材料和钢材的样本测试，我们正在评估主要结构框架的组成部分。根据我们的测试结果，小组建议选择直径小幅增加的复合材料作为结构材料。测试的细节如下所示。

钢材样品和模制复合材料以标准拉伸形状进行测试，样品的直径为 0.25 ~ 0.50in 之间（依据 ASME 规格说明表 246）。使用实验室的 Instron 测试机器对这些样本施加压力直到断裂点。虽然我们在拟合样品的直径超过 0.5in 时，有一些困难，但通过使用夹具，可以测试所有的样品。测试结果的数值数据如下表所示。

断裂时的张力值			
直径(in)：	0.250	0.375	0.500
复合(lbf)：	245	1644	3021
钢(lbf)：	321	1790	3229

然而，鉴于复合材料的重量较轻，它的强度－重量比高于钢材。我建议公司在这个项目中使用复合材料。

诚挚问候，

Ed Garber
机械工程师

第2个版本相对于第1个版本有所改进，作者在第二句话中说明了目的。整篇内容流畅，并以第一句话作为序言提出信件真正的目的作为铺垫，句子“根据我们的测试结果”揭示了目的。

此外，内容中的数据也很好地在表中呈现出来，而不是把每个问题放在一起。特别是，在左边表示了分类标题，这种格式更加整洁地显示数据。Ed还阐述了测试的细节，当Brickland女士读信时，本次测试的背景将会立刻呈现出来，这一点是很重要的。Ed可能错误地认为Brickland女士了解测试的背景，因为过去一个月他的主要工作是测试材料和统计数据。而Helen作为经理，她可能会处理很多项目及细节的信件，因此她会更喜欢看到帮她重新回顾上下文和背景的邮件。或者，她还可能反复阅读这封信，或者她会将这封信转寄给不了解测试背景的人。

272~273

职业成功之路

为非技术人员做演讲报告

有时，工程师必须向非技术人员做演讲。同样，学生也可能遇到这种情况。你可能被邀请到曾经的中学做演讲，或者向来访的家长和学生解释实验室的研究活动，或者为普通听众做一个有关技术主题的演讲。在这些类似的情况下，可以遵循以下几个基本原则：

- 假设观众对你的话题一无所知。
- 不使用专业术语解释背景材料。（对你来说看似很普通的专用词汇实际上都属于工程师术语。）
- 用一张大的图片作为开场。
- 假设你在跟四年级的小学生讲话。
- 避免向非技术听众展示公式。（这可能会造成他们对数学公式的反感。）

7.5 撰写技术报告、提案和期刊文章

技术报告、提案和期刊文章等同于工程师的专业论文。作为工程师，你可能面对在职业生涯中的某个时候写一些文档的任务。不同于简短的电子邮件、备忘录及信件(这些文档通常需要几个段落就可以完成)，真正的长篇技术文档需要大量的思考和准备，而且往往无法一次就能完成。下面将通过几个实例来介绍这些技术文档撰写的关键要素。

7.5.1 技术报告

技术报告主要是为了展示重要的发现或测试结果。这类文档几乎不需要同行的评审，并由作者或雇主自行出版。

典型技术报告的篇幅在2~20页之间。在内容和形式方面，它不同于在大学课程中的实验报告。虽然格式可能有些相似，但大多数技术报告应包含以下内容：简介(或背景)、实验搭建(如果可行)、理论、数据、分析和结论。

简介部分主要充当报告内容的序言，并说明该报告撰写的理由。不同于简单备忘录的中第一句的介绍，技术报告的简介可以占据一个段落、一页或者有时可以是多页。若没有足够的时间，通常也可以略去简介部分，但是在结论部分要给出独立的段落对全文进行概述。

如果文档描述实验结果，则应包含对实验平台搭建的描述部分。这一部分应足够详细，使对此感兴趣的工程人员能够完全重建实验平台及实验过程，并获得相似的结果。因此，这一部分应描述仪器、设备、机械技术、尺寸及其他关键参数。

数据部分则包括所进行的任何实验和测试的结果。这一部分应该说明选择的每一组实验数据的理由、数据是如何获得的，以及它对技术文档中的目的实现有什么样的影响。报告或期刊文章很可能未来会用作参考文献的来源，因此所提出的数据必须保证其完整性和正确性，并且易于被不熟悉该项目细节的工程人员理解掌握。 274

分析部分是对数据的评估、解释，并用于支撑报告中提出的任何论断。这一部分包括数学计算，以及由数据衍生的图表。在某些情况下，特别是有关设计的报告中，分析部分和数据部分撰写的顺序则相反，即先提出分析部分，然后给出测试数据来表明实验结果与分析预测相吻合。

最后，结论部分用来总结报告中所提出的论断、结果和观测。有些人可能没有时间阅读整个报告，但需要熟悉其内容。结论部分应该是为了满足只有时间浏览报告的人，并且是一个独立的部分，总结报告的所有要点。

7.5.2 期刊论文

期刊论文是工程人员向其他同行传播技术信息的一种方式，同时也为工程人员推广其新技术或新发现创造了条件。大多数期刊文章，特别是由专业组织支持的文章，必须在出版前由同行进行评审，从而有助于确保其质量及正确性。尽管期刊论文都具有基本一致的标准格式，例如简介部分、理论部分、实验部分、数据部分、分析部分和结论部分，但是许多出版刊物都对给其投稿的论文指定了专门的格式要求。

7.5.3 提案

提案与报告或期刊文章不同，其主要目的通常是保障资金的使用。提案要能够说服客户或基金组织相信提案单位可以最好地处理研究或设计工作，或者产品将能够有效地得到应用。除了技术报告的各个部分之外，提案通常还包括关于目标、预算、公司背景及人员等其他部分。

7.6 撰写说明手册

工程人员编写的最常见的文件之一是说明手册。说明手册主要向用户介绍产品的相关信息，以及有关产品的安装、操作和使用的相关内容。一份好的产品说明手册还应包括安全信息、故障排除、维修和操作理论(如果适用)等部分。虽然不是所有的工程产品都需要使用说明手册(例如，雪铲的操作就不需要专门的说明书)，但是涉及详细操作流程的设备通常都配有说明书。事实上，许多产品的用户体验直接受到说明手册质量的影响。

下面讲解典型的说明手册所涉及的相关内容。如果手册内容较多，还应包括带有页码的目录。显然，下面建议的每个部分还将取决于手册描述的具体产品。

7.6.1 简介

简介部分是对产品的概述。该部分应该针对产品生产的目的、对用户的有用性、特殊功能，以及手册本身的正确使用等几个方面进行描述。简介部分通常所采用的标题主要有：“入门”“欢迎使用X产品”“使用设备之前”等。 275

7.6.2 安装

安装部分应概述用户在产品准备使用之前必须进行的配置流程。这部分应该出现在手册的正面，从而可以很容易找到。此外，该部分还应该引导用户逐步完成安装配置过程，适当时还可以采用插图的方式指导用户。

7.6.3 操作

操作部分是说明手册中最重要的部分。用户通过这一部分的内容可以了解如何操作产品，在以后的使用中还可以针对某一功能进行查阅。由于这一部分的参考使用会非常频繁，所以应仔细进行组织和编排，以便用户可以很方便地进行选择性参考，而无须从头读到尾。

7.6.4 安全性

安全性是工程设计的一个非常重要的方面，任何与用户使用安全相关的内容都必须包含在使用手册中。如果产品具有危险的部件或高电压，那么就要设有相应的安全面板或防护装置；如果产品具有发射飞散物体的可能性，则应给出适当的警告。在当今社会中，由于多次出现由此造成的人身伤害事件，安全警告已随处可见。有些安全警告可能看起来过于谨慎，甚至是可笑的(例如，不要把你的手指放在移动的刀片上，否则你可能会受伤)，但这已经成为工程领域的必要部分。

7.6.5 故障排除

无论产品质量的高低，故障的出现都是在所难免的。产品一旦出现故障，可以引导用户通过简单的测试进行故障排除，确定故障的来源，并让系统再次运行。因此，故障排除这一部分应该介绍用户能够采取的一些简单的故障排除操作。适当的时候，还可以包括解释如何与制造商联系等相关内容，以应对用户无法解决故障问题的情况。

该部分中所描述的内容要尽量清晰、明确，易于用户理解。许多说明手册的故障排除部分都会包含如下类似内容模式：

症状：没有灯光或任何类型的显示器点亮；设备似乎停止了。

可能的原因：设备已拔下电源插头或保险丝烧断。

解决方法：将电源线插入正确的插座或更换保险丝。

症状：扬声器没有声音。

可能的原因：音量控制已完全关闭。

解决方法：顺时针旋转音量旋钮。

症状：驱动轴不转动。

可能的原因：离合器未啮合。

解决方法：通过将控制杆移动到“开”位置来接合离合器。

症状：燃烧器没有火焰。

可能的原因：指示灯熄灭。

276 **解决方法**：点燃试验(见2.1节)。

症状：指示灯不能点亮。

可能的原因：没有气体供应。

解决办法：打开主气阀；更换丙烷罐。

7.6.6 附录

只有少数读者可能感兴趣的信息应包括在附录中。例如，电路原理图、分解装配图、操作理论和部件号列表等。

7.6.7 内容的重复

好的说明手册的一个细微之处在于它能够吸引读者，无论读者是否已经开始阅读。而这一细微之处则可以通过在整个文档中的多个衔接处对某些内容的重复来体现。在编写手册时，要假设读者是从文档的中间某处开始阅读的，那么主题转换和主要章节开始时，就需要多次重复描述关键信息及描述，而不是让读者回到曾经出现过的部分去寻找参考。不要认为读者所有看过的内容都能够记住，作者应该考虑到每一个细微处的设计。

例 7.5

ATM 机模拟器

下面的例子(略微修改过)是波士顿大学电气与计算机工程系高级项目的学生⊖撰写的一本指导手册的摘要，其中包括上述许多要素，并说明了一本好的说明手册的特点。该手册解释了银行自动柜员机模拟器的操作。该模拟器用于向小学和特殊需要的学生讲授银行业务程序。

自动柜员机模拟器使用说明书

波士顿 Terrier Technology 团队(TTB)

欢迎来到 TTB ATM 模拟器

波士顿 Terrier 团队的自动柜员机模拟器旨在指导学生了解关于银行业务技能的重要内容。该设备的设计简单易用，并可保证多年的无故障运行。

如何使用这个手册

TTB ATM 用户手册分为几个主要部分和附录。前两部分分别介绍了安装和系统启动的相关内容；第三部分探讨了 ATM 模拟器的内部组成及其各种模块；其余两部分阐述了设备的保养和故障排除；附录主要包括了接线图和计算机软件代码。 277

操作概述

TTB ATM 模拟器是一个独立的产品。它的每个模块都是模拟真实银行 ATM 机的操作。账户信息存储在连接到 ATM 面板的计算机中。银行会话通过提示用户将卡插入卡槽开始。一旦将卡正确插入，就要求用户通过键盘输入密码。输入正确的密码后，系统会要求用户从以下交易列表中进行选择：

1）存款

2）提款

3）快速现金

4）账户余额

一旦选择了交易类型，模拟器要求用户在储蓄账户和支票账户之间进行选择。用户可以从现金提款机提取仿真纸币，或者在存款槽中放置。在交易之后，打印出会话的收据，并在计算机内更新用户的账户。

系统操作员还具有一些附加选项的操作权限，其中包括修改参数、故障排除和打印账户信息。修改参数命令使系统操作员能够更新用户账户。故障排除命令用于测试 ATM 模拟器的各个模块。打印账户信息能够打印所有用户名和账户余额。ATM 模拟器还配有两个面

⊖ G. DeBernardi, R. DeMayo, M. Givens, M. Magne, E. McMorrow, and S. Tansi, *Automated Teller Machine Simulator Instruction Manual.* Terriers Technologies of Boston, 1992.

板。顶部面板的主键盘供给系统操作员用于启动和更新账户。底部面板用于为收据打印机纸张更换，并用于对自动柜员机的常规功能。

初始启动(系统操作员)

电源开关位于设备的后部。插入电源线，将电源开关移至ON位置。当内部磁盘驱动器被激活时，应该听到提示音。为了开始输入或更新用户账户，请首先通过抬起其盖子来使用键盘。屏幕显示将给出如何进行操作的说明。

设置或更改账户

为了设置新账户或更改以前的账户，请访问主菜单中的“修改”选项。一旦进行了此项选择，屏幕上将显示以下一组选择：

1）ID号

2）密码保存

3）检查

4）账户余额

通过按数字键盘上的相应数字做出选择。使用箭头键，将光标移动到要编辑的用户账户的条目。以下命令集可用于输入和编辑字段数据：

Enter：访问需要添加或编辑的字段。

Ins：向用户字段中添加信息。

Del：从用户字段删除信息。

278 Esc：返回主菜单。

为使系统能够正确访问每个用户账户，必须填写所有字段。输入所有账户信息后，可以通过从主菜单中选择“打印账户信息”来完成完整的打印输出。

开始银行会话

输入所有用户账户后，本机即可用于模拟银行会话。从主菜单中，选择开始会话进行模拟。屏幕将以非常类似于真实自动柜员机的方式引导用户完成整个过程。

ATM模拟器内部

模拟器内集成了一台8088计算机用于控制所有操作。系统操作员通过键盘控制账户余额和所有其他程序功能，显示屏由13英寸单色显示器组成，类似于真实ATM银行机器。屏幕指导用户完成整个过程，并在必要时提供帮助。系统操作员通过附加屏幕获取账户信息序列。

键盘

TTB ATM键盘与真正的Diebold ATM机器上的键盘相同。它有15个键(11个蓝色和4个白色)。0~9为蓝色数字和小数点键，用于选择美元金额，4个白色键(标记为A、B、C和D)用于交易决策。在任何时间按取消键将终止会话。

卡槽

在系统操作员设置用户账户之后，模拟器将等待插入银行卡。卡必须按照ATM前面板上图中所示的正确方向放入机器中。该卡将被TTB ATM拉入插槽，并且将保持在原位，除非卡插入方向错误、交易被用户终止或系统关闭或断电。

取款机

用户可以要求ATM以10美元的增量提款。如果用户要求其他增量的现金，模拟器将通知用户不允许交易，并建议再次尝试。一旦指定了用于提款的金额，现金提款机将模拟的10美元票据放入钱箱。系统操作员可以在需要时在机器中重新放入钱。

补充钞票

当需要重新装载钞票时，从 TTB ATM 的背面打开自动取款机，操作者应该通过按下弹簧并整齐地将堆叠好的仿真钱放入机器中。通过手动转动分配轮，确保钞票可以自由滚出，钞票可以轻松移动。

存款槽

就像大多数 ATM 机一样，可以通过将存款封袋放入存款槽中来存入货币或支票。在模拟器通知用户准备好接收存款后，它等待插入封袋。存款槽模块将封袋拉入设备内部。存款封袋可以稍后由系统操作者从存放仓收集。位于 TTB ATM 背面板上的指示灯将通知系统操作者是否收到了存款封袋。一旦封袋被 ATM 安全地接收，用户的账户将被自动更新。 279

打印机

交易完成后，模拟器将生成交易和余额信息的副本。打印机安装在设备的侧面，方便使用。纸张与加法机中使用的纸张类型相同。其卷筒应放置在转轴上，以便可以将其送入打印机。当纸卷耗尽时，可以将新卷滑动到转轴上，以便很容易地更换。打印机通过标准的 Centronics 打印机接口电缆连接到计算机。

设备维护

主机可以用潮湿的(不是湿的)无绒布清洁。不建议使用气溶胶喷雾剂或其他清洁溶剂进行清洁。如果屏幕变脏，请使用干净的布或纸巾擦拭屏幕。

本机不包含用户可维修的内部部件。只能由合格的 TTB 技术人员进行维修。移动或更改 TTB ATM 的任何组件可能对整个系统的操作产生不利的影响。

安全须知

即使将 TTB ATM 装置设计得尽可能安全，在某些情况下它也可能产生危险状况。为了自身的安全以及设备的安全，请始终采取以下预防措施。如果发生以下情况请断开电源插头：

- 电源线或插头损坏。
- 银行卡、打印机、信封或钱的任何部分被卡在出币插槽中。
- 任何液体溅到设备上。
- ATM 模拟器被丢弃。

故障排除

问题：没有任何灯光或显示器发亮；设备似乎坏掉了。

可能的原因：设备已拔下电源插头或保险丝烧断。

问题：键被卡住。

可能的原因：键可能会由于温度或过度使用而卡住。尝试通过轻轻拉起卡住的键来松开。

警告：不要太用力，否则键可能会断裂。

问题：键盘没有响应。

可能的原因：TTB ATM 可能未进入交易模拟模式。

问题：信封没有拉入存款槽。

可能的原因：驱动电动机的轮可能卡住。向上拉动牵引轮或取下信封，然后手动将其推入插槽。

问题：机器中未分发钞票。

可能的原因：钱箱可能空了。

服务与支持

通过我们当地服务网络可以得到 ATM 模拟器的支持服务。请联系：

波士顿的 Terrier Technology
电子与计算机工程系，波士顿大学
圣玛丽街8号
Boston，MA 02215
280 617-353-9052

7.7 技术文档撰写策略

除了备忘录和电子邮件外，编写好的技术文档也需要花费大量的时间和精力。无论是说明手册、技术报告、期刊论文、年度总结，还是刊物论著，好的撰写内容将能带来更大的效益。与任何其他技能一样，学习怎么样写好文档同样需要不断练习，培养耐性并专注细节。在本节中，我们将回顾一些能够提高写作能力的经验策略。虽然不同的作者有自己的个人风格，但大多数情况都会遵循下面的几项基本原则。

7.7.1 对撰写的文档做好规划

在开始撰写文档之前，收集所有的相关信息。将涉及计算、测试、实验、用户需求和所有其他可用材料都收集起来。如果需要，也要准备好工程日志，并收集相关的参考引文、数据和图形。总之，在开始撰写前，尽量全面地规划。

7.7.2 选择合适的地点撰写文档

撰写长篇技术文档的最重要的经验之一就是必须有不间断的工作时间。如果总是分心，不可能把文档写好。编写复杂的文档需要很长时间，几小时甚至几天。这就需要长时间持续地进行撰写工作，从而有助于保持创造性的写作状态。在这个过程中，头脑必须清晰，保证持续运转。需要作者用词精准，就好像从事绘画、雕刻等艺术创作一样。如果能在一个僻静、无干扰的地方写作，相信这一过程会更加顺利。理想的情况下，可以在办公室门口标出“正在进行中，请勿打扰”等标志。也可以选择图书馆、自助餐厅(在休息时间)或者实验室。

7.7.3 确定读者

在撰写文档前，还要确定谁将阅读你的文档。有些读者会比你更了解主题，而某些读者可能对其一无所知。因此，了解读者的技术水平以便确定文档的内容基调是非常重要的。例如，你要给一组非工程人员做一个关于负载测试的报告。这种情况下，你的报告中就不应包括弹簧常数、测试方法或杨氏弹性模量等内容。如果报告是面向工程专业的学生或教授，则内容就需要做出调整。

无论读者的技术水平如何，都应该确定读者对该主题所要了解的细节程度。此外，还要了解读者使用该文档做什么。是重新分发出去吗？还是给别人阅读？回答这些问题将能够帮助你
281 确定文档的内容基调。

7.7.4 做笔记

专业的作者总是能让其所撰写的文档易于阅读。因此，可以借鉴专业人员使用的有价值的方法来生成结构清晰、易于阅读的文档。在真正开始编写文档之前，可以记录一些零散的想法，在有需要的时候随时加入文档的内容中。在这个阶段，不需要特别注意顺序或重点。可以

包括明确的要点，以及可能不必要的部分。许多作者发现使用传统的纸和铅笔所做的这一步工作非常有效。不管你选择哪种方法来记录你的想法，这个阶段的关键不在于担心在列表上写下的顺序，而是及时地将想法记录下来，以便在写作过程中进一步思考。

7.7.5 创建主题标题

接下来，就应该形成文档的整体结构。为了完成这一阶段，应该记下相关的主题标题。同样，也可以先初步列出这些项目，而不需要注意它们将如何结构化。每个主题标题最终将成为文档中的段落或段落序列。当完成列表后，检查每个主题标题，看看是否还有其他标题。删除不相关的标题，并将剩余的标题分组到文档的主要主题区域。当主题标题列表完成后，再按照适当的顺序排列。最终确定的顺序应该是最合理的、最容易理解的。由此，文档的主要结构框架开始形成。

7.7.6 短暂休息

完成以上所有工作后，在真正开始写文档之前，可以休息一下，清理一下大脑。

7.7.7 写第一稿

如果已经做好了准备工作，就可以开始写作了。找到一个无干扰的工作地点，开始写作。不必担心在这个阶段写作得不完美。事实上，在最终截稿之前需要进行多次修改。在第一稿阶段中，最重要的事情是把零散的句子组织成一个文档。因此，这一过程不需要太关注每个词，这将在修订阶段反复修改。

如果撰写内容不多，可以一次完成初稿。如果文档较长，则可以将撰写工作分多次完成。在每个工作阶段结束时，快速扫描草稿，只做明显的修改，而不要进行主要的内容修改。当草稿完成后，再次休息以理清大脑。如果时间允许，休息一天，以便可以用新的视角来审视它。 282

7.7.8 阅读草稿

休息后，当你不再专注于文档时，重新阅读它，就好像你第一次看到它一样。检查写作风格是否清楚。有模糊、混乱或歧义的段落吗？句子的顺序正确吗？每个段落之间和连续段落之间有逻辑性吗？写作风格适合主题和读者吗？

你也可以考虑将文档打印出来，因为通过纸质文档所获得信息可以对整个文档的结构有更宏观的了解。

7.7.9 修改草稿

在完成第一稿之后，花时间进行复审。修改词语、重写句子、重新整理段落、重新组织段落，进一步细化和澄清观点。修改、删除不必要的语句，并权衡每个短语，尽量只保留那些具有重要意义的词和语句。技术写作应该是直接指向重点，用简单的单词替换复杂的短语，并保证每个段落的相关性。当重新阅读文档时，要检查可能忽略的内容，以及短语、句子和段落的语法问题。删除那些冗余的、缺乏信息量的内容，并重新检查事实性陈述、公式、数据和计算的准确性。注意校对从其他文档中引用资料的正确性。

7.7.10 修改、修改、再修改

在第一次修改后，还要继续地修改、修改和再修改。好的作者往往要经过多次，甚至几十

次修改才能得到一篇出色的技术文档。几乎我们阅读的每一本书的每一章都被至少修改过6次之后才被送给编辑出版。尽管一些印刷错误可能仍然存在，但内容已经经历了从头到尾的实质性改变。

7.7.11 审查最后的草稿

文档完成后，可以暂时休息一天，当你能够重新理清思路时，再一次阅读你的文档，并以一个普通读者的身份评审它。保持开放的心态，进而再问自己几个问题，如“将如何看待这个文档？它会使读者产生预期的反应或响应吗？”如果答案是“是”，文档就可以做好准备发表了。

7.7.12 常见的撰写错误

语法错误在学生作者中很常见。提高写作水平就需要练习、规范及老师的细心指导。此
283 外，还有一些好的写作方法和技巧可供参考。特别是，要正确理解和避免常见的写作错误。以下部分列出的写作错误是工程专业学生提交的书面作业中出现的典型错误。如果能够借鉴并改正它们，就可以避免在自己的工作中犯同样的错误。其他示例还可以在 Strunk and White (1979)的参考文献中找到[⊖]。

- 排比。包括多个项目或想法的句子应该使用相同的结构。

正确：“Our module will provide data communication, consume minimal power, and satisfy the customer's needs.”

不正确：“Our module will provide data communication, minimal power will be consumed by it, and it will satisfy the customer's needs.”

- 逗号。只有当下半部分可以独立作为一个完整的句子时，才能使用逗号分隔句子的第二部分。

正确：“We will supply five commands to the robot, and we will power the robot with batteries.”

不正确：“We will supply five commands to the robot, and power it with batteries.”

- 过去、现在和未来时态。随着写作的展开，或者至少在一个给定的段落内，保持一致的时态(过去、现在或未来)。

正确：“The routes will be difficult to change once they have been programmed into memory. This drawback also will apply to future versions of the robot.”

不正确：“The routes will be difficult to change once they have been programmed into memory. This drawback also applies to future versions of the robot.”

- 使用词语“这个”。为了清楚起见，这个词“最好”用作形容词，而不是名词或代词。它应附有一个参照目标。

正确：“This problem will be solved by designing a new system.”

不正确：“This will be solved by designing a new system.”

- 使用“输入”和“输出”。“输入”和“输出”最好用作名词。它们作为动词的用法通常是尴尬和不专业的。

正确：“The input to the mixing circuit consisted of three microphone voltage signals. The output was fed to the amplifier in the form of a voltage summation.”

⊖ W. Strunk and E. B. White, *The Elements of Style*. New York: MacMillan, 1979.

不正确：“The microphone signals were inputted to the mixer. Their combined sum was outputted to the amplifier.”

- 括号内的标点。当单词被括号括起来时，如果括号内的意思是一个独立的句子，那么在后面的括号之前放上一个句点。

正确：“Our design project was completed on time. （We had been given a week to complete it.）”

不正确：“Our design project was completed on time. （We had been given a week to complete it）.”

- 不定式（“To”动词）。不要分裂不定式。如果你使用单词“to”后跟一个动词，不要把其他单词放在中间。

正确：“The purpose of this section is also to help you with your homework.”

不正确：“The purpose of this section is to also help you with your homework.” 284

关键术语

E-mail（电子邮件） Memorandum（备忘录） Report（报告）
Instruction manual（使用说明书） Presentation（演讲）

问题

1. 写一份报告，概述汽油混合动力电动汽车比赛的设计过程。
2. 作为一个工程设计竞赛的一部分，需要设计一个系统用于每隔3分钟呼叫一次参赛者。以下文档列出了该系统的设计方法。这是一个非常差的写作的例子。重写提案，同时考虑本章中概述的写作原则和建议。

   3分钟寻呼机接收机将基于一个简单的带通滤波器设计，将该滤波器需调到每个接收机不同的RF频带。另外，将每个接收机调到广播语音消息的通用公共通告频带。通过构造我们自己的接收器电路，将成本降到最低。

   通过睡眠模式最小化功耗。在睡眠模式下，接收器的PA频带放大器将借助继电器或功率监视开关与其电源断开连接。在唤醒频带上检测到唤醒信号将闭合PA频带的放大器和扬声器之间的电路。

   此外，初步成本研究表明，构建3分钟倒计时电路和LCD屏幕的成本可以低于9美元，数量为100。还可以以最低的成本提供扬声器和闪烁LED。

   倒计时本身也将通过接收唤醒信号来启动。内部倒计时的结束将使PA频带放大器断电，或者在唤醒频带再次检测到信号时也会切断电源。

   设备单元本身可配置到传呼机或智能卡后面。我们安排在1月21日星期二上午11点举行会议。
3. 以下备忘录由负责设计零件计数装置的工程师编写。写作风格很差。使用本章中讨论的准则重写备忘录。

   在与客户的第一次对话中，我们谈到了项目的初步设计，并安排在星期二与客户会面。对于设计，首先谈到的是检测器，对通过分类机械落下的零件进行物理计数，我们通常更 285
   喜欢使用光电传感器。对于计数机制，提出了两种方法，但仍然未决定采取哪种。其中之一是编程PLA，其重新编程过程对于最终用户可能太复杂。然而，它的优点是，设计简单且便宜。另一种方法是使用微处理器进行计数。但是，由于我们的团队以前没有这方面的任何经验，所以我们仍然需要寻求建议和参考。最后，当收到指定数量的零件计数时，计数器将激活视频和音频信号，提示用户，零件已准备好打包。然后，用户可以将塑料袋放置在容器下面，并推动打开容器底部的按钮。

上面总结了我们的初步想法，我们将在会议后提出更多的细节和规格。

4. 给你的老板写一个备忘录，请求他参加技术会议。
5. 写一个简短的说明手册，解释如何操作手机的10个最重要的功能。
6. 给你实验室中的所有学生写一份备忘录，讨论安全程序和方案的重要性
7. 给学生管理机构写一个建议，要求拨钱启动一个校园外业余无线电俱乐部。
8. 以下备忘录是由一家专门为身体不适的个人提供适应性助手的小公司的员工提交的。备忘录写得不是特别好。使用本章中概述的原则和准则重写备忘录。

   接件人：Xebec Management

   发件人：H. Chew

   这个项目与一个47岁的没有语言能力且身体能力受限的人合作。受试者用呻吟和咕哝表明不适、不悦、请求和拒绝。在晚餐期间，我们的客户希望我们为受试者提供表示“我想要更多”，“我想要别的东西”和“我想要和别人交流”等意图的方法。

   为了解决这个问题，我们已经打电话给客户要更多的信息，她给我们一个关于谈论老人的录像带。我们组织了一个团队会议来讨论这个项目。在会议结束时，我们考虑将设计一个由接口面板和数据控制单元组成的盒子。接口面板将由4个按钮组成。每个按钮表示预录的短语。盒子将根据按钮的输入输出相应的模式。数据控制单元由电源、语音存储器、语音合成器和音频放大器组成。
9. 以下条目是由一个主要从事软件项目工作的设计团队收集的。这些条目将由团队使用，以便向项目经理写摘要报告并指明最终产品必须具有的功能。该软件是一个语音合成系统，将使语言能力受损和有限运动技能的人通过简单的计算机鼠标进行沟通。根据设计团队提供的粗略的笔记，将完成的报告提交给项目经理。

286
   - 涵盖的主题包括用户界面的警报、请求和问候语部分。
   - 请求框架应该配置为允许用户表达常用的请求。
   - 问候框架必须具有最常见的问候语并设计为容易访问的形式。
   - 所有框架应该给用户选择，可以以任何需要的顺序重新配置它们。
   - 报警框将由5个按钮组成，仅用于紧急情况。
   - 报警信息包括帮助、疼痛、火灾、警察和救护车。
   - 请求包括饮料、食物、浴室、书、笔、电视、收音机和音乐。
   - 问候语包括你好、再见、早上好、晚上好、晚安。
10. 撰写电子邮件的文本，发起一个会议，讨论设计团队参加一个名为“Peak Performance”的设计比赛的事宜。
11. 撰写电子邮件的文本，请求与你的老板会谈，讨论加薪问题。
12. 撰写电子邮件的文本，请求与你的教授会谈，讨论更改课程成绩。
13. 撰写电子邮件的文本，请求半导体制造商向你提供免费的微处理器芯片样本。
14. 撰写电子邮件的文本，通知客户你即将参加的技术审查会议的出差计划。
15. 撰写电子邮件的文本，向到达实验室审核你工作的政府承包商提供抵达信息。
16. 撰写电子邮件的文本，请求志愿者参加委员会审查公司安全标准。
17. 撰写电子邮件的文本，邀请志愿者参加当地医院的年度公司献血活动。
18. 撰写电子邮件的文本，请你的老板允许你参加电气和电子工程师协会(IEEE)控制与自动化组的年度会议。

19. 撰写电子邮件的文本，请你的客户放心，你的原型制造系统将按时发货。
20. 准备一套幻灯片，概述参加一个名为“Peak Performance”的汽车设计比赛的设计方法。
21. 准备一套幻灯片，将描述新型飞机发动机燃烧测试的结果。
22. 准备一套幻灯片，概述在大都市地区使用新的轻轨交通系统的计划。
23. 准备一套幻灯片，描述一家房地产公司的记录保留系统使用新的图形用户界面的好处。
24. 准备一套幻灯片，描述一个专业的质量好的山地自行车的重要功能。
25. 准备一组幻灯片，报告在高速数据链路上，手机路由信息在站点间传输的测试结果。
26. 给 Alpha 公司的人力资源总监写一封信，用作软件工程师招聘广告的应聘邮件。
27. 给 Beta 公司的人力资源总监写一封信，用作入门级机械设计工程师招聘广告的应聘邮件。
28. 给 Gamma 公司的人力资源总监写一封信，用作合成药物开发的生物医学工程师招聘广告的应聘邮件。
29. 给 Delta 公司的人力资源总监写一封信，用作开发喷气发动机的机械工程师招聘广告的应聘邮件。
30. 给 XYZ 公司的人力资源总监写一封信，用作设计制造系统的工业工程师招聘广告的应聘邮件。
31. 给 Omega 国家公路部的人力资源总监写一封信，用作建设高速公路土木工程师招聘广告的应聘邮件。
32. 给国立大学研究生招生主任写一封信，索取关于攻读硕士学位的助学金的相关信息。
33. 给你公司的 CEO 写一封信，突出你在公司内发现的不道德做法的细节。 287~288
34. 给你公司的销售经理写一封信，详细介绍你所在的工程部门设计的新铅笔的优点。

索　引

索引中的页码为英文原书页码，与书中页边标注的页码一致。

C

D

E

F

G

H

I

J

K

O

P

Q

R

S

T

U

V

W

X

推荐阅读

深入理解计算机系统（原书第3版）

作者：[美] 兰德尔 E. 布莱恩特 等 译者：龚奕利 等 书号：978-7-111-54493-7 定价：139.00元

理解计算机系统首选书目，10余万程序员的共同选择

卡内基-梅隆大学、北京大学、清华大学、上海交通大学等国内外众多知名高校选用指定教材

从程序员视角全面剖析的实现细节，使读者深刻理解程序的行为，将所有计算机系统的相关知识融会贯通

新版本全面基于X86-64位处理器

基于该教材的北大“计算机系统导论”课程实施已有五年，得到了学生的广泛赞誉，学生们通过这门课程的学习建立了完整的计算机系统的知识体系和整体知识框架，养成了良好的编程习惯并获得了编写高性能、可移植和健壮的程序的能力，奠定了后续学习操作系统、编译、计算机体系结构等专业课程的基础。北大的教学实践表明，这是一本值得推荐采用的好教材。本书第3版采用最新x86-64架构来贯穿各部分知识。我相信，该书的出版将有助于国内计算机系统教学的进一步改进，为培养从事系统级创新的计算机人才奠定很好的基础。

—— 梅 宏　中国科学院院士/发展中国家科学院院士

以低年级开设“深入理解计算机系统”课程为基础，我先后在复旦大学和上海交通大学软件学院主导了激进的教学改革……现在我课题组的青年教师全部是首批经历此教学改革的学生。本科的扎实基础为他们从事系统软件的研究打下了良好的基础……师资力量的补充又为推进更加激进的教学改革创造了条件。

—— 臧斌宇　上海交通大学软件学院院长